Jean-Henri Fabre

Nouveaux souvenirs entomologiques

Livre II

ISBN : 978-1537654959

10 9 8 7 6 5 4 3 2 1

Jean-Henri Fabre

Nouveaux souvenirs entomologiques

Livre II

Table de Matières

A MON FILS JULES

*Cher enfant, mon collaborateur si passionné pour l'insecte, mon aide si perspicace pour la plante, à ton intention j'avais commencé ce travail ; en ton souvenir je l'ai poursuivi, et je le poursuivrai dans l'amertume de mon deuil. Ah! que la mort est odieuse quand elle fauche la fleur dans tout l'éclat de l'épanouissement! Ta mère et tes sœurs apportent sur ta pierre des couronnes cueillies dans le rustique parterre qui faisait tes délices. A ces couronnes, fanées par le soleil d'un jour, j'ai joint ce livre, qui, je l'espère, aura un lendemain. Il me semble ainsi continuer nos études communes, fortifié que je suis par mon indomptable foi dans le réveil de l'*AU DELA.

Pour tous les yeux attentifs, c'est un spectacle à la fois étrange et d'une grandeur singulière que celui des insectes industrieux déployant dans leurs travaux l'art le plus raffiné. L'instinct porté ainsi au plus haut degré dont la nature offre des exemples, confond la raison humaine. Le trouble de l'esprit augmente, lorsque intervient l'observation patiente et minutieuse de tous les détails de la vie des êtres les mieux doués sous le rapport de l'instinct.

E. Blanchard.

I. L'HARMAS

C'est là ce que je désirais, *hoc erat in votis* : un coin de terre, oh pas bien grand, mais enclos et soustrait aux inconvénients de la voie publique ; un coin de terre abandonné, stérile, brûlé par le soleil, favorable aux chardons et aux hyménoptères. Là, sans crainte d'être troublé par les passants, je pourrais interroger l'Ammophile et le Sphex, me livrer à ce difficultueux colloque dont la demande et la réponse ont pour langage l'expérimentation ; là, sans expéditions lointaines qui dévorent le temps, sans courses pénibles qui énervent l'attention, je pourrais combiner mes plans d'attaque, dresser mes embûches et en suivre les effets chaque jour, à toute heure. *Hoc erat in votis* ; oui, c'était là mon vœu, mon rêve, toujours caressé, toujours fuyant dans la nébulosité de l'avenir.

Aussi n'est-il pas commode de s'accorder un laboratoire en plein champs, lorsqu'on est sous l'étreinte du terrible souci du pain de chaque jour. Quarante ans j'ai lutté avec un courage inébranlable contre les mesquines misères de la vie ; et le laboratoire tant désiré est enfin venu. Ce qu'il m'a coûté de persévérance, de travail acharné, je n'essayerai pas de le dire. Il est venu, et avec lui, condition plus grave, peut-être un peu de loisir. Je dis peut-être, car je traîne toujours à la jambe quelques anneaux de la chaîne de forçat. Le vœu s'est réalisé. C'est un peu tard, ô mes beaux insectes ! je crains bien que la pêche ne me soit présentée alors que je commence à n'avoir plus de dents pour la manger. Oui, c'est un peu tard : les larges horizons du début sont devenus voûte surbaissée, étouffante, de jour en jour plus rétrécie. Ne regrettant rien dans le passé, sauf ceux que j'ai perdus, ne regrettant rien, pas même mes vingt ans, n'espérant rien non plus, j'en suis à ce point où, brisé par l'expérience des choses, on se demande s'il vaut bien la peine de vivre.

Au milieu des ruines qui m'entourent, un pan de mur reste debout, inébranlable sur sa base bâtie à chaux et à sable ; c'est mon amour pour la vérité scientifique. Est-ce assez, ô mes industrieux hyménoptères, pour entreprendre d'ajouter dignement encore quelques pages à votre histoire ?

Les forces ne trahiront-elles pas la bonne volonté ? Pourquoi aussi vous ai-je délaissés si longtemps ? Des amis me l'ont reproché. Ah ! dites-leur, à ces amis, qui sont à la fois les vôtres et les miens, dites-leur que ce n'était pas oubli de ma part, lassitude, abandon ; je pensais à vous ; j'étais persuadé que l'antre du Cerceris avait encore de beaux secrets à nous apprendre, que la chasse du Sphex nous ménageait de nouvelles surprises. Mais le temps manquait ; j'étais seul, abandonné, luttant contre la mauvaise fortune. Avant de philosopher fallait-il vivre. Dites-leur cela et ils m'excuseront.

D'autres m'ont reproché mon langage, qui n'a pas la solennité, disons mieux, la sécheresse académique. Ils craignent qu'une page qui se lit sans fatigue ne soit pas toujours l'expression de la vérité. Si je les en croyais, on n'est profond qu'à la condition d'être obscur. Venez ici, tous tant que vous êtes, vous les porte-aiguillon et vous les cuirassés d'élytres, prenez ma défense et témoignez en ma faveur. Dites en quelle intimité je vis avec vous, avec quelle patience je vous observe, avec quel scrupule j'enregistre vos actes. Votre témoignage est unanime : oui, mes pages non hérissées de formules creuses, de savantasses élucubrations, sont l'exact narré des faits observés, rien de plus, rien de moins ; et qui voudra vous interroger à son tour obtiendra mêmes réponses.

Et puis, mes chers insectes, si vous ne pouvez convaincre ces braves gens parce que vous n'avez pas le poids de l'ennuyeux, je leur dirai à mon tour : « Vous éventrez la bête et moi je l'étudie vivante ; vous en faites un objet d'horreur et de pitié, et moi je la fais aimer ; vous travaillez dans un atelier de torture et de dépècement, j'observe sous le ciel bleu, au chant des cigales ; vous soumettez aux réactifs la cellule et le protoplasme, j'étudie l'instinct dans ses manifestations les plus élevées ; vous scrutez la mort, je scrute la vie. Et pourquoi ne compléterais-je pas ma pensée : les sangliers ont troublé l'eau claire des fontaines ; l'histoire naturelle, cette magnifique étude du jeune âge, à force de perfectionnements cellulaires, est devenue chose odieuse, rebutante. Or, si j'écris pour les savants, pour les philosophes qui tenteront un jour de débrouiller un peu l'ardu problème de l'instinct, j'écris aussi, j'écris surtout, pour les jeunes, à qui je désire faire aimer cette histoire naturelle que vous faites tant haïr ; et voilà pourquoi, tout en restant dans le scrupuleux domaine du vrai, je m'abstiens de votre prose scientifique, qui trop souvent, hélas ! semble empruntée à quelque idiome de Hurons ».

Mais ce ne sont pas là, pour le moment, mes affaires ; j'ai à parler du coin de terre tant caressé dans mes projets pour devenir un laboratoire d'entomologie vivante, coin de terre que j'ai fini par obtenir dans la solitude d'un petit village. C'est un *harmas*. On désigne sous ce nom, dans le pays, une étendue inculte, caillouteuse, abandonnée à la végétation du thym. C'est trop maigre pour dédommager du travail de la charrue. Le mouton y passe au printemps quand par hasard il a plu et qu'il y pousse un peu d'herbe. Mon *harmas* toutefois, à cause de son peu de terre rouge noyée dans une masse inépuisable de cailloux, a reçu un commencement de culture : autrefois, dit-on, il y avait là des vignes. Et, en effet, des fouilles, pour la plantation de quelques arbres, déterrent çà et là des restes de la précieuse souche, à demi carbonisés par le temps. La fourche à trois dents, le seul instrument de culture qui puisse pénétrer dans un pareil sol, a donc passé par là ; et je le regrette beaucoup, car la végétation primitive a disparu. Plus de thym, plus de lavande, plus de touffes de chêne kermès, ce chêne nain formant des forêts au-dessus desquelles on circule en forçant un peu l'enjambée. Comme ces végétaux, les deux premiers surtout, pourraient m'être utiles en offrant aux Hyménoptères de quoi butiner, je suis obligé de les réinstaller sur le terrain d'où la fourche les a chassés.

Ce qui abonde, et sans mon intervention, ce sont les envahisseurs de tout sol remué d'abord, puis longtemps abandonné à lui-même. Il y a là, en première ligne, le chiendent, le détestable gramen dont trois ans de guerre acharnée n'ont pu voir encore la finale extermination. Viennent après, pour le nombre, les centaurées, toutes de mine revêche, hérissées de piquants ou de hallebardes étoilées. Ce sont la centaurée solsticiale, la centaurée des collines, la centaurée chausse-trape, la centaurée âpre. La première prédomine. Çà et là, au milieu de l'inextricable fouillis des centaurées, s'élève, en candélabre ayant pour flammes d'amples fleurs orangées, le féroce scolyme d'Espagne, dont les dards équivalent pour la force à des clous. Il est dominé par l'onoporde d'Illyrie, dont la tige, isolée et droite, s'élève de un à deux mètres et se termine par de gros pompons roses. Son armure ne le cède guère à celle du scolyme. N'oublions pas la tribu des chardons. Et d'abord le cirse féroce, si bien armé que le collecteur de plantes ne sait pas où le saisir ; puis le cirse lancéolé, d'ample feuillage, terminant ses nervures par des pointes de lance ; enfin le chardon noircissant, qui se rassemble en une rosette hérissée d'aiguilles. Dans les intervalles rampent à terre, en longues cordelettes armées de crocs, les pousses de la ronce à fruits bleuâtres. Pour visiter l'épineux fourré lorsque l'Hyménoptère y butine, il faut des bottes montant à mi-jambe ou se résigner à de sanglants chatouillements dans les mollets. Tant que le sol conserve quelques restes des pluies printanières, cette rude végétation ne manque pas d'un certain charme, lorsque au-dessus du tapis général, fumé par les capitules jaunes de la centaurée solsticiale, s'élèvent les pyramides du scolyme et les jets élancés de l'onoporde ; mais viennent les sécheresses de l'été, et ce n'est plus qu'une étendue désolée où la flamme d'une allumette communiquerait d'un bout à l'autre l'incendie. Tel est, ou plutôt tel était lorsque j'en pris possession, le délicieux Eden où je compte vivre désormais en tête à tête avec l'insecte. Quarante ans de lutte à outrance me l'ont valu.

J'ai dit Eden, et au point de vue qui m'occupe l'expression n'est pas déplacée. Ce terrain maudit, dont nul n'eût voulu pour y confier une pincée de graines de navet, se trouve un paradis terrestre pour les hyménoptères. Sa puissante végétation de chardons et de centaurées me les attire tous à la ronde. Jamais, en mes chasses entomologiques, je n'avais vu réunie en un seul point pareille population ; tous les corps de métier s'y donnent rendez-vous. Il y a là des chasseurs en tout genre de gibier, des bâtisseurs en pisé, des ourdisseurs en cotonnades, des assembleurs de pièces taillées dans une feuille ou les pétales d'une fleur, des constructeurs en cartonnage, des plâtriers gâchant l'argile, des charpentiers forant le bois, des mineurs creusant des galeries sous terre, des ouvriers travaillant la baudruche ; que sais-je enfin ?

Quel est celui-ci ? C'est un Anthidie. Il râtisse la tige aranéeuse de la centaurée solsticiale et s'amasse une balle de coton qu'il emporte fièrement au bout des mandibules. Il s'en fera sous terre des sachets en feutre d'ouate pour enfermer la provision de miel et l'œuf. – Et ces autres, si ardents au butin ? Ce sont des Mégachiles, portant sous le ventre la brosse de récolte, noire, blanche, ou rouge de feu. Elles quitteront les chardons pour visiter les arbustes du voisinage et y découper sur les feuilles des pièces ovales, qui seront assemblées en récipient propre à contenir la récolte. – Et ceux-ci, habillés de velours noir ? Ce sont des Chalicodomes, qui travaillent le ciment et le gravier. Sur les cailloux de l'harmas aisément nous trouverions leurs maçonneries. – Ceux-ci encore, qui bourdonnent bruyamment avec un essor brusque ? Ce sont les Anthophores, établies dans les vieux murs et les talus ensoleillés du voisinage.

Voici maintenant les Osmies. L'une empile ses cellules dans la rampe spirale d'une coquille vide d'escargot ; une autre attaque la moelle d'un bout sec de ronce et obtient, pour ses larves, un logis cylindrique, qu'elle divise en étapes par des cloisons ; une troisième fait emploi du canal naturel d'un roseau coupé ; une quatrième est locataire gratuite des galeries disponibles de quelque abeille maçonne. Voici les Macrocères et les Eucères, dont les mâles sont hautement encornés ; les Dasypodes, qui possèdent aux pattes postérieures, pour organes de récolte, un volumineux pinceau de poils ; les Andrènes, si variées d'espèces ; les Halictes, au ventre fluet. J'en passe et en foule. Si je voulais le poursuivre, ce dénombrement des hôtes de mes chardons passerait à peu près en revue toute la gent mellifère. Un savant entomologiste de Bordeaux, M. le professeur Pérez, à qui je soumets la dénomination de mes trouvailles, me demandait si j'avais des moyens spéciaux de chasse pour lui envoyer ainsi tant de raretés, de nouveautés même. Je suis chasseur très peu expert, encore moins zélé, car l'insecte m'intéresse beaucoup plus livré à son œuvre que transpercé d'une épingle au fond d'une boîte. Tous mes secrets de chasse se réduisent à ma pépinière touffue de chardons et de centaurées.

Par un hasard des plus heureux, à cette populeuse famille d'amasseurs de miel se trouvait associée la tribu des chasseurs. Les maçons avaient distribué çà et là, dans l'*harmas*, de grands tas de sable et des amas de pierres, en vue de la construction des murs d'enceinte. Les travaux traînant en longueur, ces matériaux furent occupés dès la première année. Les Chalicodomes avaient choisi les interstices des pierres comme dortoir pour y passer la nuit, en groupes serrés. Le robuste Lézard ocellé, qui, traqué de trop près, court sus, gueule béante, tant à l'homme qu'au chien, s'y était choisi un antre pour guetter le scarabée passant ; le Motteux Oreillard, costumé en dominicain, robe blanche et ailes noires, perché sur la pierre la plus élevée, y chantait sa courte et rustique chansonnette. Dans le tas, quelque part, devait être le nid, avec ses œufs bleus, couleur de ciel. Avec les amas de pierres, le petit dominicain a disparu. Je le regrette : c'eût été un charmant voisin. Je ne regrette pas du tout le Lézard ocellé.

Le sable donnait asile à une autre population. Les Bembex y balayaient le seuil de leurs terriers en lançant en arrière une parabole poudreuse ; le Sphex languedocien y traînait par les antennes son

Éphippigère ; un Stize y mettait en cave ses conserves de Cicadelles. À mon grand regret, les maçons finirent par déloger la tribu giboyeuse ; mais si je veux un jour la rappeler, je n'ai qu'à renouveler les tas de sable : ils seront bientôt tous là.

Ce qui n'a pas disparu, la demeure n'étant pas la même, ce sont les Ammophiles, que je vois voleter, l'une au printemps, les autres en automne, sur les allées du jardin et parmi les gazons, à la recherche de quelque chenille ; les Pompiles, qui vont alertes, battant des ailes et furetant dans les recoins pour y surprendre une araignée. Le plus grand guette la Lycose de Narbonne, dont le terrier n'est pas rare dans l'harmas. Ce terrier est un puits vertical, avec margelle de fétus de gramen entrelacés de soie. Au fond du repaire on voit reluire, comme de petits diamants, les yeux de la robuste aranéïde, objet d'effroi pour la plupart. Quel gibier et quelle chasse périlleuse pour le Pompile ! Voici maintenant, par une chaude après-midi d'été, la Fourmi amazone, qui sort des dortoirs de sa caserne en longs bataillons et s'achemine au loin pour la chasse aux esclaves. Nous la suivrons dans ses razzias en un moment de loisir. Voici encore, autour d'un tas d'herbages convertis en terreau, des Scolies d'un pouce et demi de long, qui volent mollement et plongent dans l'amas, attirées qu'elles sont par un riche gibier, larves de Lamellicornes, Oryctes et Cétoines.

Que de sujets d'étude, et ce n'est pas fini ! La demeure était aussi abandonnée que le terrain. L'homme parti, le repos assuré, l'animal était accouru, s'emparant de tout. La Fauvette a élu domicile dans les lilas ; le Verdier s'est établi dans l'épais abri des cyprès ; le Moineau, sous chaque tuile, a charrié chiffons et paille ; au sommet des platanes est venu gazouiller le Serin méridional, dont le nid douillet est grand comme la moitié d'un abricot ; le Scops s'est habitué à y faire entendre le soir sa note monotone et flûtée ; l'oiseau d'Athènes, la Chouette, est accourue y gémir, y miauler. Devant la maison est un vaste bassin alimenté par l'aqueduc qui fournit l'eau aux fontaines du village. Là, d'un kilomètre à la ronde, se rendent les Batraciens en la saison d'amour. Le Crapaud des joncs, parfois large comme une assiette, étroitement galonné de jaune sur le dos, s'y donne rendez-vous pour y prendre son bain ; quand arrive le crépuscule du soir, on voit sautiller sur les bords le Crapaud accoucheur, le mâle, portant appendue, à ses pattes postérieures, une grappe d'œufs gros comme des grains de poivre ; il vient de loin, le débonnaire père de famille, avec son précieux paquet pour le mettre à l'eau et s'en revenir après sous quelque dalle, où il fait entendre comme un tintement de clochette. Enfin, quand elles ne sont pas à coasser parmi la feuillée des arbres, les Rainettes se livrent à de gracieux plongeons. En mai, dès que vient la nuit, le bassin devient donc un orchestre assourdissant ; impossible de causer à table, impossible de dormir. Il a fallu y mettre ordre par des moyens peut-être un peu trop rigoureux. Comment faire ? Qui veut dormir et ne le peut, devient féroce.

Plus hardi, l'Hyménoptère s'est emparé de l'habitation. Sur le seuil de ma porte, dans un sol de gravas, niche le Sphex à bordures blanches ; pour entrer chez moi, je dois veiller à ne pas endommager ses terriers, à ne pas fouler sous les pieds le mineur absorbé dans son ouvrage. Voilà bien un quart de siècle que je n'avais pas revu le pétulant chasseur de Criquets. Quand je fis sa connaissance, j'allais le visiter à quelques kilomètres ; chaque fois c'était une expédition sous l'accablant soleil du mois d'août. Aujourd'hui je le retrouve devant ma porte, nous sommes d'intimes voisins. L'embrasure des fenêtres closes fournit au Pélopée un appartement à température douce. Contre la paroi en pierres de taille est fixé le nid, maçonné avec de la terre. Pour rentrer chez lui, le chasseur d'araignées profite d'un petit trou accidentellement ouvert dans les volets fermés. Sur les moulures des persiennes, quelques Chalicodomes isolés bâtissent leur groupe de cellules ; à la face intérieure des contrevents entrebâillés, un Eumène édifie son petit dôme de terre, que surmonte un court goulot évasé. La Guêpe et le Poliste sont mes commensaux ; ils viennent sur la table s'informer si les raisins servis sont bien à maturité.

Voilà certes, et le dénombrement est loin d'être complet, voilà une société aussi nombreuse que choisie, et dont la conversation ne manquera pas de charmer ma solitude si je parviens à savoir la provoquer. Mes chères bêtes d'autrefois, mes vieux amis, d'autres de connaissance plus récente, tous sont là, chassant, butinant, construisant dans une étroite proximité. D'ailleurs, s'il faut varier les lieux d'observation, à quelques centaines de pas est la montagne, avec ses maquis d'arbousiers, de cistes et de bruyères en arbre ; avec ses nappes sablonneuses chères aux Bembex ; avec ses talus marneux exploités par divers Hyménoptères. Et voilà pourquoi, prévoyant ces richesses, j'ai fui la ville pour le village, et suis venu à Sérignan sarcler mes navets, arroser mes laitues.

On fonde à grands frais sur nos côtes océaniques et méditerranéennes des laboratoires où l'on dissèque la petite bête marine, de maigre intérêt pour nous ; on prodigue puissants microscopes, délicats appareils de dissection, engins de capture, embarcations, personnel de pêche, aquariums, pour savoir comment se segmente le vitellus d'un Annélide, choses dont je n'ai pu saisir encore toute l'importance, et l'on dédaigne la petite bête terrestre, qui vit en perpétuel rapport avec nous, qui fournit à la psychologie générale des documents d'inestimable valeur, qui trop souvent compromet la fortune publique en ravageant nos récoltes. À quand donc un laboratoire d'entomologie où s'étudierait, non l'insecte mort, macéré dans le trois-six, mais l'insecte vivant ; un laboratoire ayant pour objet l'instinct, les mœurs, la manière de vivre, les travaux, les luttes, la propagation de ce petit monde, avec lequel l'agriculture et la philosophie doivent très sérieusement compter. Savoir à fond l'histoire du ravageur de nos vignes serait peut-être plus important que de savoir comment se termine tel filet nerveux d'un Cirrhipède ; établir expérimentalement la démarcation entre l'intelligence et l'instinct, démontrer, en comparant les faits dans la série zoologique, si oui ou non la raison humaine est une faculté irréductible, tout cela devrait bien avoir le pas sur le nombre d'anneaux de l'antenne d'un crustacé. Pour ces énormes questions, une armée de travailleurs serait nécessaire, et il n'y a rien. La mode est au mollusque et au zoophyte. Les profondeurs des mers sont explorées à grand renfort de dragues ; le sol que nous foulons aux pieds reste méconnu. En attendant que la mode change, j'ouvre le laboratoire de l'*harmas* à l'entomologie vivante, et ce laboratoire ne coûtera pas un centime à la bourse des contribuables.

II. L'AMMOPHILE HÉRISSÉE

Un jour de mai, allant et revenant, j'épiais ce qui pouvait se passer de nouveau dans le laboratoire de l'harmas. Favier n'était pas loin, occupé au travail du jardin potager. Qu'est-ce que Favier ? Autant vaut en dire tout de suite quelques mots, car il reviendra dans mes récits.

Favier est un ancien soldat. Il a dressé son gourbi sous les caroubiers de l'Afrique, il a mangé des oursins à Constantinople, il a chassé l'étourneau en Crimée quand chômait la mitraille. Ayant beaucoup vu, il a beaucoup retenu. En hiver, alors que le travail des champs se termine vers quatre heures et que les soirées sont si longues, le râteau, la fourche et la brouette rentrés, il vient s'asseoir sur la haute pierre du foyer de la cuisine où flambent les rondins de chêne vert. La pipe est tirée, méthodiquement bourrée avec le pouce humecté de salive, et fumée religieusement. Depuis de longues heures, il y songe ; mai il s'est abstenu car le tabac est cher. Aussi la privation a-t-elle redoublé l'attrait, et pas une bouffée n'est perdue, revenant par intervalles réglés.

Cependant la conversation s'engage. Favier est, à sa guise, un de ces conteurs antiques qui, pour leurs récits, étaient admis à la meilleure place du foyer, seulement mon narrateur s'est formé à la caserne. N'importe, toute la maisonnée, grands et petits, l'écoute avec intérêt ; si sa parole est fortement imagée, elle est toujours décente. Ce serait, pour nous tous, vif désappointement s'il ne venait, le travail fini, faire sa halte au coin du feu. Que nous dit-il donc pour se faire désirer ainsi ? Il nous raconte ce qu'il a vu du coup d'État qui nous a valu l'empire abhorré ; il nous parle des petits verres distribués et puis de la fusillade dans le tas. Lui, m'affirme-t-il, visait toujours contre le mur ; et je le crois sur parole tant il me paraît navré, honteux, d'avoir pris une part, même très innocente, à ce coup de bandit.

Il nous raconte ses veillées dans les tranchées autour de Sébastopol ; il nous parle de sa panique lorsque de nuit, étant isolé aux avant-postes et blotti dans la neige, il vit tomber à côté de lui ce qu'il appelle un pot à fleurs. Cela flambait, fusait, rayonnait, illuminait les alentours. D'une seconde à l'autre, l'infernale machine allait éclater ; notre homme était perdu. Il n'en fut rien : le pot à fleurs s'éteignit paisiblement. C'était un engin d'éclairage lancé pour reconnaître dans les ténèbres les travaux de l'assaillant.

Au drame de la bataille succède la comédie de la caserne. Il nous dit les mystères du rata, les secrets de la gamelle, les comiques misères du bloc. Et comme le répertoire ne s'épuise jamais, assaisonné d'expressions à l'emporte-pièce, l'heure du souper arrive avant que nul de nous ait eu le temps de s'apercevoir combien la soirée est longue.

Favier s'est révélé à mon attention par un coup de maître. Un de mes amis venait de m'envoyer de Marseille une paire d'énormes crabes, le Maïa, l'Araignée de mer des pêcheurs. Je déballais les captifs quand les ouvriers rentrèrent de leur dîner, peintres, maçons, plâtriers occupés à restaurer la masure abandonnée. À la vue de ces étranges bêtes, étoilées de dards autour de la carapace, et hissées sur de longues pattes, qui leur donnent quelque ressemblance avec une monstrueuse araignée, ce fut parmi les assistants un cri de surprise, presque d'effroi. Favier, lui, n'en a cure, et saisissant avec adresse l'effroyable araignée qui se démène : « Je connais ça, dit-il ; j'en ai mangé à Varna. C'est excellent. » – Et il regardait l'entourage avec un certain air narquois qui voulait dire : Vous n'êtes jamais sortis de votre trou.

Un autre trait de lui pour en finir. Sur l'avis du médecin, une de ses voisines avait été prendre des bains de mer à Cette. Elle avait rapporté de son expédition quelque chose de curieux, un fruit étrange sur lequel elle basait de hautes espérances. Secoué devant l'oreille, cela sonnait, preuve des graines contenues. C'était rond, avec des épines. À un bout se montrait comme le bouton fermé d'une fleurette blanche ; à l'autre bout, une légère dépression était percée de quelques trous. La voisine accourut chez Favier lui soumettre sa trouvaille, l'engageant à m'en parler. Elle me céderait les précieuses graines ; il devait en sortir quelque arbuste merveilleux qui ferait l'ornement de mon jardin. – « *Vaqui la flou, va qui lou pécou ;* voilà la fleur, voilà la queue », disait-elle à Favier en lui montrant les deux bouts de son fruit.

Favier éclata de rire. – « C'est un oursin, fit-il, une châtaigne de mer ; j'en ai mangé à Constantinople. » Et il expliqua de son mieux ce que c'est qu'un oursin. L'autre n'y comprit rien et persista dans son dire. En son idée, Favier la trompait, jaloux que des graines aussi précieuses m'arrivassent par une autre voie que la sienne. Le litige me fut soumis. « *Vaqui la flou, vaqui lou pécou* », répétait la bonne femme. Je lui dis que la *flou* était le groupe des cinq dents blanches de l'oursin, et que le *pécou* était l'antipode de la bouche.

Elle partit, non bien convaincue. Peut-être que maintenant les semences du fruit, grains de sable sonnant dans la coque vide, germent en un vieux toupin égueulé.

Favier connaît donc beaucoup de choses, et il les connaît surtout pour en avoir mangé. Il sait le mérite d'un râble de blaireau, la valeur d'un cuissot d'un renard ; il est expert sur le morceau préférable d'une anguille des buissons, la couleuvre ; il a fait rissoler dans l'huile le lézard ocellé, la mal famée *Rassade* du Midi ; il a médité la recette d'une friture de criquets. Je suis étonné des impossibles ratas que lui a fait pratiquer sa vie cosmopolite.

Je ne suis pas moins surpris de son coup d'œil scrutateur et de sa mémoire des choses. Que je lui décrive une plante quelconque, pour lui mauvaise herbe sans nom, sans intérêt aucun, et si elle se trouve dans nos bois, je suis à peu près certain qu'il me l'apportera, qu'il m'indiquera le point où je peux la récolter. La botanique de l'infirment petit ne déroute pas même sa clairvoyance. Pour compléter un travail que j'ai publié sur les Sphériacées de Vaucluse, dans la mauvaise saison, lorsque l'insecte chôme, je reprends la patiente herborisation à la loupe. Si la gelée a durci la terre, si la pluie l'a réduite en bouillie, je détourne Favier du travail du jardin pour l'amener à travers bois ; et là, dans le fouillis de quelque roncier, nous cherchons de concert ces microscopiques végétaux qui mouchettent de points noirs les brindilles jonchant le sol. Il appelle les plus grosses espèces de la poudre à canon, expression juste déjà employée par les botanistes pour désigner une de ces Sphériacées. Il se sent tout glorieux de son lot de trouvailles, plus riche que le mien. S'il lui tombe sous la main une superbe Rosellinie, amas de mamelles noires qu'enveloppe une ouate vineuse, une pipe est fumée pour payer un tribut à l'enthousiasme du moment.

Il excelle surtout pour me débarrasser de l'importun rencontré dans mes pérégrinations. Le paysan est curieux, questionneur comme l'enfant ; mais sa curiosité est assaisonnée de malice, ses questions sous-entendent la raillerie. Ce qu'il ne comprend pas, il le tourne en dérision. Et quoi de plus risible qu'un monsieur regardant à travers un verre une mouche capturée avec un filet de gaze, un éclat de bois pourri cueilli à terre ? Favier, d'un mot, coupe court à la narquoise interrogation.

Nous cherchions à la surface du sol, pas à pas, inclinés, quelques-uns de ces documents des époques préhistoriques qui abondent sur le revers méridional de la montagne, haches en serpentine, tessons de poterie noire, pointes de flèche et de lance en silex, éclats, racloirs, nucléus. – « Que fait ton maître de ces *payrards* (pierre à fusil) ? », demande un survenant. – « Il en fabrique du mastic pour les vitriers », riposte Favier d'un air solennellement affirmatif.

Je venais de récolter une poignée de crottes de lapin où la loupe m'avait révélé une végétation cryptogamique digne d'examen ultérieur. Survient un indiscret qui m'a vu recueillir soigneusement dans un cornet de papier la précieuse trouvaille. Il soupçonne une affaire d'argent, un commerce insensé. Tout, pour l'homme de la campagne, doit se traduire par le gros sou. À ses yeux, je me fais de grosses rentes avec ces crottes de lapin. – « Que fait ton maître de ces *pétourles* (c'est le mot de l'endroit) ? », demande-t-il insidieusement à Favier. – « Il les distille pour en retirer l'essence », répond mon homme avec un aplomb superbe. Abasourdi par la révélation, le questionneur tourne le dos et s'en va.

Mais ne nous attardons pas davantage avec le troupier goguenard, si prompt à la répartie, et revenons à ce qui attirait mon attention dans le laboratoire de l'harmas. Quelques Ammophiles exploraient pédestrement, avec courtes volées par intervalles, tantôt les points gazonnés, tantôt les points dénudés. Déjà vers le milieu de mars, quand survenait une belle journée, je les avais vues se chauffer délicieusement au soleil sur la poudre des sentiers. Toutes appartenaient à la même espèce, l'Ammophile hérissée, *Ammophila hirsuta* Kirb. J'ai fait connaître, dans le premier volume de ces Souvenirs, l'hibernation de cette Ammophile et ses chasses printanières, à une époque où les autres hyménoptères giboyeurs sont encore renfermés dans leurs cocons ; j'ai décrit sa manière d'opérer la chenille destinée à la larve ; j'ai raconté ses coups d'aiguillon multiples, distribués aux divers centres nerveux. Cette vivisection si savante, je ne l'avais vue encore qu'une fois, et je désirais bien la revoir. Peut-être quelque chose m'avait échappé dans ma lassitude d'une longue course, et si réellement j'avais tout bien vu, il convenait de renouveler l'observation pour lui donner une authenticité incontestable. J'ajoute que, dût-on y assister cent fois, on ne se lasserait pas du spectacle dont je désirais être de nouveau témoin.

Je surveillais donc mes Ammophiles depuis leur première apparition ; et les ayant là, chez moi, à quelques pas de ma porte, je ne pouvais manquer de les surprendre en chasse si mon assiduité ne se relâchait pas. La fin de mars et avril se passèrent en vaines attentes, soit que le moment de la nidification ne fût pas encore venu, soit plutôt parce que ma surveillance était mise en défaut. Enfin le 17 mai, l'heureuse chance se présenta.

Quelques Ammophiles me paraissent très affairées ; suivons l'une d'elles, plus active que les autres. Je la surprends donnant les derniers coups de râteau à son terrier, dans le sol battu d'une allée, avant d'y introduire sa chenille qui, déjà paralysée, doit avoir été abandonnée provisoirement par le chasseur à quelques mètres du domicile. L'antre reconnu convenable, la porte jugée assez spacieuse pour l'accès d'un volumineux gibier, l'Ammophile se met en recherche de sa capture. Aisément elle la trouve. C'est un ver gris qui gît à terre et que les fourmis ont déjà envahi. Cette pièce, que les fourmis lui disputent, est dédaignée par le chasseur. Beaucoup d'hyménoptères déprédateurs, qui momentanément abandonnent leur capture pour aller perfectionner le terrier ou même le commencer, déposent leur gibier en haut lieu, sur une touffe de verdure, pour le mettre à l'abri des rapines. L'Ammophile est versée dans cette prudente pratique ; mais peut-être a-t-elle négligé la précaution, ou bien la lourde pièce est-elle tombée, et maintenant les fourmis tiraillent à qui mieux mieux la somptueuse victuaille. Chasser ces larrons est impossible : pour un de détourné, dix reviendraient à l'attaque. L'hyménoptère paraît en juger ainsi, car, l'envahissement reconnu, il se remet en chasse, sans nul démêlé, qui n'aboutirait à rien.

Les recherches se font dans un rayon d'une dizaine de mètres autour du nid. L'Ammophile explore le sol pédestrement, petit à petit, sans se presser ; de ses antennes, courbées en arc, elle fouette continuellement le terrain. Le sol dénudé, les points caillouteux, les endroits gazonnés sont indistinctement visitées. Pendant près de trois heures, au plus fort du soleil, par un temps lourd, qui sera suivi le lendemain d'une pluie et le soir même de quelques gouttes, je suis, sans la quitter un instant du regard, l'Ammophile en recherches. Que c'est donc difficile à trouver, un ver gris, pour un hyménoptère qui en a besoin à l'instant même !

Ce n'est pas moins difficile pour l'homme. On sait ma méthode pour assister à l'opération chirurgicale qu'un hyménoptère chasseur fait subir à sa proie dans le but de servir à ses larves une chair inerte mais non morte. J'enlève au prédateur son gibier et lui donne en échange une proie vivante, pareille à la sienne. Je combinais semblable manœuvre à l'égard de l'Ammophile pour lui faire répéter son opération quand elle aurait sacrifié la chenille qu'elle ne devait pas manquer de trouver d'un moment à l'autre. J'avais donc besoin au plus tôt de quelques vers gris.

Favier était là, jardinant. Je l'appelle : « Arrivez vite, il me faut des vers gris. » La chose est expliquée. D'ailleurs il est depuis quelque temps au courant de l'affaire. Je lui ai parlé de mes petites bêtes et des chenilles qu'elles chassent ; il sait en gros la manière de vivre de l'insecte qui m'occupe. C'est compris. Le voilà en recherches. Il fouille au pied des laitues, il gratte dans les touffes de fraisiers, il visite les bordures d'iris. Sa perspicacité, son adresse me sont connues ; j'ai confiance. Cependant le temps se passe. « Eh bien ! Favier, ce ver gris ? – Je n'en trouve pas, monsieur. – Diable ! alors, à la rescousse, Claire, Aglaé, les autres, tant que vous êtes, arrivez, cherchez, trouvez ! » Toute la maisonnée est mise en réquisition. On déploie une activité digne des graves événements qui se préparent. Moi-même, retenu à mon poste pour ne pas perdre de vue l'Ammophile, je suis d'un œil le chasseur et de l'autre je m'enquiers du ver gris. Rien n'y fait : trois heures se passent et aucun de nous n'a trouvé la chenille.

L'Ammophile ne la trouve pas davantage. Je la vois chercher avec quelque persévérance en des points un peu crevassés. L'insecte déblaie, s'exténue ; il enlève, prodigieux effort, des lopins de terre sèche de la grosseur d'un noyau d'abricot. Toutefois ces points ne tardent pas à être abandonnés. Alors un soupçon me vient : si nous sommes quatre ou cinq à chercher vainement un ver gris, ce n'est pas à dire que l'Ammophile soit affligée de la même maladresse. Où l'homme est impuissant, l'insecte souvent triomphe. L'exquise finesse du sens qui le guide ne peut le laisser dérouté des heures entières. Peut-être que le ver gris, pressentant la pluie qui s'apprête, s'est enfoui plus profondément. Le chasseur sait très bien où il gît, mais il ne peut l'extraire de sa profonde cachette. S'il abandonne un point après quelques essais, ce n'est pas défaut de sagacité mais défaut de puissance de fouille. Partout où l'Ammophile gratte, il doit y avoir un ver gris ; le point est abandonné parce que le travail d'extraction est reconnu au-dessus des forces. Je suis bien sot de ne pas y avoir songé plus tôt. Est-ce que l'expert braconnier donnerait quelque attention là où il n'y a rien ? Allons donc !

Je me propose alors de lui venir en aide. L'insecte fouille en ce moment un point cultivé et tout à fait nu. Il abandonne l'endroit, comme il a déjà fait de tant d'autres. Je continue moi-même avec la lame d'un couteau. Je ne trouve rien non plus et me retire. L'insecte revient et se remet à gratter en un certain point de mes déblais. Je comprends : « Ôte-toi de là, maladroit, semble me dire l'hyménoptère ; je vais te montrer où gît la bête. » Sur ces indications, je fouille au point voulu, et j'exhume un ver gris. Parfait ! ma perspicace Ammophile ; ah ! je le disais bien que ton coup de râteau n'était pas donné sur un clapier désert !

Désormais c'est la chasse à la truffe, que le chien indique et que l'homme extrait. Je continue le système, l'Ammophile montrant le point convenable et moi fouillant du couteau. J'obtiens ainsi un second ver gris, puis un troisième, un quatrième. L'exhumation se fait toujours en des points dénudés, remués par la fourche quelques mois avant. Rien absolument n'indique au dehors la présence de la chenille. Eh bien ! Favier, Claire, Aglaé et les autres, que vous en semble ? En trois heures vous n'avez pu me déterrer un seul ver gris, et ce fin giboyeur m'en procure autant que j'en veux maintenant que je me suis avisé de lui venir en aide.

Me voilà suffisamment riche de pièces d'échange ; laissons au chasseur sa cinquième trouvaille, qu'il déterre avec mon concours. Je développe par paragraphes numérotés les divers actes du magnifique drame qui se passe sous mes yeux. L'observation se fait dans les conditions les plus favorables : je suis couché à terre, tout près du sacrificateur, et pas un détail ne m'échappe.

1° L'Ammophile saisit la chenille par la nuque avec les tenailles courbes de ses mandibules. Le ver gris se démène avec vigueur ; il roule et déroule sa croupe contorsionnée. L'hyménoptère ne s'en émeut : en se tenant de côté, il évite les chocs. L'aiguillon atteint l'articulation qui sépare le premier anneau de la tête, sur la ligne médiane et ventrale, en un point où la peau est plus fine. Le dard séjourne dans la blessure avec une certaine persistance. C'est là, paraît-il, le coup essentiel, qui doit dompter le ver gris et le rendre plus maniable.

2° L'Ammophile abandonne alors son gibier. Elle s'aplatit à terre, avec des mouvements désordonnés, avec des rotations sur le flanc, des tiraillements et des pendiculations de membres, des frémissements d'ailes, comme en danger de mort. Je crains que le chasseur n'ait, dans la lutte, reçu un mauvais coup. L'émoi me gagne de voir ainsi piteusement finir le vaillant hyménoptère, et se terminer par un échec une expérience qui m'avait coûté de si longues heures d'attente. Mais voici que l'Ammophile se calme, se brosse les ailes, se frise les antennes et reprend sa démarche alerte pour courir sus à la chenille. Ce que j'avais pris pour les convulsions d'une mort prochaine était le frénétique enthousiasme de la victoire. L'hyménoptère se félicitait à sa manière d'avoir terrassé le monstre.

3° L'opérateur happe la chenille par la peau du dos, un peu plus bas que précédemment, et pique le second anneau, toujours à la face ventrale. Je le vois alors graduellement reculer sur le ver gris, saisir chaque fois le dos un peu plus bas, l'enlacer avec les mandibules, amples pinces à branches recourbées, et chaque fois plonger l'aiguillon dans l'anneau suivant. Ce recul de l'insecte et cet enlacement du dos par degrés, un peu plus en arrière à chaque reprise, se font avec une précision méthodique, comme si le chasseur aunait son gibier. À chaque recul, le dard pique l'anneau suivant. Ainsi sont blessés les trois anneaux thoraciques, à pattes vraies ; les deux anneaux suivants, qui sont apodes ; et les quatre anneaux à fausses pattes. En tout, neuf coups d'aiguillon. Les quatre derniers segments sont négligés, sur lesquels trois apodes et le dernier ou treizième avec fausses pattes. L'opération s'accomplit sans difficultés sérieuses ; le premier coup de stylet reçu, le ver gris n'oppose qu'une faible résistance.

4) Finalement l'Ammophile, ouvrant dans toute leur ampleur ses tenailles mandibulaires, happe la tête du ver et la mâchonne, la comprime à coups mesurés, sans blessure. Ces coups de pression se succèdent avec une lenteur étudiée ; l'insecte paraît chercher à se rendre compte chaque fois de l'effet produit ; il s'arrête, attend, puis reprend. Pour atteindre le but désiré, cette manipulation sur le cerveau doit avoir des limites qui, dépassées, amèneraient la mort

et à bref délai la corruption. Aussi l'hyménoptère mesure-t-il la force de ses coups de tenaille, qui sont nombreux du reste, une vingtaine environ.

Le chirurgien a terminé. L'opérée gît à terre sur le flanc, à demi roulée sur elle-même. Elle est immobile, inerte, incapable de résistance pendant le travail de traction qui doit l'amener au logis, inoffensive pour le vermisseau qui doit s'en nourrir. L'Ammophile l'abandonne sur les lieux mêmes de l'opération et revient à son nid, où je la suis. Elle s'y livre à des retouches en vue de l'emmagasinement. Un gravier qui fait saillie à la voûte pourrait entraver la mise en caveau de l'encombrante pièce. Le bloc est arraché. Un grincement d'ailes frôlées accompagne le rude labeur. La chambre du fond n'est pas assez spacieuse ; elle est agrandie. Les travaux se prolongent, et la chenille que j'ai négligé de surveiller pour ne rien perdre des actes de l'hyménoptère, est envahie par les fourmis. Quand nous y revenons, l'Ammophile et moi, elle est toute noire d'actifs dépeceurs. C'est pour moi incident regrettable, c'est pour l'Ammophile événement fâcheux, car voilà deux fois que la même mésaventure lui arrive.

L'insecte paraît découragé. En vain je remplace la chenille par un de mes vers gris en réserve, l'Ammophile dédaigne la proie substituée. Et puis la soirée s'avance, le ciel s'est obscurci, il tombe même quelques gouttes de pluie. En de pareilles circonstances, il est inutile de compter sur une reprise de chasse. Tout finit donc sans que je puisse utiliser mes vers gris comme je l'avais combiné. Cette observation m'a tenu, sans un instant de répit, de une heure de l'après-midi à six heures du soir.

III. UN SENS INCONNU – LE VER GRIS

Je viens de raconter en détail les manœuvres de chasse de l'Ammophile. Les faits constatés me paraissent riches de conséquences, à tel point que si le laboratoire de l'harmas ne me fournissait plus rien, je me croirais dédommagé par cette seule observation. La méthode opératoire adoptée par l'hyménoptère en vue de paralyser le ver gris est, dans le domaine de l'instinct, la plus haute manifestation que je connaisse jusqu'ici. Quelle science infuse, bien propre à nous faire réfléchir ! Quelle savante logique, quelle sûreté dans ce physiologiste inconscient !

Qui voudrait être témoin à son tour de ces merveilles ne peut guère compter sur les hasards d'une promenade à travers champs ; et puis, la chance heureuse se présenterait-elle, le temps manquerait pour la mettre à profit. Une observation où j'ai dépensé cinq heures sans désemparer et sans parvenir encore à terminer les épreuves en projet, exige, pour être bien conduite, le loisir du chez soi. Le succès, je le dois donc au rustique laboratoire. Je livre le secret à qui voudra continuer ces magnifiques études ; la moisson est inépuisable, il y aura des gerbes pour tous.

En suivant la chasse de l'Ammophile dans l'ordre de ses actes, la première question qui se présente est celle-ci : comment fait l'hyménoptère pour reconnaître le point où gît sous terre le ver gris ?

Rien au dehors, pour la vue du moins, n'indique la cachette de la chenille. Le sol qui recèle la pièce de gibier peut être nu au gazonné, caillouteux ou terreux, continu ou fendillé de petites crevasses. Ces variations d'aspect sont indifférentes au chasseur, qui exploite tous les points sans préférence pour les uns plutôt que pour les autres. Partout où l'hyménoptère s'arrête et fouille avec quelque persistance, je n'aperçois rien de particulier malgré toute mon attention ; et cependant il doit y avoir un ver gris, comme je viens de m'en convaincre, coup sur coup, à cinq reprises, en prêtant main-forte à l'insecte, que rebutait d'abord un travail hors de proportion avec ses forces. La vue certainement n'est pas en cause ici.

Quel sens alors ? L'odorat ? Informons-nous. Les organes de recherche sont les antennes, tout l'affirme. De leur extrémité, fléchie en arc et animée d'une vibration continuelle, l'insecte palpe le sol, à petits coups, rapidement. Si quelque fissure se présente, les filets vibrants s'y introduisent et sondent ; si quelque touffe de gramen étale à fleur de terre son lacis de rhizomes, ils en fouillent les anfractuosités avec un redoublement de trépidation. Leurs extrémités s'appliquent un moment, se moulent en quelque sorte sur le point exploré. On dirait deux filaments tactiles, deux longs doigts d'une incomparable mobilité, qui s'informent en palpant. Mais le toucher ne peut intervenir pour révéler ce qu'il y a sous terre ; ce qu'il faudrait palper, c'est le ver gris ; et ce ver est reclus dans son terrier à quelques pouces de profondeur.

On pense alors à l'odorat. Les insectes, c'est incontestable, possèdent, souvent très développé, le sens de l'olfaction. Les Nécrophores, les Silphes, les Histers, les Dermestes accourent de tous côtés au point où gît un petit cadavre, dont il faut expurger le sol. Guidés par l'odorat, ces ensevelisseurs se hâtent vers la taupe morte.

Mais si le sens de l'olfaction est certain chez l'insecte, on se demande encore où en est le siège. Beaucoup affirment que ce siège est dans les antennes. Admettons-le, bien qu'il soit difficile de comprendre comment une tige d'anneaux cornés, articulés bout à bout, peut remplir l'office d'une narine à structure si profondément différente. L'organisation des appareils n'ayant rien de commun, les impressions perçues sont-elles bien de même nature ? Quand les outils sont dissemblables, leurs fonctions restent-elles similaires ?

D'ailleurs, avec notre hyménoptère, se présentent de graves objections. L'odorat est un sens passif plutôt qu'actif ; il ne va pas au-devant de l'impression comme le fait le toucher, il la subit ; il ne s'enquiert pas de l'effluve odorant, il reçoit quand il arrive. Or les antennes de l'Ammophile sont continuellement agissantes ; elles s'informent, elles vont au-devant de l'impression. Impression de quoi ? Si c'était en réalité une impression d'odeur, l'immobilité leur serait plus favorable qu'une perpétuelle agitation.

Mais il y a mieux : l'odorat sans odeur n'a pas de raison d'être. Or j'ai soumis le ver gris à ma propre expertise ; je l'ai donné à flairer à des narines jeunes, bien plus sensibles que les miennes ; aucun de nous n'a constaté dans la chenille la plus faible trace d'odeur. Quand le chien, célèbre par son flair, a connaissance de la truffe sous terre, il est guidé par le fumet du tubercule, fumet très appréciable pour nous, même à travers l'épaisseur du sol. Je reconnais au chien un odorat plus subtil que le nôtre ; il s'exerce à de plus grandes distances, il reçoit des impressions plus vives et plus tenaces ; toutefois il est impressionné par des effluves odorants qui deviennent sensibles à nos narines dans les conditions convenables de proximité.

J'accorderai, si l'on veut, à l'Ammophile un sens d'olfaction aussi délicat, plus délicat même que celui du chien ; mais encore faudrait-il une odeur, et je me demande comment ce qui est inodore à l'entrée même des narines peut être odorant pour un insecte à travers l'obstacle du sol. Les sens, s'ils ont mêmes fonctions, ont mêmes excitateurs depuis l'homme jusqu'à l'infusoire. Dans ce qui est ténèbres absolues pour nous, aucun animal ne voit clair, que je sache. On pourra dire, je le sais, que dans la série zoologique, la sensibilité, toujours la même au fond, a des degrés de puissance : telle espèce est capable de plus, et telle autre est capable de moins ; le sensible pour l'une est l'insensible pour l'autre. Rien de plus juste ; cependant l'insecte, considéré d'une manière générale, ne paraît pas hors ligne sous le rapport de la sensibilité olfactive ; les effluves qui l'attirent sont perçus sans un odorat d'une finesse exceptionnelle. Lorsque, dans le cornet floral d'une aroïdée à odeur cadavéreuse s'engouffrent, pour ne plus en sortir, les Dermestes, les Silphes et les Histers ; lorsque des essaims de mouches bourdonnent autour d'un chien mort, à ventre bleu et ballonné, tout le voisinage est empuanti par l'infection. La chair décomposée, le fromage pourri exigent-ils de l'insecte, pour lui être révélés, un flair d'exquise précision ? Partout où nous voyons accourir ses hordes, avec le flair certainement pour guide, il y a pour nous une odeur.

Reste l'audition. Encore un sens sur lequel l'entomologie n'est pas convenablement renseignée. Où en est le siège ? Dans les antennes, dit-on. Ces fines tiges vibrantes sembleraient, en effet, assez aptes à s'ébranler sous l'impulsion sonore. L'Ammophile, qui explore les lieux avec les antennes, serait alors avertie de la présence du ver gris par un léger bruit remontant de terre, bruit des mandibules qui rongent une racine, bruit de la chenille qui remue sa croupe. Quel son faible et quelle difficulté pour sa propagation à travers le matelas spongieux de la terre !

Il est plus que faible, il est nul. Le ver gris est nocturne. Le jour, blotti dans son clapier, il ne bouge. Il ne ronge pas non plus ; du moins les vers gris que j'ai exhumés sur les indications de l'hyménoptère ne rongeaient rien du tout par la raison qu'il n'y avait rien à ronger. Ils étaient dans une couche de terre sans racines, en complète immobilité ; et par suite, silence. Le sens de l'ouïe doit être écarté comme celui de l'odorat.

La question revient, plus obscure que jamais. Comment fait l'Ammophile pour reconnaître le point où gît, sous terre, le ver gris ?

Les antennes, c'est incontestable, sont les organes qui le guident. Elles ne fonctionnent pas ici comme appareils olfactifs, à moins d'admettre que leur surface aride, coriace, n'ayant rien de la délicate structure nécessaire à l'habituel odorat, est néanmoins sensible à des odeurs nulles pour nous. Ce serait admettre que la rusticité de l'outil a pour conséquence la perfection du travail. Elles ne fonctionnement pas non plus comme appareil auditif, car il n'y a pas de bruit à percevoir. Quel est donc leur rôle ? Je l'ignore et désespère de jamais le savoir.

Enclins que nous sommes, et il ne peut guère en être autrement, à tout rapporter à notre mesure, la seule qui nous soit un peu connue, nous accordons aux animaux nos moyens de perception, et ne songeons pas qu'ils pourraient bien en posséder d'autres, dont il nous est impossible d'avoir une idée précise parce qu'il n'y a rien d'analogue en nous. Sommes-nous bien certains qu'ils ne sont pas outillés, à des degrés très divers, en vue de sensations pour nous aussi étrangères que le serait la sensation des couleurs si nous étions aveugles ? La matière n'a-t-elle plus de secrets pour nous ? Est-il bien sûr qu'elle ne se révèle à l'être animé que par la lumière, le son, la saveur, l'odeur, les propriétés tangibles ? La physique et la chimie, si jeunes cependant, déjà nous affirment que le noir inconnu renferme une moisson énorme, en comparaison de laquelle notre gerbe scientifique n'est que misère. Un sens nouveau, peut-être celui qui réside dans le nez du Rhinolophe, exagéré jusqu'au grotesque, peut être celui qui réside dans l'antenne de l'Ammophile, ouvrirait à nos recherches un monde que notre organisation nous condamne sans doute à ne jamais explorer. Certaines propriétés de la matière, sur nous sans action qui puisse être perçue, ne peuvent-elles trouver, pour y répondre, un écho dans l'animal, outillé autrement que nous ?

Lorsqu'après les avoir aveuglées, Spallanzani lâchait des chauves-souris dans un appartement transformé en un labyrinthe par des cordons tendus suivant toutes les directions et par des amas de broussailles, comment ces animaux pouvaient-ils se reconnaître, voler rapidement, aller et venir d'un bout à l'autre de la pièce, sans se heurter aux obstacles interposés ? Quel sens analogue des nôtres les guidait ? Quelqu'un voudrait-il me le dire et surtout me le faire comprendre ? J'aimerais à comprendre aussi comment l'Ammophile, à l'aide des antennes, trouve infailliblement le terrier de sa chenille. Qu'on ne parle pas ici d'odorat ; il faudrait le supposer d'une finesse inouïe, tout en reconnaissant qu'il est servi par un organe où rien ne semble disposé pour la perception des odeurs.

Que d'autres choses incompréhensibles nous mettons sur le compte de l'odorat des insectes ! Nous nous payons d'un mot ; l'explication est toute trouvée, sans recherches pénibles. Mais si nous voulons mûrement y réfléchir, si nous comparons un ensemble convenable de faits, la falaise de l'inconnu se dresse abrupte, infranchissable par le sentier où nous nous obstinons. Changeons alors de sentier et reconnaissons que l'animal peut avoir d'autres moyens d'information que les nôtres. Nos sens ne représentent pas la totalité des modes par lesquels l'animal se met en rapport avec ce qui n'est pas lui ; il y en a d'autres, peut-être beaucoup, non assimilables, même de loin, à ceux que nous possédons nous-mêmes.

Si l'acte de l'Ammophile était un fait isolé, je ne m'y serais pas arrêté comme je viens de le faire ; mais je me propose d'en faire connaître de plus étranges encore, imposant la conviction à l'esprit le plus exigeant. Après les avoir racontés, je reviendrai donc sur ce sujet de sens spéciaux, irréductibles, à nous inconnus.

Pour le moment revenons au ver gris, qu'il n'est pas inopportun de connaître d'une façon moins sommaire. J'en avais quatre, exhumés avec le couteau aux points que m'indiquait l'Ammophile. Mon dessein était de les substituer un à un à la victime sacrifiée, pour voir se répéter l'opération de l'hyménoptère. Ce projet n'ayant pas abouti, je mis les vers dans un bocal avec couche de terre et trognon de laitue par-dessus. De jour, mes captifs restaient ensevelis ; de nuit, ils remontaient à la surface, où je les surprenais rongeant la salade en dessous. En août, ils s'enfouirent pour ne plus remonter, et se façonnèrent chacun un cocon de terre, très grossier à la face externe, de forme ovoïde et de la grosseur d'un petit œuf de pigeon. À la fin du même mois parut le papillon. J'y reconnus la Noctuelle des moissons, *Noctua segetum* Hubner.

Ainsi l'Ammophile hérissée sert à ses larves des chenilles de Noctuelles, et son choix se porte exclusivement sur les espèces à mœurs souterraines. Ces chenilles, vulgairement connues sous le nom de ver gris à cause de leur costume grisâtre, sont un fléau des plus redoutables pour les champs de grande culture ainsi que pour les jardins. Tapies de jour au fond de leurs terriers, elles remontent de nuit vers la surface et rongent le collet des végétaux herbacés. Tout leur est bon, la plante ornementale comme la plante potagère. Les massifs de fleurs, les carrés de légumes, les champs sont indistinctement ravagés. Lorsqu'un plant se flétrit, sans cause apparente, tirez à vous légèrement, et le moribond viendra, mais tronqué, détaché de sa racine. Le ver gris, dans la nuit, a passé par là ; ces voraces mandibules ont fait la mortelle section. Ses dégâts rivalisent avec ceux du ver blanc ou larve du Hanneton. Quand il pullule dans un pays à betteraves, la valeur des pertes se chiffre par millions. Tel est le terrible ennemi contre lequel nous vient en aide l'Ammophile.

Je signale à l'agriculture et je lui recommande avec insistance ce précieux auxiliaire, si zélé pour rechercher le ver gris au printemps, si habile pour en découvrir les clapiers. Une Ammophile dans un jardin, c'est peut-être un carré de laitues sauvegardé, une plate-bande de balsamines tirée de péril. Mais que viennent faire ici des recommandations ! Nul ne songe à détruire le gracieux hyménoptère, qui va voletant avec prestesse d'une allée à l'autre, qui visite un coin du jardin, puis celui-ci, puis celui-là, puis le suivant ; nul ne songe non plus, et nul ne peut songer, hélas ! à favoriser sa multiplication.

Dans l'immense majorité des cas, l'insecte échappe à notre pouvoir ; l'exterminer s'il est nuisible, le propager s'il est utile, sont pour nous œuvre impraticable. Singulière antithèse de force et de faiblesse : l'homme tranche des lambeaux de continent pour faire communiquer deux mers, il perfore les Alpes, il pèse le soleil, et ne peut empêcher un misérable asticot de goûter avant lui ses cerises, un odieux pou de lui détruire ses vignobles ! Le titan est vaincu par le pygmée.

Voici maintenant, dans ce même monde des insectes, un auxiliaire de mérite supérieur, un ennemi sans pareil de notre calamiteux ennemi le ver gris. Pouvons-nous quelque chose pour en peupler à volonté nos champs et nos jardins ? Nullement, car la première condition pour multiplier l'Ammophile serait de multiplier le ver gris, unique nourriture de sa famille de larves. Je ne parle pas des difficultés insurmontables que présenterait semblable éducation. Ce n'est pas ici l'Abeille, fidèle à sa ruche à cause de ses mœurs sociales ; c'est encore moins le stupide Ver à soie, campé sur la feuille de mûrier, et son lourd papillon, qui un instant bat des ailes, s'accouple, pond et meurt ; c'est un insecte aux capricieuses pérégrinations, au vol prompt, aux allures indépendantes.

La première condition d'ailleurs coupe court à tout espoir. Voulons-nous avoir des Ammophiles secourables ? Résignons-nous alors aux vers gris. Nous tournons dans un cercle vicieux : pour provoquer le bien, il nous faut appeler le mal. La horde ennemie fait apparaître dans nos champs la troupe auxiliaire ; mais celle-ci ne vient pas sans celle-là, et les deux se balancent en nombre. Si le ver gris abonde, l'Ammophile trouve pour ses larves copieuse proie, et sa race prospère ; s'il se fait rare, la descendance de l'Ammophile s'amoindrit, disparaît. Semblable rythme de prospérité et de décadence est l'immuable loi qui règle les proportions entre dévorants et dévorés.

IV. LA THÉORIE DE L'INSTINCT

Il faut aux larves des divers hyménoptères giboyeurs une proie immobile, qui ne mette pas en péril, par des mouvements défensifs, l'œuf délicat et puis le vermisseau fixé en l'un de ses points ; il faut en outre que cette proie inerte soit néanmoins vivante, car la larve n'accepterait pas un cadavre pour nourriture. Ses provisions de bouche doivent être de la chair fraîche et non des conserves. Dans le premier volume de ces *Souvenirs*, j'ai fait ressortir ces deux conditions contradictoires, d'immobilité et de vie, avec assez de développement pour qu'il soit inutile d'y insister une seconde fois ; j'ai montré comment l'hyménoptère les réalise au moyen de la paralysie, qui anéantit les mouvements et laisse intacte la vitalité organique. Avec une habileté qu'envieraient nos plus renommés vivisecteurs, l'insecte lèse de son dard empoisonné les centres nerveux, foyers de l'incitation des muscles. Suivant la structure de l'appareil nerveux, le nombre et la concentration des ganglions, l'opérateur se borne à un coup de lancette, ou bien en donne deux, trois et davantage. L'anatomie précise de la victime dirige l'aiguillon.

L'Ammophile hérissée a pour gibier une chenille dont les centres nerveux, distants l'un de l'autre et jusqu'à un certain point indépendants dans leur action, occupent un à un les divers anneaux de l'animal. Cette chenille, très vigoureuse pièce, ne peut être emmagasinée dans la cellule, avec l'œuf de l'hyménoptère sur le flanc, qu'après avoir perdu toute mobilité. Un mouvement de sa croupe écraserait cet œuf contre la paroi.

Or un anneau rendu immobile par la paralysie n'entraînerait pas l'insensibilité de l'anneau voisin, à cause de l'indépendance relative des foyers d'innervation. Il faut alors que tous les anneaux soient opérés, l'un après l'autre, du premier au dernier, du moins les plus importants. Ce qui dicterait le physiologiste le plus expert, l'Ammophile l'accomplit : son aiguillon se porte d'un anneau au suivant à neuf reprises différentes.

Elle fait mieux. La tête est encore indemne ; les mandibules jouent, elles pourraient saisir pendant le trajet quelque fétu fixé au sol et opposer au charroi une résistance insurmontable ; le cerveau, centre nerveux primordial, pourrait provoquer une sourde lutte, bien gênante avec pareil fardeau. Il convient d'éviter ces entraves. La chenille sera donc plongée dans un état de torpeur qui abolisse jusqu'aux velléités de défense. L'Ammophile y parvient en mâchonnant la tête. Elle se garde bien d'y plonger le stylet : blesser à mort les ganglions cervicaux, ce serait tuer du coup la chenille, maladresse qu'il faut absolument éviter. Elle comprime seulement le cerveau entre ses mandibules, à coups mesurés ; et chaque fois elle s'arrête, elle s'informe de l'effet produit, car un point délicat est à atteindre, un certain degré de torpeur qu'il ne faut pas dépasser, sinon la mort surviendrait. Ainsi s'obtient la somnolence qui suspend la volition. Maintenant la chenille, incapable de résister, incapable de le vouloir, est saisie par la nuque et traînée vers le nid. Toute réflexion déparerait l'éloquence de semblables faits.

Par deux fois, l'Ammophile hérissée m'a fait assister à sa pratique chirurgicale. J'ai raconté ailleurs ma première observation, qui date de si loin. Faite à l'improviste, l'observation d'autrefois est moins explicite que celle d'aujourd'hui, préméditée et accomplie dans les conditions d'un loisir indéfini. Les deux se ressemblent pour la multiplicité des coups d'aiguillon, distribués avec méthode, d'avant en arrière, à la face ventrale. Le nombre de piqûres est-il bien le même dans les deux cas ? Actuellement il est juste de neuf.

Pour la victime que je vis opérer sur le plateau des Angles, il me parut que le dard multipliait davantage les blessures, sans que je puisse préciser. Il peut très bien se faire que le nombre de coups de stylet varie un peu, et que les derniers anneaux de la chenille, bien moins importants que les autres, soient négligés ou atteints suivant la grosseur et la force de la proie qu'il faut immobiliser.

La seconde observation m'a montré en outre la compression du cerveau, manœuvre d'où dérive la torpeur favorable au charroi et à l'emmagasinement. Dans la première, un fait aussi remarquable ne m'aurait pas échappé ; il ne s'est donc pas produit. Alors la méthode de la compression cérébrale est une ressource que l'hyménoptère emploie à sa guise, lorsque les circonstances le réclament, lorsque la proie, par exemple, paraît devoir opposer quelque résistance pendant le trajet.

Le mâchonnement des ganglions cervicaux est facultatif ; l'avenir de la larve n'y est pas intéressé ; l'hyménoptère le pratique, lorsque besoin en est, pour se faciliter le travail de transport. Le Sphex languedocien, que j'ai vu assez souvent à l'œuvre après m'avoir coûté tant de peine jadis, n'a pratiqué qu'une seule fois cette opération, sous mes yeux, à la nuque de son Éphippigère. Réduite à ses éléments invariables, absolument nécessaires, la tactique de l'Ammophile hérissée consisterait ainsi dans la multiplicité des coups d'aiguillon, distribués un à un dans la totalité ou la presque totalité des centres nerveux longeant la ligne médiane de la face inférieure.

Avec l'art meurtrier de l'hyménoptère mettons en parallèle l'art meurtrier de l'homme, de l'homme pratique, dont le métier est de tuer rapidement. J'évoquerai ici un souvenir d'enfance. Petits écoliers d'une douzaine d'années, on nous expliquait les infortunes de Mélibée, versant ses chagrins dans le sein de Tityre, qui lui offre ses châtaignes, son fromage et sa couche de fougère fraîche ; on nous faisait réciter un poème de Racine fils, la Religion. Singulier poème, en vérité, pour des enfants plus soucieux de billes que de théologie ! Il m'en est resté tout juste deux vers et demi :

…… et jusque dans la fange,
L'insecte nous appelle et, certain de son prix,
Ose nous demander raison de nos mépris.

Pourquoi ces deux vers et demi dans ma mémoire, et rien de tout le reste ? Parce que le Scarabée et moi étions déjà des amis. Ces deux vers et demi m'inquiétaient ; je trouvais fort saugrenue l'idée d'aller vous loger dans la fange, vous les insectes, si propres de costume, si corrects de toilette. Je connaissais la cuirasse bronzée du Carabe, le justaucorps en cuir de Russie du Cerf-volant ; je savais que les moindres d'entre vous ont des reflets d'ébène, des éclats de métaux précieux ; aussi la fange où vous vautrait le poète me scandalisait elle un peu. Si M. Racine fils n'avait rien de mieux à dire sur votre compte, autant valait se taire ; mais il ne vous connaissait pas, et de son temps à peine quelques-uns commençaient à vous soupçonner.

Tout en ruminant pour la prochaine leçon quelque passage de l'ennuyeux poème, je me faisais à ma guise un autre genre d'éducation. La Linotte était visitée en son nid sur quelque touffe de genévrier à ma taille ; le Geai était épié, cueillant le gland à terre ; je surprenais l'Écrevisse toute molle encore après avoir fait peau neuve ; je m'informais de l'époque exacte de l'arrivée des Hannetons ; j'étais à la recherche de la première fleur de Coucou épanouie. L'animal et la plante, poème prodigieux dont un vague écho s'éveillait en ma jeune cervelle, faisaient très heureuse diversion à l'alexandrin sans chaleur. Le problème de la vie et cet autre, aux lugubres effrois, le problème de la mort, par moments me traversaient l'esprit. C'était une obsession passagère, qu'effaçait la mobilité de l'âge. Néanmoins la redoutable question revenait, tirée de l'oubli par quelque incident.

Un jour, passant devant un abattoir, je vis arriver un bœuf conduit par le boucher. L'horreur du sang a toujours été pour moi insurmontable, en mes jeunes années, la vue d'une blessure saignante m'impressionnait au point de me faire tomber sans connaissance, ce qui plus d'une fois a failli me coûter la vie. Comment le courage me vint-il de pénétrer dans l'horrible officine où l'on égorge ? Le noir problème de la mort me stimulait sans doute. J'entrai, suivant le bœuf.

Lié aux cornes par une solide corde, le mufle humide, le regard pacifique, l'animal s'avance comme s'il gagnait la crèche de son étable. L'homme précède, la corde en main. On entre dans la salle de mort, au milieu d'une buée nauséabonde qu'exhalent des entrailles répandues à terre et des flaques de sang. Le bœuf reconnaît que ce n'est pas l'étable ; la terreur lui rougit l'œil ; il résiste, il veut fuir. Mais un anneau est là, sur le parquet, solidement fixé à une dalle. L'homme y passe la corde et tire à lui. Le bœuf baisse le front ; du mufle, il touche à terre. Tandis qu'un aide le maintient par la corde dans cette position, le boucher prend un couteau à lame pointue, un couteau pas menaçant du tout, guère plus grand que celui que j'ai moi-même dans la poche de ma culotte. Un moment il cherche du doigt derrière la nuque de l'animal, et dans le point choisi il plonge la lame. Le colosse tremble un instant et, comme foudroyé, tombe ; *procumbit humi bos*, ainsi que nous disions alors.

Je sortis de là affolé. Plus tard, je me demandai comment avec un couteau, presque l'équivalent de celui qui me servait à ouvrir mes noix et peler mes châtaignes, comment avec une lame de rien, un bœuf pouvait être tué, et si soudainement. Pas de blessure béante, pas de sang répandu, pas de beuglements de la bête. L'homme cherche du doigt, il pique et c'est fait : le bœuf croule sur ses jarrets.

Cette mort instantanée, ce foudroiement resta pour moi terrifiant mystère. Ce fut plus tard, bien plus tard, lorsque les hasards de mes lectures me mirent sous les yeux quelques bribes d'anatomie, que j'eus le secret de l'abattoir. L'homme avait tranché la moelle épinière à sa sortie du crâne, il avait sectionné ce que les physiologistes ont appelé le nœud vital. Aujourd'hui je pourrais dire qu'il avait opéré à la façon des hyménoptères, dont le stylet plonge dans les centres nerveux.

Assistons une seconde fois à ce spectacle dans des conditions plus émouvantes. Il s'agit des abattoirs *Saladeiros* de l'Amérique du Sud, vastes établissements de tuerie et de manipulation de chairs, où l'on abat jusqu'à douze cents bœufs par jour. J'emprunte le récit d'un témoin oculaire.[1]

« Le bétail arrive par grandes troupes et la *matance* se fait dès le lendemain de l'arrivée. Toute une troupe est renfermée dans un espace clos ou *margueira*. Des hommes à cheval font de temps en temps passer cinquante à soixante bœufs dans un espace plus étroit, mieux fermé et dont le sol incliné, en briques, en planches ou en béton, est toujours très glissant. Un ouvrier spécial, placé sur

---

1 L. Couty, *Revue scientifique*, 6 août 1881

une plate-forme extérieure qui longe le mur de la petite *margueira*, saisit au lasso, par la tête ou plus souvent par les cornes, une des bêtes rassemblées. La corde du lasso, longue et solide, est enroulée sur un treuil à sa partie moyenne ; et une bête de somme, d'ordinaire un cheval ou un couple de bœufs, tirant sur son extrémité, entraîne la bête lassée et la fait glisser, malgré sa résistance, jusque sur le treuil où elle vient s'arc-bouter, complètement fixée.

« Il suffit alors à un autre ouvrier, le *desnucador*, placé aussi sur la plate-forme, de plonger un couteau en arrière de la tête, entre l'occipital et l'axis ; et le bœuf tombe, sidéré, sur un wagonnet mobile qui l'emporte. Il est immédiatement jeté sur un sol incliné où des ouvriers spéciaux le saignent et le dépouillent. Mais comme la blessure faite à la moelle cervicale est assez variable de siège et d'étendue, il arrive souvent que ces malheureuses bêtes ont encore les mouvements du cœur et de la respiration ; et alors elles réagissent sous le couteau, elles ébauchent des cris, elles agitent les membres, étant déjà à demi dépouillées, le ventre ouvert. Rien de plus pénible que le spectacle de toutes ces bêtes dépouillées vivantes, dépecées, transformées par ces ouvriers couverts de sang, qui s'agitent en tous sens. »

Le *saladeiro* répète exactement la méthode meurtrière que m'avait montrée l'abattoir. Dans les deux ateliers de tuerie on blesse la moelle cervicale, à la base du crâne. L'Ammophile opère d'une façon analogue, avec cette différence que sa chirurgie est beaucoup plus compliquée, beaucoup plus difficile, à cause de l'organisation de la victime. L'avantage lui reste encore si l'on considère la délicatesse du résultat obtenu. Sa chenille n'est pas un cadavre comme le bœuf dont la moelle est tranchée ; elle vit, mais incapable de se mouvoir. À tous égards, l'insecte est ici supérieur à l'homme.

Or, comment est venue au boucher de nos pays, au *desnucador* des pampas, l'idée de plonger un stylet à la naissance de la moelle pour obtenir la mort soudaine d'un colosse qui ne se laisserait pas égorger sans périlleuse résistance ? En dehors des gens du métier et des hommes de science, personne ne connaît, ne soupçonne le résultat foudroyant d'une telle blessure ; nous sommes presque tous, sur ce sujet, en cet état d'ignorance où je me trouvais moi-même lorsque la curiosité enfantine me fît entrer dans l'atelier d'égorgement. Le *desnucador* et le boucher ont appris leur art, enseigné par la tradition et l'exemple ; ils ont eu des maîtres, et ceux-ci ont été élevés à l'école d'autres maîtres, remontant par une chaîne de traditions jusqu'au premier qui, servi sans doute par un événement de chasse, reconnut les redoutables effets d'une blessure faite à la nuque Qui nous dira si quelque pointe de silex, plongeant par hasard dans la moelle cervicale du Renne ou du Mammouth, n'a pas éveillé l'attention du précurseur du *desnucador* ? Un fait fortuit a fourni l'idée première, l'observation l'a confirmée, la réflexion l'a mûrie, la tradition l'a conservée, l'exemple l'a propagée. Dans l'avenir, même filière de transmission. En vain les générations se succéderaient, la descendance du desnucador reviendrait, privée de maîtres, à l'ignorance primitive. L'hérédité ne transmet pas l'art de tuer par la section de la moelle épinière ; on ne naît pas abatteur de bœufs par la méthode du *desnucador*.

Voici maintenant l'Ammophile, abatteur de chenilles par une méthode bien plus savante. Où sont les maîtres ès arts du stylet ? Il n'y en a pas. Lorsque l'hyménoptère déchire son cocon et sort de dessous terre, ses prédécesseurs depuis longtemps n'existent plus ; il disparaîtra lui-même sans avoir vu ses successeurs. Le garde-manger garni et l'œuf déposé, tout rapport cesse avec la descendance ; l'insecte parfait de l'année présente périt, alors que l'insecte de l'année prochaine, encore à l'état de larve, sommeille en terre dans son berceau de soin Donc rien absolument de transmis par l'éducation de l'exemple. L'Ammophile naît *desnucador* accompli comme nous naissons suceurs du sein maternel. Le nourrisson fonctionne de sa pompe aspirante, l'Ammophile fonctionne de son dard, sans l'avoir jamais appris ; et tous les deux, dès le premier essai, sont maîtres dans l'art difficile. Voilà l'instinct, l'incitation inconsciente qui fait partie essentielle des conditions de la vie et se transmet, par hérédité, aux mêmes titres que le rythme du cœur et des poumons.

Essayons de remonter, si c'est possible, aux origines de l'instinct de l'Ammophile. Aujourd'hui, plus que jamais, un besoin nous tourmente, le besoin d'expliquer ce qui pourrait bien être inexplicable. Il s'en trouve, et le nombre semble s'en accroître chaque jour, qui tranchent l'énorme question avec une superbe audace. Accordez-leur une demi-douzaine de cellules, un peu de protoplasme et un schéma pour illustration, et ils vous donneront raison de tout. Le monde organique, le monde intellectuel et moral, tout dérive de la cellule originelle, évoluant par ses propres énergies. Ce n'est pas plus difficile que cela. L'instinct, suscité par un acte fortuit qui s'est trouvé favorable à l'animal, est une habitude acquise. Et là-dessus on argumente, invoquant la sélection, l'atavisme, le combat pour la vie (*struggle for life*). Je vois bien de grands mots, mais je préférerais quelques tout petits faits. Ces petits faits, depuis bientôt une quarantaine d'années, je les recueille, je les interroge ; et ils ne répondent pas précisément en faveur des théories courantes.

Vous me dites que l'instinct est une habitude acquise. Un fait fortuit, favorable à la descendance de l'animal, a été son premier excitateur. Examinons la chose de près. Si je comprends bien, quelque Ammophile, dans un passé très reculé, aurait atteint par hasard les centres nerveux de sa chenille ; et se trouvant bien de l'opération, tant pour elle, délivrée d'une lutte non sans péril, que pour sa larve, approvisionnée d'un gibier frais, plein de vie et pourtant inoffensif, aurait doué sa race, par hérédité, d'une propension à répéter l'avantageuse tactique. Le don maternel n'avait pas également favorisé tous les descendants ; il y avait des maladroits dans l'art naissant du stylet, il y avait des habiles. Alors est survenu le combat pour l'existence, l'odieux *vœ victis*. Les faibles ont succombé, les forts ont prospéré ; et, d'un âge à l'autre, la sélection par la concurrence vitale a transformé l'empreinte fugitive du début en une empreinte profonde, ineffaçable, traduite par l'instinct savant que nous admirons aujourd'hui dans l'hyménoptère.

Eh bien, en toute sincérité je l'avoue, on demande ici un peu trop au hasard. Lorsque pour la première fois l'Ammophile s'est trouvée en présence de sa chenille, rien, d'après vous, ne pouvait diriger l'aiguillon. Il n'y avait pas de raison pour un choix. Les coups de dard devaient s'adresser à la face supérieure de la proie saisie, à la face inférieure, aux flancs, à l'avant, à l'arrière indistinctement, d'après les chances d'une lutte corps à corps. L'Abeille et la Guêpe piquent aux points qu'elles peuvent atteindre, sans prédilection pour une partie plutôt que pour une autre. Ainsi devait se comporter l'Ammophile ignorante encore de son art.

Or, combien y a-t-il de points dans un ver gris, à la surface et à l'intérieur ? La rigueur mathématique répondrait une infinité ; il nous suffit de quelques cents. Sur ce nombre, neuf points, peut-être plus, sont à choisir ; il faut que l'aiguillon plonge là et non ailleurs ; un peu plus haut, un peu plus bas, un peu de côté, il ne produirait pas l'effet voulu. Si l'événement favorable est un résultat fortuit, combien faut-il de combinaisons pour l'amener, combien de temps pour épuiser les cas possibles ? Lorsque la difficulté devient par trop pressante, vous prenez refuge derrière le nuage des siècles, vous reculez dans les ténèbres du passé aussi loin que la fantaisie puisse conduire, vous invoquez le temps, le facteur dont nous disposons si peu et par cela même convient si bien à dissimuler nos chimères. Ici donnez-vous carrière et prodiguez les siècles. Brouillons dans une urne des centaines de signes de valeur différente, et tirons en neuf au hasard. Quand obtiendrons-nous de la sorte une série déterminée à l'avance, série qui est unique ? La chance est si faible, répond le calcul, qu'autant vaut la noter zéro et dire que l'arrangement attendu n'arrivera jamais. Pour l'Ammophile des anciens âges, l'essai ne se renouvelait qu'à de longs intervalles, d'une année à la suivante. Comment donc est sortie de l'urne du hasard cette série de neuf coups d'aiguillon sur neuf points choisis ? S'il me faut recourir à l'infini dans le temps, je crains bien de rencontrer l'absurde.

Vous reprenez : l'insecte n'est pas arrivé du premier coup à sa chirurgie actuelle ; il a passé par des essais, des apprentissages, des degrés d'habileté. La sélection a fait un triage, éliminant les moins experts, conservant les mieux doués ; et par le cumul des aptitudes individuelles, ajoutées à celles que transmettait l'hérédité, s'est progressivement développé l'instinct tel que nous le connaissons.

L'argument porte à faux : l'instinct développé par degrés est ici d'une impossibilité flagrante. L'art d'apprêter les provisions de la larve ne comporte que des maîtres et ne souffre pas des apprentis ; l'hyménoptère doit y exceller du premier coup ou ne pas s'en mêler. Deux conditions, en effet, sont de nécessité absolue : possibilité pour l'insecte de traîner au logis et d'emmagasiner un gibier qui le surpasse beaucoup en taille et en vigueur ; possibilité pour le vermisseau nouvellement éclos de ronger en paix, dans l'étroite cellule, une proie vivante et relativement énorme. L'abolition du mouvement dans la victime est le seul moyen de les réaliser, et cette abolition, pour être totale, exige des coups de dard multiples, un dans chaque centre d'excitation motrice. Si la paralysie et la torpeur ne sont pas suffisantes, le ver gris bravera les efforts du chasseur, luttera désespérément en route et ne parviendra pas à destination ; si l'immobilité n'est pas complète, l'œuf fixé en un point du ver, périra sous les contorsions du géant. Pas de moyen terme admissible, pas de demi-succès. Ou bien la chenille est opérée suivant toutes les règles, et la race de l'hyménoptère se perpétue ; ou bien la victime n'est que partiellement paralysée, et la descendance de l'hyménoptère périt dans l'œuf.

Dociles à l'inexorable logique des choses, nous admettrons donc que la première Ammophile hérissée, faisant capture d'un ver gris pour nourrir sa larve, opéra le patient par l'exacte méthode en usage aujourd'hui. Elle saisit la bête par la peau de la nuque, la poignarda en dessous en face de chacun des centres nerveux ; et si le monstre faisait mine de résister encore, elle lui mâcha le cerveau. Cela dut se passer ainsi, car, répétons-le, un meurtrier inexpert, ébauchant son ouvrage par à peu près, ne laisserait pas de successeur, l'éducation de l'œuf devenant impossible. Sans la perfection de sa chirurgie, l'abatteur de grosses chenilles s'éteint dès la première génération.

Je vous entends encore : avant de chasser le ver gris, l'Ammophile hérissée a pu choisir des chenilles plus faibles, qu'elle empilait plusieurs dans la même cellule, jusqu'à représenter la masse de victuailles de la grosse proie d'aujourd'hui. Avec un débile gibier, quelques coups d'aiguillon suffisaient, un seul peut-être. Peu à peu, la volumineuse proie a été préférée, comme réduisant les expéditions de chasse. À mesure que les générations successives faisaient choix d'une proie plus forte, les coups de dard se multipliaient, proportionnés à la résistance de la capture, et par degrés l'instinct élémentaire du début est devenu l'instinct perfectionné de notre époque.

À ces raisons, on peut d'abord répondre que le changement de régime de la larve, que la substitution de l'unité à la multiplicité des pièces servies, sont en opposition formelle avec ce qui se passe sous nos yeux. L'hyménoptère déprédateur, tel que nous le connaissons, est d'une extrême fidélité aux antiques usages ; il a des lois somptuaires qu'il ne transgresse pas. Celui qui, pour nourriture du jeune âge, reçut des Charançons, met dans la cellule de sa larve des Charançons et rien autre chose ; celui qui fut approvisionné de Buprestes, persiste dans le menu adopté et sert à sa larve des Buprestes. Pour un Sphex, il faut des Grillons ; pour un second, des Éphippigères ; pour un troisième, des Criquets. Hors de ces mets, rien d'acceptable. Le Bembex qui chasse les Taons, les trouve exquis et ne veut pas y renoncer ; le Stize ruficorne, qui garnit le garde-manger avec des Mantes religieuses, fait fi de toute autre venaison. Ainsi des autres. Chacun a ses goûts.

Il est vrai qu'à beaucoup d'entre eux la variété du service est permise, mais dans le domaine d'un même groupe entomologique ; c'est ainsi que les chasseurs de Charançons et de Buprestes font proie de toute espèce proportionnée à leurs forces. L'Ammophile hérissé changeant de régime serait dans ce cas. Petite et multiple alors pour chaque cellule, ou bien grosse et unique, la proie consisterait toujours en chenilles. Jusque-là tout est bien. Mais il reste l'unité remplaçant la multiplicité, et je ne connais pas encore un seul cas de pareil changement dans les usages de l'hyménoptère. Qui garnit le terrier d'une pièce unique ne s'avise jamais d'en empiler plusieurs de taille moindre ; qui se livre à des expéditions répétées pour amasser gibier nombreux dans la même cellule, ne sait se borner à une seule en choisissant victuaille plus grosse. Le relevé de mes observations est invariable sur ce point. L'Ammophile de jadis, abandonnant son gibier multiple pour un gibier simple, est supposition que rien ne justifie.

Si ce point était accordé, la question avancerait-elle ? Nullement. Admettons pour la proie du début une faible chenille, plongée dans la torpeur par un seul coup d'aiguillon. Faut-il encore que ce coup de stylet ne soit pas donné au hasard, sinon l'acte serait plus nuisible qu'utile. Irrité mais non dompté par la blessure, l'animal en deviendrait plus dangereux. Le dard doit atteindre un centre nerveux, probablement dans la région moyenne du chapelet de ganglions. C'est ainsi, du moins, que me paraissent agir les Ammophiles d'aujourd'hui, adonnées au rapt de chenilles fluettes. Quelle chance a l'opérateur d'atteindre ce point unique, avec sa lancette dardée sans méthode ? La probabilité est dérisoire : c'est l'unité en face du nombre indéfini de points dont se compose le corps de la chenille. Sur cette probabilité cependant, d'après la théorie, repose l'avenir de l'hyménoptère. Quel édifice équilibré sur la pointe d'une aiguille !

Admettons toujours et continuons. Le point voulu est atteint ; la proie est convenablement mise en état de torpeur ; l'œuf déposé sur ses flancs se développera sans péril. Est-ce assez ? C'est tout au plus la moitié de ce qui est rigoureusement nécessaire. Un autre œuf est indispensable pour compléter le couple futur et donner descendance. Il faut donc qu'à peu de jours, peu d'heures d'intervalle, un second coup de stylet soit donné aussi heureux que le premier. C'est l'impossible se répétant, l'impossible à la seconde puissance.

Ne nous rebutons pas encore, sondons le problème jusqu'au bout. Voilà un hyménoptère, le précurseur quel qu'il soit de notre Ammophile, qui, servi par le hasard, vient de réussir par deux fois et peut-être davantage, à mettre la proie en cet état d'inertie qu'exige impérieusement l'éducation de l'œuf. S'il a frappé de l'aiguillon en face d'un centre nerveux plutôt qu'ailleurs, il n'en sait rien, il ne s'en doute pas. Rien ne le portant à choisir, il agissait à l'aventure. À prendre la théorie de l'instinct au sérieux, il faut néanmoins admettre que cet acte fortuit, indifférent pour l'animal, a laissé trace profonde et fait telle impression que désormais la savante manœuvre qui paralyse en lésant les centres nerveux est transmissible par hérédité. Les successeurs de l'Ammophile, par un privilège prodigieux, hériteront de ce que la mère n'avait pas. Ils sauront par instinct le point ou les points où doit se porter l'aiguillon ; car s'ils en étaient encore au noviciat, s'ils avaient à courir, eux et leurs successeurs, les chances du hasard pour corroborer de plus en plus l'incitation naissante, ils reviendraient à la probabilité si voisine de zéro ; ils y reviendraient chaque année, pendant de longs siècles ; et néanmoins l'unique chance favorable devrait toujours se présenter. Ma foi est très ébranlée en une habitude acquise par cette longue répétition de faits dont un seul, pour se produire, doit exclure tant de chances contraires. Deux lignes de calcul démontreraient à quelles absurdités la théorie se heurte.

Ce n'est pas fini. Il y aurait à se demander comment des actes fortuits, pour lesquels l'animal n'était pas prédisposé, peuvent devenir l'origine d'une habitude, transmissible par hérédité. Nous regarderions comme un mauvais plaisant celui qui viendrait nous dire que le descendant du *desnucador*, par cela seul qu'il est le fils de son père, sans l'intervention de l'exemple et de la parole, connaît à fond l'art d'abattre les bœufs. Le père ne travaille pas de sa lame un petit nombre de fois, par hasard ; il opère tous les jours, à nombreuses reprises, il procède avec réflexion. C'est son métier. Cet exercice de toute la vie durant fait-il habitude transmissible ? Sans l'enseignement, les fils, les petits-fils, les arrière-petits-fils en savent-ils plus long ? C'est toujours à recommencer. L'homme n'est pas prédisposé pour cette tuerie.

Si de son côté l'hyménoptère excelle dans son art, c'est qu'il est fait pour l'exercer ; c'est qu'il est doué, non seulement d'outils, mais encore de la manière de s'en servir. Et ce don est originel, parfait dès le début ; le passé n'y a rien ajouté, l'avenir n'y ajoutera rien. Tel il était, tel il est et tel il sera. Si vous n'y voyez qu'une habitude acquise, que l'hérédité transmet en l'améliorant, expliquez-nous au moins comment l'homme, le plus haut degré d'évolution de votre plasma primitif, est privé de semblable privilège. Un insecte de rien transmet à son fils son savoir-faire, et l'homme ne le peut. Quel avantage incommensurable pour l'humanité si nous étions moins exposés à voir l'oisif remplacer le laborieux, le crétin l'homme de talent ! Ah ! pourquoi le protoplasme, évoluant d'être en être par ses propres énergies, n'a-t-il pas conservé jusqu'à nous quelque peu de cette merveilleuse puissance dont il gratifiait si largement l'insecte ! C'est qu'apparemment, en ce monde, l'évolution de la cellule n'est pas tout.

Pour ces motifs et bien d'autres, je repousse la théorie moderne de l'instinct. Je n'y vois qu'un jeu d'esprit, où le naturaliste de cabinet peut se complaire, lui qui façonne le monde à sa fantaisie ; mais où l'observateur, aux prises avec la réalité des choses, ne trouve sérieuse explication à rien de ce qu'il voit. Dans mon entourage, je m'aperçois que les plus affirmatifs dans ces questions ardues sont ceux qui ont vu le moins. S'ils n'ont rien vu du tout, ils vont jusqu'à la témérité. Les autres, les timorés, savent un peu de quoi ils parlent. Ne serait-ce pas ainsi que les choses se passent en dehors de mon modeste milieu ?

V. LES EUMÈNES

Costume de guêpe, mi-partie noir et jaune, taille élancée, allure svelte, ailes non étalées à plat pendant le repos, mais pliées en deux suivant la longueur ; pour abdomen, une sorte de cornue de chimiste, qui se ballonne en cucurbite et se rattache au thorax par un long col, d'abord renflé en poire, puis rétréci en fil ; essor peu fougueux, vol silencieux, habitudes solitaires ; tel est le sommaire croquis des Eumènes. Ma région en possède deux espèces : la plus grande, *Eumenes Amedei* Lep., mesure près d'un pouce de longueur ; l'autre, *Eumenes pomiformis* Fabr., est une réduction de la première à l'échelle d'un demi.[1]

Semblables de forme et de coloration, toutes les deux possèdent pareil talent d'architecte ; et ce talent se traduit par un ouvrage de haute perfection qui charme le regard le plus novice. Leur domicile est un chef-d'œuvre. Cependant les Eumènes pratiquent le métier des armes, peu favorable aux arts ; de l'aiguillon, ils piquent une proie ; ils font butin, ils rapinent. Ce sont des hyménoptères ravisseurs, approvisionnant leurs larves de chenilles. L'intérêt doit être vif de comparer leurs mœurs avec celles de l'opérateur du ver gris. Si le gibier reste le même, des chenilles de part et d'autre, peut-être l'instinct, variable avec l'espèce, nous réserve-t-il de nouveaux aperçus. D'ailleurs l'édifice bâti par les Eumènes mérite à lui seul examen.

Les hyménoptères déprédateurs dont nous avons jusqu'ici tracé l'histoire sont merveilleusement versés dans l'art du stylet ; ils nous étonnent par leur méthode chirurgicale, qui semble avoir été enseignée par quelque physiologiste à qui rien n'échappe ; mais ces savants tueurs sont des ouvriers de peu de mérite dans le travail du domicile. Qu'est la demeure, en effet ? Un couloir sous terre, avec une cellule au bout ; une galerie, une excavation, un antre informe. C'est œuvre de mineur, de terrassier, parfois vigoureux, jamais artiste. Avec eux, le pic ébranle, la pince détache, le râteau extrait et jamais la truelle ne bâtit. Avec les Eumènes, voici venir de vrais maçons, qui édifient de toutes pièces en mortier et pierres de taille, qui construisent en plein air, tantôt sur le roc, tantôt sur le branlant appui d'un rameau. La chasse alterne avec l'architecture ; l'insecte est tour à tour Vitruve ou Nemrod.

1 Je confonds sous ce nom trois espèces, savoir : *Eumenes pomiformis* Fabr., *E. bipunctis* Sauss., *E. dubius* Sauss. Ne les ayant pas distinguées dans mes premières recherches, qui datent déjà de bien loin, il m'est impossible aujourd'hui de rapporter à chacune d'elles le nid correspondant. Les mœurs étant les mêmes, cette confusion est sans inconvénient dans l'ordre d'idées de ce chapitre.

Et d'abord, en quels lieux ces bâtisseurs font-ils élection de domicile ? Si vous passez devant quelque petit mur de clôture, exposé au midi, dans un abri sénégalien, regardez une à une les pierres non enduites de crépi, les plus volumineuses surtout ; examinez les blocs de rochers peu élevés au-dessus du sol et chauffés par les ardeurs du soleil jusqu'à la température d'une salle d'étuve, et peut-être, les recherches ne se lassant pas, arriverez-vous à trouver l'édifice de l'Eumène d'Amédée. L'insecte est rare, il vit isolé ; sa rencontre est un événement sur lequel il ne faut pas trop compter. C'est une espèce africaine, amie de la chaleur qui mûrit le caroube et la datte. Ses lieux de prédilection sont les endroits le mieux ensoleillés ; ses emplacements pour le nid sont les rochers et la pierre inébranlables. Il lui arrive aussi, mais rarement, d'imiter le Chalicodome des murailles et de bâtir sur un simple galet.

Beaucoup plus répandu, l'Eumène pomiforme est assez indifférent sur la nature du support où doit s'édifier la cellule. Il bâtit sur les murs, sur la pierre isolée, sur le bois à la face intérieure des contrevents à demi fermés ; ou bien il adopte une base aérienne, menu rameau d'arbuste, brin desséché d'une plante quelconque. Tout appui lui est bon. L'abri non plus ne le préoccupe. Moins frileux que son congénère, il ne fuit pas les lieux non protégés, en plein vent.

S'il est établi sur une surface horizontale, où rien ne le gêne, l'édifice de l'Eumène d'Amédée est une coupole régulière, une calotte sphérique, au sommet de laquelle s'ouvre un passage étroit, tout juste suffisant pour l'insecte et surmonté d'un goulot fort gracieusement évasé. Cela rappelle la hutte ronde de l'Esquimau ou bien de l'antique Gaël, avec sa cheminée centrale. Deux centimètres et demi plus ou moins en mesurent le diamètre ; et deux centimètres, la hauteur. Si l'appui est une surface verticale, la construction garde toujours la forme de voûte, mais l'entonnoir d'entrée et de sortie s'ouvre latéralement, vers le haut. Le parquet de cet appartement n'exige aucun travail ; il est directement fourni par la pierre nue.

Sur l'emplacement choisi, le constructeur élève d'abord une enceinte circulaire de trois millimètres d'épaisseur environ. Les matériaux consistent en mortier et petites pierres. Sur quelque sentier bien battu, sur quelque route voisine, aux points les plus secs, les plus durs, l'insecte fait choix de son chantier d'extraction. Du bout des mandibules, il ratisse ; le peu de poudre recueillie est imbibé de salive, et le tout devient un vrai mortier hydraulique, qui rapidement fait prise et n'est plus attaquable par l'eau. Les Chalicodomes nous ont montré pareille exploitation des chemins battus et du macadam tassé par le rouleau du cantonnier. À tous ces bâtisseurs en plein air, à ces constructeurs de monuments exposés aux intempéries, il faut une poudre des plus arides, sinon la matière, déjà humectée d'eau, ne s'imbiberait pas convenablement du liquide qui doit lui donner cohésion, et l'édifice serait à bref délai ruiné par les pluies. Ils ont le discernement du plâtrier, qui refuse le plâtre éventé par l'humidité. Nous verrons plus tard les constructeurs sous abri éviter ce travail pénible de ratisseurs de macadam et préférer la terre fraîche, déjà réduite en pâte par son humidité seule. Quand la chaux vulgaire suffit, on ne se met pas en frais pour du ciment romain. Or à l'Eumène d'Amédée, il faut un ciment de premier choix, meilleur encore que celui du Chalicodome des murailles, car l'œuvre, une fois terminée, ne reçoit pas l'épaisse enveloppe donc ce dernier protège son groupe de cellules. Aussi l'édificateur de coupoles prend-il, autant qu'il le peut, la grande route pour carrière.

Avec le mortier, il lui faut des moellons. Ce sont des graviers de volume à peu près constant, celui d'un grain de poivre, mais de forme et de nature fort différentes suivant les lieux exploités. Il y en a d'anguleux, à facettes déterminées par des cassures au hasard ; il y en a d'arrondis, de polis par le frottement sous les eaux. Les graviers préférés, lorsque le voisinage du nid le permet, sont de petits noyaux de quartz, lisses et translucides. Ces moellons sont choisis avec un soin minutieux. L'insecte les soupèse pour ainsi dire, il les mesure avec le compas des mandibules, et ne les adopte qu'après leur avoir reconnu les qualités requises de volume et de dureté.

Une enceinte circulaire est, disons-nous, ébauchée sur la roche nue. Avant que le mortier fasse prise, ce qui ne tarde pas beaucoup, le maçon empâte quelques moellons dans la masse molle, à mesure que le travail avance. Il les noie à demi dans le ciment, de manière que les graviers fassent largement saillie au dehors sans pénétrer jusqu'à l'intérieur, où la paroi doit rester unie pour la commode installation de la larve. Un peu de crépi adoucit au besoin les gibbosités intérieures. Avec le travail des moellons, solidement scellés, alterne le travail au mortier pur, dont chaque assise nouvelle reçoit son revêtement de petits cailloux incrustés. À mesure que l'édifice s'élève, le constructeur incline un peu l'ouvrage vers le centre et ménage la courbure d'où résultera la forme sphérique. Nous employons des échafaudages cintrés où repose, pendant la construction, la maçonnerie d'une voûte ; plus hardi que nous, l'Eumène bâtit sa coupole sur le vide.

Au sommet, un orifice rond est ménagé ; et sur cet orifice s'élève, construite en pur ciment, une embouchure évasée. On dirait le gracieux goulot de quelque vase étrusque. Quand la cellule est approvisionnée et l'œuf pondu, cette embouchure se ferme avec un tampon de ciment ; et dans ce tampon est enchâssé un petit caillou, un seul, pas plus : le rite est sacramentel. Cet ouvrage d'architecture rustique n'a rien à craindre des intempéries ; il ne cède pas à la pression des doigts, il résiste au couteau qui tenterait de l'enlever sans le mettre en pièces. Sa forme mamelonnée, les graviers dont son extérieur est tout hérissé, rappellent à l'esprit certains cromlechs des temps antiques, certains tumulus dont le dôme est parsemé de blocs cyclopéens.

Tel est l'aspect de l'édifice quand la cellule est isolée ; mais presque toujours, à son premier dôme, l'hyménoptère en adosse d'autres, cinq, six et davantage ; ce qui abrège le travail en permettant d'utiliser la même cloison pour deux chambres contiguës. L'élégante régularité du début disparaît, et le tout forme un groupe où le premier regard ne voit qu'une motte de boue sèche, semée de petits cailloux. Examinons de près l'amas informe. Nous reconnaîtrons, le nombre de pièces dont se compose le logis aux embouchures évasées, nettement distinctes et munies, chacune, de son gravier obturateur enchâssé dans le ciment.

Pour bâtir, le Chalicodome des murailles emploie la même méthode que l'Eumène d'Amédée : dans les assises du ciment, il encastre, à l'intérieur, de petites pierres, de volume moindre. Son ouvrage est d'abord une tourelle d'art rustique, mais non sans grâce ; puis, les cellules se juxtaposant, la construction totale dégénère en un bloc où semble n'avoir présidé aucune règle architecturale. De plus, l'Abeille maçonne couvre l'amas de cellules d'une épaisse couche de ciment, sous laquelle disparaît l'édifice en rocaille du début. L'Eumène n'a pas recours à cet enduit général, tant sa bâtisse est solide ; il laisse à découvert le revêtement de cailloux ainsi que l'embouchure des chambres. Les deux sortes de nids, quoique construits avec des matériaux pareils, se distinguent donc facilement l'un de l'autre.

La coupole de l'Eumène est un travail d'artiste, et l'artiste aurait regret de voiler son chef-d'œuvre sous le badigeon. Qu'on me pardonne un soupçon que j'émets avec toute la réserve imposée par un sujet aussi délicat. Le constructeur de cromlechs ne pourrait-il se complaire dans son œuvre, la considérer avec quelque amour et ressentir satisfaction de ce témoignage de son savoir-faire ? N'y aurait-il pas une esthétique pour l'insecte ? Il me semble du moins entrevoir chez l'Eumène une propension à l'embellissement de son ouvrage. Le nid doit être avant tout un habitacle solide, un coffre-fort inviolable ; mais si l'ornementation intervient sans compromettre la résistance, l'ouvrier y restera-t-il indifférent ? Qui pourrait dire non ?

Exposons les faits. L'orifice du sommet, s'il restait simple trou, conviendrait tout autant qu'une porte ouvragée : l'insecte n'y perdrait rien pour les facilités d'entrée et de sortie ; il y gagnerait en abrégeant le travail. C'est au contraire une embouchure d'amphore à courbure élégante, digne du tour d'un potier. Un ciment de choix, un travail soigné, sont nécessaires à la confection de sa mince âme évasée. Pourquoi ces délicatesses si le constructeur n'est préoccupé que de la solidité de son œuvre ?

Autre détail. Parmi les graviers employés au revêtement extérieur de la coupole dominent les grains de quartz. C'est poli, translucide ; cela reluit un peu et flatte le regard. Pourquoi ces petits galets de préférence aux éclats de calcaire lorsque les deux genres de matériaux se trouvent en même abondance aux alentours du nid ?

Trait plus remarquable encore : il est assez fréquent de trouver, incrustées sur le dôme, quelques petites coquilles vides d'escargot, blanchies au soleil. Une de nos hélices de moindre taille, l'Hélice striée, fréquente sur les pentes arides, est l'espèce que choisit habituellement l'Eumène. J'ai vu des nids où cette hélice remplaçait presque en totalité les graviers. On eût dit des coffrets en coquillages, œuvre d'une main patiente.

Un rapprochement se présente ici. Certains oiseaux de l'Australie, notamment les Chlamydères, se construisent des allées couvertes, des chalets de plaisance, avec des branchages entrelacés. Pour décorer les deux entrées du portique, l'oiseau dépose sur le seuil tout ce qu'il peut trouver de luisant, de poli, de vivement coloré. Chaque devant de porte est un cabinet de curiosités, où le collectionneur amasse de petits cailloux lisses, coquilles variées, escargots vides, plumes de perroquet, ossements devenus semblables à de bâtonnets d'ivoire. Le bric-à-brac égaré par l'homme se retrouve dans le musée de l'oiseau. On y voit des tuyaux de pipe, de boutons de métal, des lambeaux de cotonnade, des haches en pierre pour tomahawk.

À chaque entrée du chalet, la collection est assez riche pour remplir un demi-boisseau. Comme ces objets ne sont d'aucune utilité pour l'oiseau, le mobile qui les fait amasser ne peut être qu'une satisfaction d'amateur. Notre vulgaire Pie a des goûts analogues : tout ce qu'elle rencontre de brillant, elle le recueille, elle va le cacher pour s'en faire un trésor.

Eh bien ! l'Eumène, passionné lui aussi pour le caillou luisant et l'escargot vide, est le Chlamydère des insectes ; mais collectionneur mieux avisé, sachant marier l'utile à l'agréable, il fait servir ses trouvailles à la construction de son nid, en même temps forteresse et musée. S'il trouve des noyaux de quartz translucide, il dédaigne le reste : l'édifice en sera plus beau. S'il rencontre une petite coquille blanche, il se hâte d'en embellir son dôme ; si la fortune lui sourit, si l'hélice vide abonde, il en incruste tout l'ouvrage, alors superlative expression de ses goûts d'amateur. Est-ce bien ainsi ? Est-ce autrement ? Qui décidera ?

Le nid de l'Eumène pomiforme atteint la grosseur d'une médiocre cerise. Il est bâti en pur mortier, sans le moindre cailloutis extérieur. Sa configuration rappelle exactement celle que nous venons de décrire. S'il est édifié sur une base horizontale d'ampleur suffisante, c'est un dôme avec goulot central, évasé en embouchure d'urne. Mais quand l'appui se réduit à un point, sur un rameau d'arbuste par exemple, le nid devient une capsule sphérique, surmontée toujours d'un goulot, bien entendu. C'est alors, en miniature, un spécimen de poterie exotique, un alcarazas pansu. Son épaisseur est faible, presque celle d'une feuille de papier ; aussi s'écrase-t-il au moindre effort des doigts. L'extérieur est légèrement inégal. On y voit des rugosités, des cordons, qui proviennent des diverses assises de mortier ; ou bien des saillies noduleuses presque concentriquement distribuées.

Dans leurs coffrets, dômes ou ampoules, les deux hyménoptères amassent des chenilles. Donnons ici le relevé du menu. Malgré leur aridité, ces documents ont leur valeur : ils permettront à qui voudra s'occuper des Eumènes de reconnaître dans quelles limites l'instinct varie le régime, suivant les temps et les lieux. Le service est copieux, mais sans variété. Il se compose de chenilles de minime taille ; j'entends par là des larves de petits papillons. La structure l'affirme, car on constate dans la proie adoptée par l'un et l'autre hyménoptère l'habituelle organisation des chenilles. Le corps est composé de douze segments, non compris la tête. Les trois premiers portent des pattes vraies, les deux suivants sont apodes ; viennent après quatre segments avec fausses pattes, deux segments apodes, et enfin un segment terminal avec fausses pattes. C'est exactement l'organisation que nous a montrée le ver gris de l'Ammophile.

Or mes vieilles notes mentionnent ainsi le signalement des chenilles trouvées dans le nid de l'Eumène d'Amédée : corps d'un vert pâle, ou plus rarement jaunâtre, hérissé de cils courts et blancs ; tête plus large que le segment antérieur, d'un noir mat, également hérissée de cils. Longueur de 16 à 18 millimètres, largeur 3 millimètres environ. Un quart de siècle et plus s'est écoulé depuis que je traçais ce croquis descriptif ; et aujourd'hui, à Sérignan, je retrouve dans le garde-manger de l'Eumène le même gibier que j'avais reconnu jadis à Carpentras. Les années et la distance n'ont pas modifié les provisions de bouche.

Une exception, une seule, m'est connue dans cette fidélité au régime des ancêtres. Mes relevés font mention d'une pièce unique, fort différente de celles qui l'accompagnent. C'est une chenille du groupe des arpenteuses, à trois paires seulement de fausses pattes, placées sous les 8e, 9e et 12e anneaux. Le corps est un peu atténué aux deux bouts, étranglé à la jonction des divers segments, d'un vert pâle avec de fines marbrures noirâtres visibles à la loupe et quelques cils noirs clairsemés. Longueur 15 millimètres, largeur 2 millimètres 1/2.

L'Eumène pomiforme a pareillement ses prédilections. Son gibier consiste en petites chenilles de 7 millimètres environ de longueur sur 1 millimètre et 1/3 de largeur. Le corps est d'un vert pâle, assez nettement étranglé à la jonction des anneaux. Tête plus étroite que le reste du corps, maculée de brun. Des aréoles pâles, ocellées, sont réparties en deux rangées transversales sur les segments moyens, et portent au centre un point noir, surmonté d'un cil également noir. Sur les segments 3 et 4, ainsi que sur l'avant-dernier, chaque aréole porte deux points noirs et deux cils. Voilà la règle.

Voici l'exception fournie par deux pièces dans la totalité de mes relevés. Corps d'un jaune pâle, avec cinq bandes longitudinales d'un rouge de brique et quelques cils très rares. Tête et prothorax bruns et luisants, longueur et diamètre comme ci-dessus.

Le nombre de pièces servies pour le repas de chaque larve nous importe davantage que leur qualité. Dans les cellules de l'Eumène d'Amédée, je trouve tantôt cinq chenilles, et tantôt j'en compte dix ; ce qui fait une différence du simple au double pour la quantité de vivres, car les pièces dans les deux cas sont exactement de même taille. Pourquoi ce service inégal, qui donne double part à une larve et simple part à une autre ? Les convives ont même appétit ; ce que réclame un nourrisson, un second doit le réclamer, à moins qu'il n'y ait ici menu différent d'après le sexe. À l'état parfait, les mâles sont moindres que les femelles, dont ils ne représentent guère que la moitié soit pour le poids, soit pour le volume. La somme des vivres qui doit les amener au développement final peut donc être réduite de moitié. Alors les cellules copieusement approvisionnées appartiennent à des femelles ; les autres, maigrement pourvues, appartiennent à des mâles.

Mais l'œuf est pondu lorsque les provisions sont faites, et cet œuf a un sexe déterminé, bien que l'examen le plus minutieux ne puisse reconnaître les différences qui décideront de l'éclosion d'un mâle ou de l'éclosion d'une femelle. On arrive ainsi forcément à cette étrange conclusion : la mère sait par avance le sexe de l'œuf qu'elle va pondre, et cette prévision lui permet de garnir le garde-manger suivant la mesure de l'appétit de la future larve. Quel singulier monde, si différent du nôtre ! Nous invoquions un sens particulier pour expliquer la chasse de l'Ammophile ; que pourrons-nous invoquer nous rendant compte de cette intuition de l'avenir ? La théorie du fortuit est-elle en mesure d'intervenir dans le ténébreux problème ? Si rien n'est logiquement disposé dans un but prévu, de quelle manière s'est acquise cette claire vision de l'invisible ?

Les capsules de l'Eumène pomiforme sont littéralement bourrées de gibier, il est vrai que les pièces sont de bien petite taille. Mes notes mentionnent dans une cellule 14 chenilles vertes, dans une seconde 16. Je n'ai pas d'autres renseignements sur l'intégral menu de cet hyménoptère, que j'ai un peu négligé pour étudier de préférence son congénère, le conducteur de coupoles en rocaille. Comme les deux sexes diffèrent de grosseur, à un moindre degré cependant que pour l'Eumène d'Amédée, j'incline à croire que ces deux cellules si bien garnies appartenaient à des femelles, et que les cellules des mâles doivent avoir service moins somptueux. N'ayant pas vu, je me borne à ce simple soupçon.

Ce que j'ai vu, et souvent, c'est le nid en cailloutis, avec la larve incluse et les provisions en partie dévorées. Continuer l'éducation en domesticité afin de suivre jour par jour les progrès de mon élève, était affaire que je ne pouvais négliger, et du reste, à ce qu'il me paraissait, d'exécution facile. J'avais la main exercée à ce métier de père nourricier ; la fréquentation des Bembex, des Ammophiles, des Sphex et tant d'autres avait fait de moi un éducateur passable. Je n'étais pas novice dans l'art de diviser une vieille boîte à plumes en loges où je déposais un lit de sable, et sur ce lit la larve et ses provisions délicatement déménagées de la cellule maternelle. Chaque fois, le succès était à peu près certain ; j'assistais aux repas des larves, je voyais mes nourrissons grandir, puis filer leurs cocons. Fort de l'expérience acquise, je comptais donc sur la réussite dans l'élevage des Eumènes.

Les résultats cependant ne répondaient pas du tout à mes espérances ; toutes mes tentatives échouaient ; la larve se laissait piteusement mourir sans toucher à ses vivres.

Je mettais l'échec sur le compte de ceci, de cela, d'autre chose : j'avais peut-être contusionné le tendre ver en démolissant la forteresse ; un éclat de maçonnerie l'avait meurtri quand je forçais du couteau la dure coupole ; une insolation trop vive l'avait surpris quand je le retirais de l'obscurité de sa cellule ; l'air du dehors pouvait avoir tari sa moiteur. À toutes ces causes probables d'insuccès, je remédiais de mon mieux. Je procédais à l'effraction du logis avec toute la prudence possible, je projetais mon ombre sur le nid pour éviter au ver un coup de soleil, je transvasais aussitôt provisions et larve dans un tube de verre, je mettais ce tube dans une boîte que je portais à la main pour adoucir le roulis du trajet. Rien n'y faisait : la larve, hors de son domicile, se laissait toujours dépérir.

Très longtemps j'ai persisté à m'expliquer l'insuccès par la difficulté du déménagement. La cellule de l'Eumène d'Amédée est un robuste coffret qui pour être forcé exige le choc ; aussi la démolition de pareil ouvrage entraîne des accidents si variés, que l'on peut toujours croire à quelque meurtrissure du ver sous les décombres. Quant à transporter chez soi le nid intact sur son support, pour procéder à son ouverture avec plus de soin que n'en comporte une opération improvisée à la campagne, il ne faut pas y songer ; ce nid repose presque toujours sur un bloc inébranlable, sur quelque grosse pierre d'un mur. Si je ne réussissais pas dans mes essais d'éducation, c'était parce que la larve avait souffert lorsque je ruinais sa demeure. La raison semblait bonne, et je m'en tenais là.

Une autre idée surgit enfin et me fit douter que mes échecs eussent toujours pour cause des accidents de maladresse. Les cellules des Eumènes sont bourrées de gibier : il y a dix chenilles dans la cellule de l'Eumène d'Amédée, une quinzaine dans celle de l'Eumène pomiforme. Ces chenilles, poignardées sans doute, mais d'une façon qui m'est inconnue, ne sont pas totalement immobiles. Les mandibules saisissent ce qu'on leur présente, la croupe se boucle et se déboucle, la moitié postérieure donne de brusques coups de fouet quand on la chatouille avec la pointe d'une aiguille. En quel point est déposé l'œuf parmi cet amas grouillant, où trente mandibules peuvent trouer, où cent vingt paires de pattes peuvent déchirer ? Lorsque l'approvisionnement consiste en une pièce unique, ces périls n'existent pas, et l'œuf est déposé sur la victime, non au hasard, mais en un point judicieusement choisi. C'est ainsi que l'Ammophile hérissée fixe le sien, par une extrémité, en travers du ver gris, sur le flanc du premier anneau muni de fausses pattes. L'œuf pend sur le dos de la chenille, à l'opposé des pattes, dont le voisinage ne serait peut-être pas sans danger. Le ver d'ailleurs, piqué dans la plupart de ses centres nerveux, gît sur le côté, immobile, incapable de contorsions de croupe et de brusques détentes de ses derniers anneaux. Si les mandibules veulent happer, si les pattes ont quelques frémissements, elles ne trouvent rien devant elles : l'œuf de l'Ammophile est à l'opposite. Dès qu'il éclôt, le vermisseau peut ainsi fouiller, en pleine sécurité, le ventre du géant.

Combien sont différentes les conditions dans la cellule de l'Eumène ! Les chenilles sont imparfaitement paralysées, peut-être parce qu'elles n'ont reçu qu'un seul coup d'aiguillon ; elles se démènent sous l'attouchement d'une épingle ; elles doivent se contorsionner sous la morsure de la larve. Si l'œuf est pondu sur l'une d'elles, cette première pièce sera consommée sans péril, je l'admets, à la condition d'un choix prudent pour le point d'attaque ; mais il reste les autres, non dépourvues de tout moyen de défense. Qu'un mouvement se produise dans l'amas, et l'œuf, dérangé de la couche supérieure, plongera dans un traquenard de pattes et de mandibules. Que faut-il pour le mettre à mal ?

Un rien ; et ce rien a toutes les chances de se réaliser dans le tas désordonné des chenilles. Cet œuf, menu cylindre, hyalin ainsi que du cristal, est d'une délicatesse extrême ; un attouchement le flétrit, la moindre pression l'écrase.

Non, sa place n'est pas dans l'amas de gibier, car les chenilles, j'y reviens, ne sont pas suffisamment inoffensives. Leur paralysie est incomplète, comme le prouvent leurs contorsions quand je les irrite, et comme le témoigne d'autre part un fait d'une exceptionnelle gravité. D'une cellule de l'Eumène d'Amédée, il m'est arrivé d'extraire quelques pièces à demi transformées en chrysalides. La transformation, c'est évident, s'était faite dans la cellule même, et par conséquent après l'opération que l'hyménoptère leur avait pratiquée. En quoi consiste cette opération ? Je ne sais au juste, n'ayant pu voir le chasseur à l'œuvre. L'aiguillon, bien certainement, était intervenu ici ; mais où, à combien de reprises ? Voilà l'inconnu. Ce qu'on peut affirmer, c'est que la torpeur n'est pas bien profonde, puisque l'opérée conserve parfois assez de vitalité pour se dépouiller de sa peau et devenir chrysalide. Ainsi tout conspire à nous faire demander par quel stratagème l'œuf est sauvegardé du péril.

Ce stratagème, j'ai désiré le connaître, ardemment, sans me laisser rebuter par la rareté des nids, les pénibles recherches, les coups de soleil, le temps dépensé, les vaines effractions de cellules non convenables ; j'ai voulu voir, et j'ai vu. Voici la méthode. Avec la pointe d'un couteau et des pinces, je pratique une ouverture latérale, une fenêtre, sous la coupole de l'Eumène d'Amédée et de l'Eumène pomiforme. Une minutieuse circonspection préside au travail afin de ne pas blesser le reclus. Autrefois j'attaquais le dôme par le haut, maintenant je l'attaque par le côté. Je m'arrête lorsque la brèche est suffisante et permet de voir ce qui se passe à l'intérieur.

Que se passe-t-il ?... Je fais ici une halte pour permettre au lecteur de se recueillir et d'imaginer lui-même un moyen de sauvegarde qui protège l'œuf et plus tard le vermisseau dans les conditions périlleuses que je viens d'exposer. Cherchez, combinez, méditez, vous qui avez l'esprit inventif. Y êtes-vous ? Peut-être pas. Autant vous le dire.

L'œuf n'est pas déposé sur les vivres ; il est suspendu au sommet du dôme par un filament qui rivalise de finesse avec celui d'une toile d'araignée. Au moindre souffle, le délicat cylindre tremblote, oscille ; il me rappelle le fameux pendule appendu à la coupole du Panthéon pour démontrer la rotation de la terre. Les vivres sont amoncelés au-dessous.

Second acte de ce spectacle merveilleux. Pour y assister, ouvrons une fenêtre à des cellules jusqu'à ce que la bonne fortune veuille bien nous sourire. La larve est éclose et déjà grandelette. Comme l'œuf, elle est suspendue suivant la verticale, par l'arrière, au plafond du logis ; mais le fil de suspension a notablement gagné en longueur et se compose du filament primitif auquel fait suite une sorte de ruban. Le ver est attablé : la tête en bas, il fouille le ventre flasque de l'une des chenilles. Avec un fétu de paille, je touche un peu le gibier encore intact. Les chenilles s'agitent. Aussitôt le ver se retire de la mêlée. Et comment ! Merveille s'ajoutant à d'autres merveilles : ce que je prenais pour un cordon plat, pour un ruban à l'extrémité inférieure de la suspensoire, est une gaine, un fourreau, une sorte de couloir d'ascension dans lequel le ver rampe à reculons et remonte. La dépouille de l'œuf, conservée cylindrique et prolongée peut-être par un travail spécial du nouveau-né, forme ce canal de refuge. Au moindre signe de péril dans le tas de chenilles, la larve fait retraite dans sa gaine et remonte au plafond, où la cohue grouillante ne peut l'atteindre. Le calme revenu, elle se laisse couler dans son étui et se remet à table, la tête en bas, sur les mets, l'arrière en haut et prête pour le recul.

Troisième et dernier acte. Les forces sont venues ; la larve est de vigueur à ne pas s'effrayer des mouvements de croupe des chenilles. D'ailleurs celles-ci, macérées par le jeûne, exténuées par une torpeur prolongée, sont de plus en plus inhabiles à la défense. Aux périls du tendre nouveau-né succède la sécurité du robuste adolescent ; et le ver, dédaigneux désormais de sa gaine ascensionnelle, se laisse choir sur le gibier restant. Ainsi s'achève le festin, suivant la coutume ordinaire.

Voilà ce que j'ai vu dans les nids de l'un et l'autre Eumène, voilà ce que j'ai montré à des amis encore plus surpris que moi de l'ingénieuse tactique. L'œuf appendu au plafond, à l'écart des vivres, n'a rien à craindre des chenilles, qui se démènent là-bas. Nouvellement éclos, le ver, dont le cordon suspenseur s'est augmenté de la gaine de l'œuf, arrive au gibier, l'entame prudemment. S'il y a péril, il remonte à la voûte en reculant dans le fourreau. Maintenant s'explique l'insuccès de mes premières tentatives. Ignorant le fil de sauvetage, si menu, si facile à rompre, je recueillais tantôt l'œuf, tantôt la jeune larve, alors que mon effraction par le haut les avait fait choir au milieu des provisions. Mis directement en contact avec le dangereux gibier, ni l'un ni l'autre ne pouvait prospérer. Si quelqu'un de mes lecteurs à qui tantôt je faisais appel imaginait mieux que l'Eumène, qu'il m'en instruise de grâce : ce serait un curieux parallèle que celui des inspirations de la raison et des inspirations de l'instinct.

VI. LES ODYNÈRES

Le fil suspenseur et la gaine d'ascension des Eumènes sont rendus nécessaires par le grand nombre et l'incomplète paralysie des chenilles servies à la larve ; l'ingénieux système a pour but d'écarter le péril. C'est ainsi, du moins, que j'entrevois l'enchaînement des effets et des causes. Mais, tout autant qu'un autre, je me méfie du pourquoi et du comment ; je sais combien la pente est glissante sur le terrain des interprétations ; et avant d'affirmer les motifs d'un fait observé, je recherche un faisceau de preuves. Si réellement la singulière installation de l'œuf des Eumènes a pour raison d'être les motifs que j'invoque, partout où se présentent de semblables conditions de danger, multiplicité des pièces de l'approvisionnement et torpeur incomplète, doit se présenter aussi semblable méthode de protection, ou toute autre d'équivalent effet. L'acte répété témoignera de l'interprétation juste ; et s'il ne se reproduit pas ailleurs, avec les variations qu'il peut comporter, le cas des Eumènes restera un fait très curieux, sans acquérir la haute portée que je lui soupçonne. Généralisons pour mieux établir.

Or, non loin des Eumènes prennent rang les Odynères, les Guêpes solitaires de Réaumur. Mêmes costumes, mêmes ailes pliées en long, mêmes instincts giboyeurs, et surtout, condition par excellence, mêmes entassements de proie assez mobile encore pour être dangereuse. Si mes raisons sont fondées, si je prévois juste, l'œuf de l'Odynère doit être appendu au plafond de la loge comme l'œuf de l'Eumène. Ma conviction, basée sur la logique, est si formelle, que je crois déjà apercevoir cet œuf, récemment pondu, tremblotant au bout du fil sauveteur.

Ah ! je l'avoue, il me fallait une foi robuste pour nourrir l'audacieux espoir de trouver quelque chose de plus là où les maîtres n'avaient rien vu. Je lis et relis le mémoire de Réaumur sur la Guêpe solitaire. L'Hérodote des insectes est riche de documents ; mais rien, absolument rien sur l'œuf appendu. Je consulte L. Dufour, qui traite pareil sujet avec sa verve accoutumée : il a vu l'œuf, il le décrit ; mais quant au fil suspenseur, rien, toujours rien. J'interroge Lepelletier, Audoin, Blanchard : silence complet sur le moyen de protection que je prévois. Est-il possible qu'un détail de si haute importance ait échappé à de tels observateurs ? Suis-je dupe de l'imagination ? Le système de sauvegarde qu'une logique serrée me démontre n'est-il pas rêve de ma part ? Ou les Eumènes m'ont menti, ou mes espérances sont fondées. Et disciple insurgé contre ses maîtres, fort d'arguments que je crois invincibles, je me suis mis en recherches, convaincu de réussir. J'ai réussi, en effet ; j'ai trouvé ce que je cherchais, j'ai trouvé mieux encore. Racontons les choses par leur détail.

Diverses Odynères sont établies dans mon voisinage. J'en connais une qui prend possession des nids abandonnés de l'Eumène d'Amédée. Ce nid, construction d'une rare solidité n'est pas masure lorsque son propriétaire déménage ; il perd seulement son goulot. La coupole, conservée intacte, est un réduit fortifié trop commode pour rester vacant. Quelque araignée adopte la caverne après l'avoir tapissée de soie ; des Osmies s'y réfugient en temps de pluie ou bien en font dortoir pour passer la nuit ; une Odynère la divise avec des cloisons d'argile en trois ou quatre chambres qui deviennent le berceau d'autant de larves. Une seconde espèce utilise les nids abandonnés du Pélopée ; une troisième, enlevant la moelle d'une tige sèche de ronce, obtient, pour sa famille, un long étui qu'elle subdivise en étages ; une quatrième fore un couloir dans le bois mort de quelque figuier ; une cinquième se creuse un puits dans le sol d'un sentier battu et le surmonte d'une margelle cylindrique et verticale. Toutes ces industries sont dignes d'étude, mais j'aurais préféré retrouver l'industrie rendue célèbre par Réaumur et L. Dufour.

Sur un talus vertical de terre rouge argileuse, je découvre enfin, en petit nombre, les indices d'une bourgade d'Odynères. Ce sont les cheminées caractéristiques dont parlent les deux historiens, c'est-à-dire les tubes courbes façonnés en guillochis, qui pendent à l'entrée de l'habitation. Le talus est exposé aux ardeurs du midi. Un petit mur le surmonte, tout délabré ; derrière est un profond rideau de pins. Le tout forme un chaud abri, comme l'exige l'établissement de l'hyménoptère. En outre, nous sommes dans la seconde quinzaine du mois de mai, précisément l'époque des travaux, suivant les maîtres. L'architecture de la façade, l'emplacement, la date, tout s'accorde avec ce que nous racontent Réaumur et L. Dufour. Aurais-je réellement fait rencontre de l'une ou de l'autre de leurs Odynères ? C'est à voir, et tout de suite. Aucun des ingénieurs constructeurs de portiques en guillochis ne se montre, n'arrive ; il faut attendre. Je m'établis à proximité pour surveiller les arrivants.

Ah ! que les heures sont longues, dans l'immobilité, sous un soleil brûlant, au pied d'un talus qui vous renvoie des réverbérations de fournaise ! Mon inséparable compagnon, Bull, s'est retiré plus loin, à l'ombre, sous un bouquet de chênes verts. Il y trouve une couche de sable dont l'épaisseur conserve encore quelques traces de la dernière ondée. Un lit est creusé ; et dans le frais sillon, le sybarite s'étend à plat ventre. Tirant la langue et fouettant de la queue la ramée, il ne cesse de viser sur moi son regard, aux douces profondeurs.

– « Que fais-tu là-bas, nigaud, à te rôtir ; viens ici, sous la feuillée ; regarde comme je suis bien. » C'est ce qu'il me semble lire dans les yeux de mon compagnon.

– « Oh ! mon chien, mon ami, te répondrais-je si tu pouvais me comprendre, l'homme est tourmenté du désir de connaître ; tes tourments, à toi, se bornent au désir de l'os, et de loin en loin au désir de ta belle. Cela fait entre nous, quoique amis dévoués, une certaine différence, bien qu'on nous dise aujourd'hui quelque peu parents, presque cousins. J'ai le besoin de savoir, et volontairement me rôtis ; tu ne l'as pas, et te retires au frais. »

Oui, les heures sont longues à l'affût d'un insecte, qui ne vient pas. Dans le bois de pins du voisinage un couple de Huppes se poursuivent avec les agaceries amoureuses du printemps. *Oupoupou* ! fait le mâle sur un ton voilé, *Oupoupou* ! L'antiquité latine appelait la Huppe *Upupa*, l'antiquité grecque la nommait Επoπoσ (Επoψ). Mais Pline de *u* faisait ou et devait prononcer *Oupoupa*, comme me l'enseigne le cri imité dans le nom. Rarement j'ai reçu leçon de prononciation latine mieux autorisée que la tienne, bel oiseau qui fais diversion à mes longs ennuis. Fidèle à ton idiome tu dis *Oupoupou* comme tu le disais du temps d'Aristote et de Pline, comme tu le disais lorsque ta note sonna pour la première fois. Mais les idiomes à nous, les idiomes primitifs, que sont-ils devenus ? L'érudit ne peut même en retrouver la trace. L'homme change, l'animal est immuable.

Enfin, enfin nous y voici ! l'Odynère arrive, d'un vol silencieux comme celui de l'Eumène. Il disparaît dans le cylindre courbe du vestibule et rentre chez lui avec un vermisseau sous le ventre. Une petite éprouvette en verre est disposée à la porte du nid. Quand l'insecte sortira, il sera pris. C'est fait, il est pris et aussitôt transvasé dans le flacon asphyxiateur à bandelettes de papier et sulfure de carbone. Et maintenant, mon chien, qui tires toujours la langue et frétilles de la queue, nous pouvons partir : la journée n'a pas été perdue. Demain nous reviendrons.

Renseignement pris, mon Odynère ne répond pas à ce que j'attendais. Ce n'est pas l'espèce dont parle Réaumur (*Odynerus spinipés*) ; ce n'est pas davantage l'espèce étudiée par L. Dufour (*Odynerus*

Reaumurii) ; c'en est une autre (*Odynerus reniformis* Latr.), différente quoique adonnée à la même industrie. Déjà le naturaliste des Landes s'était laissé prendre à cette parité d'architecture, de provisions, de mœurs ; il croyait avoir sous les yeux la Guêpe solitaire de Réaumur lorsqu'en réalité son constructeur de tubes différait spécifiquement.

L'ouvrier nous est connu ; reste à connaître l'œuvre. L'entrée du nid s'ouvre dans la paroi verticale du talus. C'est un trou rond sur le bord duquel est maçonné un tube courbe dont l'orifice est tourné vers le bas. Construit avec les déblais de la galerie en construction, ce vestibule tubulaire se compose de grains terreux, non disposés en assises continues et laissant de petits intervalles vides. C'est un ouvrage à jour, une dentelle d'argile. La longueur en est d'un pouce environ, et le diamètre intérieur de cinq millimètres. À ce portique fait suite la galerie, de même diamètre et plongeant obliquement dans le sol jusqu'à la profondeur d'un décimètre et demi à peu près. Là, ce couloir principal se ramifie en brefs corridors, qui donnent chacun accès dans une cellule indépendante de ses voisines. Chaque larve a sa chambre, dont le service peut se faire par une voie spéciale. J'en ai compté jusqu'à dix, et peut-être y en a-t-il davantage. Ces chambres n'ont rien de particulier ni pour le travail ni pour l'ampleur ; ce sont de simples culs-de-sac terminant les corridors d'accès. Il y en a d'horizontales, il y en a de plus ou moins inclinées, sans règle fixe. Quand une cellule contient ce qu'elle doit contenir, l'œuf et les vivres, l'Odynère en ferme l'entrée avec un opercule de terre ; puis elle en creuse une autre dans le voisinage, latéralement à la galerie principale. Enfin la voie commune des cellules est obstruée de terre, le tube de l'entrée est démoli pour fournir des matériaux au travail de l'intérieur, et tout vestige du logis disparaît.

La couche extérieure du talus est de l'argile cuite au soleil, presque de la brique. C'est avec peine que je l'entame en me servant d'une petite houlette de poche. Par-dessous, c'est beaucoup moins dur. Comment fait ce frêle mineur pour s'ouvrir une galerie dans cette brique ? Il emploie, je ne peux en douter, la méthode décrite par Réaumur. Je reproduirai donc un passage du maître pour donner à mes jeunes lecteurs un aperçu des mœurs des Odynères, mœurs que ma très petite colonie ne m'a pas permis d'observer dans tous les détails.

« C'est vers la fin de mai que ces Guêpes se mettent à l'ouvrage, et on peut en voir d'occupées à travailler pendant tout le mois de juin. Quoique leur véritable objet ne soit que de creuser dans le sable un trou profond de quelques pouces, et dont le diamètre surpasse peu celui de leur corps, on leur en croirait un autre ; car, pour parvenir à faire ce trou, elles construisent en dehors un tuyau creux qui a pour base le contour de l'entrée du trou, et qui, après avoir suivi une direction perpendiculaire au plan où est cette ouverture, se contourne en bas. Ce tuyau s'allonge à mesure que le trou devient plus profond ; il est construit du sable qui en a été tiré ; il est fait en filigrane grossier ou en espèce de guillochis. Il est formé par de gros filets grainés, tortueux, qui ne se touchent pas partout. Les vides qu'ils laissent entre eux le font paraître construit avec art ; cependant il n'est qu'une sorte d'échafaudage au moyen duquel les manœuvres de la mère sont plus promptes et plus sûres.

« Quoique je connusse les deux dents de ces insectes pour de fort bons instruments, capables d'entamer des corps très durs, l'ouvrage qu'elles avaient à faire me paraissait un peu rude pour elles. Le sable contre lequel elles avaient à agir, ne le cédait guère en dureté à la pierre commune ; du moins les ongles attaquaient avec peu de succès sa couche extérieure, plus desséchée que le reste par les rayons du soleil. Mais étant parvenu à observer ces ouvrières au moment où elles commençaient à percer un trou, elles m'apprirent qu'elles n'avaient pas besoin de mettre leurs dents à une aussi forte épreuve.

« Je vis que la Guêpe commence par ramollir le sable qu'elle veut enlever. Sa bouche verse dessus une ou deux gouttes d'eau qui sont bues promptement par le sable : dans l'instant, il devient une pâte molle que les dents ratissent et détachent sans peine. Les deux jambes de la première paire se présentent aussitôt pour le réunir en une petite pelote, grosse environ comme un grain de groseille. C'est avec cette première pelote détachée que la Guêpe jette les fondements du tuyau que nous avons décrit. Elle porte sa pelote de mortier sur le bord du trou qu'elle vint de faire en l'enlevant ; ses dents et ses pattes la contournent, l'aplatissent et lui font prendre plus de hauteur qu'elle n'en avait. Cela fait, la Guêpe se remet à détacher du sable et se charge d'une autre pelote de mortier. Bientôt elle parvient à avoir tiré assez de sable pour rendre l'entrée du trou sensible, et avoir fait la base du tuyau.

« Mais l'ouvrage ne peut aller vite qu'autant que la Guêpe est en état d'humecter le sable. Elle est obligée de se déranger pour renouveler sa provision d'eau. Je ne sais si elle allait simplement se charger d'eau à quelque ruisseau, ou si elle tirait de quelque plante ou de quelque fruit une eau plus gluante ; ce que je sais mieux, c'est qu'elle ne tardait pas à revenir et à travailler avec une nouvelle ardeur. J'en observai une qui parvint dans une heure environ à donner au trou la longueur de son corps et éleva un tuyau aussi haut que le trou était profond. Au bout de quelques heures, le tuyau était élevé de deux pouces et elle continuait encore à approfondir le trou qui était au-dessous.

« Il ne m'a pas paru qu'elle eût de règle par rapport à la profondeur qu'elle lui donne. J'en ai trouvé dont le trou était à plus de quatre pouces de l'ouverture, d'autres dont le trou n'en était distant que de deux ou trois pouces. Sur tel trou on voit aussi un tuyau deux ou trois fois plus long que celui d'un autre. Tout le mortier enlevé du trou n'est pas toujours employé à sa prolongation. Dans le cas où elle lui a donné à son gré une longueur suffisante, on la voit simplement arriver à l'orifice du tuyau, avancer la tête par delà le bord et jeter aussitôt sa pelote, qui tombe à terre. Aussi ai-je observé souvent une quantité de décombres au pied de certains trous.

« La fin pour laquelle ce trou est percé dans un massif de mortier ou de sable ne saurait paraître équivoque : il est clair qu'il est destiné à recevoir un œuf avec une provision d'aliments. Mais on ne voit pas de même à quelle fin cette mère a bâti le tuyau de mortier. En continuant à suivre ses travaux, on saura qu'il est pour elle ce qu'un tas de moellons bien arrangé est pour les maçons qui bâtissent un mur. Tout le trou qu'elle a creusé ne doit pas servir de logement à la larve qui doit naître dedans ; une portion lui suffira. Il a été cependant nécessaire qu'il fût fouillé jusqu'à une certaine profondeur, afin que la larve ne se trouvât pas exposée à une chaleur trop grande, quand les rayons du soleil tomberont sur la couche extérieure de sable. Elle ne doit habiter que le fond du trou. La mère sait la capacité qu'elle doit laisser vide et elle la conserve ; mais elle bouche tout le reste, et elle fait rentrer dans la partie supérieure du trou tout ce qu'il faut du sable qu'elle en a ôté, pour le boucher. C'est pour avoir ce mortier à sa portée, qu'elle a formé ce tuyau. Une fois l'œuf déposé et la provision d'aliments mise à sa portée, on voit la mère venir ronger le bout du tuyau, après l'avoir mouillé, porter cette pelote dans l'intérieur, et revenir ensuite en prendre d'autres de la même manière, jusqu'à ce que le trou soit bouché jusqu'à l'orifice. »

Réaumur continue en parlant des vivres amassés dans les cellules, des *vers verts* comme il les appelle, insoucieux de l'affreuse consonance. N'ayant pas vu les mêmes choses parce que mon Odynère est d'espèce différente, je reprends la parole. Je n'ai fait le dénombrement des pièces de gibier que pour trois cellules : la colonie était pauvre ; il fallait la ménager si je voulais jusqu'au bout suivre l'histoire. Dans l'une d'elles, avant que les provisions fussent entamées, j'ai compté vingt-quatre pièces ; dans chacune des deux autres, également intactes, j'en ai compté vingt-deux. Réaumur ne trouvait que huit à douze pièces dans le garde-manger de son Odynère ; et L. Dufour, dans le magasin à vivres de la sienne, constatait une brochée de dix à douze. La mienne exige la double douzaine, deux fois plus, ce qui peut s'expliquer par un gibier de moindre taille. Aucun hyménoptère déprédateur à ma connaissance, à part les Bembex, qui approvisionnent au jour le jour, n'approche de cette prodigalité en nombre. Deux douzaines de vermisseaux pour le repas d'un seul. Que nous sommes loin de l'unique chenille de l'Ammophile hérissée ; quelles délicates précautions doivent être prises pour la sécurité de l'œuf au milieu de cette foule ! Une scrupuleuse attention est ici nécessaire si nous voulons bien nous rendre compte des dangers auxquels l'œuf de l'Odynère est exposé et des moyens qui le tirent de péril.

Et d'abord, le gibier, quel est-il ? Il consiste en vermisseaux de la grosseur d'une aiguille à tricoter et d'une longueur un peu variable. Les plus grands mesurent un centimètre. La tête est petite, d'un noir intense et luisant. Les anneaux sont dépourvus de pattes, soit vraies, soit fausses comme celles des chenilles ; mais tous, sans exception, sont munis, pour organes ambulatoires, d'une paire de petits mamelons charnus. Ces vermisseaux, quoique de même espèce d'après l'ensemble des caractères, varient de coloration. Ils sont d'un vert pâle, jaunâtre, avec deux larges bandes longitudinales d'un rose tendre chez les uns, d'un vert plus ou moins foncé chez les autres. Entre ces deux bandes règne, sur le dos, un liséré d'un jaune pâle. Tout le corps est semé de petits tubercules noirs, portant un cil au sommet. L'absence de pattes démontre que ce ne sont pas des chenilles, des larves de lépidoptère. D'après les expériences d'Audoin, les vers verts de Réaumur sont les larves d'un curculionide, le *Phytonomus variabilis*, hôte des champs de luzerne. Mes vermisseaux, roses ou verts, appartiendraient-ils aussi à quelque petit Charançon ? C'est fort possible.

Réaumur qualifie de vivants les vers dont se composaient les provisions de son Odynère ; il essaya d'en élever espérant en voir provenir une mouche ou un scarabée. L. Dufour, de son côté, les appelle des chenilles vivantes. Aux deux observateurs n'a pas échappé la mobilité du gibier servi ; ils ont eu sous les yeux des vermisseaux qui s'agitent et donnent les signes d'une pleine vie.

Ce qu'ils ont vu, je le revois. Mes petites larves se trémoussent ; roulées d'abord en forme d'anneau, elles se déroulent, puis s'enroulent encore si je fais seulement tourner avec lenteur le petit tube de verre où je les ai renfermées. Au contact d'une pointe d'aiguille, elles se démènent brusquement. Quelques-unes parviennent à se déplacer. En m'occupant de l'éducation de l'œuf de l'Odynère, j'ouvrais la cellule suivant sa longueur, de façon à la réduire à un demi-canal ; puis dans cette rigole maintenue horizontale, je disposais un petit nombre de pièces de gibier. Le lendemain j'en trouvais habituellement quelqu'une qui s'était laissée choir, preuve d'une agitation, d'un déplacement alors même que rien ne troublait le repos.

Ces larves, j'en ai la ferme conviction, ont été blessées par l'aiguillon de l'Odynère, car celle-ci ne doit pas porter épée uniquement pour la parade. Possédant une arme, elle s'en sert. Toutefois la blessure est si légère, que Réaumur et L. Dufour ne l'ont pas soupçonnée. Pour eux, la proie est vivante ; pour moi, elle l'est à très peu près. Dans ces conditions, on voit à quels périls serait exposé l'œuf de l'Odynère sans les précautions d'une prudence exquise. Ils sont là, ces remuants vermisseaux, au nombre de deux douzaines dans la même cellule, côte à côte avec l'œuf qu'un rien peut compromettre. Par quels moyens ce germe, si délicat, échappera-t-il aux dangers de la cohue ?

Comme je l'avais prévu, guidé par l'argumentation, l'œuf est suspendu au plafond du logis. Un très court filament le fixe à la paroi supérieure, et le laisse pendre libre dans l'espace. À la vue de cet œuf, tremblotant au bout de son fil pour la moindre secousse, et affirmant par ses oscillations la justesse de mes aperçus théoriques, j'eus, la première fois, un de ces moments de joie intime qui dédommagent de bien des ennuis. Je devais en avoir bien d'autres, ainsi qu'on le verra. Suivre avec amour, patience et coup d'œil exercé les investigations dans le monde des insectes, nous réserve toujours quelque merveille. L'œuf, disons-nous, se balance au plafond, retenu par un fil très court et d'une extrême finesse. La cellule est tantôt horizontale et tantôt oblique. Dans le premier cas, l'œuf est disposé perpendiculaire à l'axe de la cellule, et son extrémité inférieure arrive à une paire de millimètres de la paroi opposée ; dans le second cas, l'œuf, qui suit la verticale, fait avec cet axe un angle plus ou moins aigu.

J'ai voulu suivre à loisir, avec les commodités d'observation du chez soi, les progrès de cet œuf pendulaire. Pour l'œuf de l'Eumène d'Amédée, c'est presque impraticable, à cause de la cellule non transportable avec le bloc qui lui sert le plus souvent de base. Pareil domicile exige l'observation sur les lieux mêmes. La demeure de l'Odynère n'a pas le même inconvénient. Une cellule étant mise à jour et se trouvant dans l'état que je désire, je cerne le logis avec la pointe du couteau, de manière à détacher un cylindre de terre où cette cellule est comprise, mais réduite à un demi-canal pour ne rien cacher de ce qui doit s'y passer. Les provisions sont extraites pièce par pièce avec tous les ménagements, et transvasées à part dans un tube de verre. J'éviterai ainsi les accidents que la foule grouillante des vers pourrait occasionner pendant les inévitables secousses du trajet. L'œuf reste seul, se balançant dans l'enceinte vide. Un fort tube reçoit le cylindre de terre, que je cale avec des coussinets de coton. Le butin est mis dans une boîte de fer-blanc, que je porte à la main et dans la position convenable pour que l'œuf garde la verticale sans heurter les parois.

Jamais je n'avais opéré de déménagement qui nécessitât pareilles délicatesses. Un faux mouvement pouvait faire rompre le fil suspenseur, si délicat qu'il fallait la loupe pour le distinguer ; des oscillations d'ampleur trop grande pouvaient meurtrir l'œuf contre les parois de la cellule ; il fallait se garder d'en faire une sorte de battant de clochette heurtant son enceinte de bronze. Je cheminais donc avec une raideur automatique, tout d'une pièce, à pas méthodiquement combinés. Quelle mauvaise rencontre s'il était survenu quelque connaissance avec qui il convient de s'arrêter un moment, de causer un peu, d'échanger une poignée de main : une distraction de ma part ruinerait peut-être mes projets ! Quelle rencontre plus mauvaise encore si Bull, qui ne peut supporter un regard de travers, se trouvait nez à nez avec quelque rival, et, lui gardant rancune, se jetait sur lui ? Il eût fallu mettre fin à la bagarre pour éviter le scandale d'un chien bien élevé intolérant pour le chien villageois. La querelle faisait crouler tout mon échafaudage expérimental. Et dire que les vives préoccupations d'une personne non tout à fait dépourvue de sens se trouvent parfois sous la dépendance d'une querelle de roquets !

Dieu soit loué ! la route est déserte, le trajet se fait sans encombre ; le fil, mon grand souci, ne se rompt pas ; l'œuf n'est pas meurtri ; tout est en ordre. La petite motte de terre est mise en lieu sûr, avec la cellule dans une position horizontale. À proximité de l'œuf, je dispose trois ou quatre des vermisseaux recueillis : la totalité des provisions serait une cause de trouble maintenant que la cellule n'a que la moitié de sa paroi et se trouve réduite à un demi-canal. Le surlendemain, je trouve l'œuf éclos. La jeune larve, de couleur jaune, est appendue par son extrémité postérieure, la tête en bas. Elle en est à son premier ver, dont la peau déjà devient flasque. Le cordon suspenseur consiste dans le court filament qui soutenait l'œuf, plus la dépouille de celui-ci, dépouille réduite à une sorte de ruban chiffonné. Pour rester invaginée dans le bout de ce ruban creux, l'extrémité postérieure du nouveau-né s'étrangle d'abord un peu, puis se renfle en bouton. Si je la trouble dans son repos, si les vivres remuent, la larve se retire en se contractant sur elle-même, mais sans rentrer dans une gaine ascensionnelle comme le fait la larve de l'Eumène. Le cordon d'attache ne sert pas de fourreau de refuge, où la larve puisse rentrer ; c'est pour elle une chaîne d'ancre, qui lui donne appui au plafond et lui permet de se garer en se contractant à distance du tas de vivres. Le calme fait, la larve s'allonge et revient à son ver. Ainsi se passent les débuts d'après les observations faites, les unes chez moi dans mes bocaux à éducation, les autres sur les lieux mêmes lorsque j'exhumais des cellules contenant une larve assez jeune.

En vingt-quatre heures, le premier ver est dévoré. La larve alors m'a paru éprouver une mue. Du moins quelque temps elle reste inactive, contractée ; puis elle se détache du cordon. La voilà libre, en contact avec l'amas de vermisseaux, et dans l'impossibilité désormais de se mettre à l'écart. Le fil sauveteur n'a pas eu longue durée ; il a protégé l'œuf, défendu l'éclosion ; mais la larve est bien faible encore et le péril n'a pas diminué. Aussi allons-nous trouver d'autres moyens de protection.

Par une exception bien étrange, dont je ne connais pas encore d'autre exemple, l'œuf est pondu avant que les provisions soient déposées. J'ai vu des cellules ne contenant encore absolument rien en fait de vivres, et au plafond desquelles l'œuf cependant oscillait. J'en ai vu d'autres, toujours munies de l'œuf, qui n'avaient encore que deux ou trois pièces de gibier, début de la copieuse brochée de vingt-quatre. Cette précocité de la ponte, qui fait disparate complet avec ce qui se passe chez les autres hyménoptères giboyeurs, a sa raison d'être, nous allons le voir ; elle a sa logique, qu'on ne se lasserait d'admirer.

Cet œuf, pondu dans la cellule vide, n'est pas fixé au hasard, sur un point quelconque de la paroi, libre de partout ; il est appendu non loin du fond, à l'opposé de l'entrée. Réaumur avait déjà remarqué cet emplacement de la larve naissante, mais sans insister sur ce détail dont il ne soupçonnait pas l'importance. « Le ver, dit-il, naît sur le fond du trou, c'est-à-dire sur le fond de la cellule. » Il ne parle pas de l'œuf, qu'il paraît ne pas avoir vu. Cette position du ver lui est si bien connue que, voulant essayer l'éducation dans une cellule vitrée, ouvrage de ses doigts, il place la larve au fond et les vivres au-dessus.

Pourquoi vais-je m'arrêter sur un menu détail que raconte en quatre mots le célèbre historien des Odynères ? – Petit détail, oh ! non ; mais bien condition majeure. Et voici pourquoi. L'œuf est pondu au fond, ce qui exige que la cellule soit vide et que l'approvisionnement se fasse après la ponte. Maintenant les vivres sont emmagasinés, une pièce après l'autre et couche par couche, en avant de l'œuf ; la cellule est bourrée de gibier jusqu'à l'entrée où, finalement, les scellés sont mis.

Parmi ces pièces, dont l'acquisition peut durer plusieurs jours, quelles sont les plus vieilles en date ? Celles qui avoisinent l'œuf. Quelles sont les plus récentes ? Celles qui sont vers l'entrée. Or, il est d'évidence, l'observation directe, du reste, le prouve au besoin ; il est d'évidence, dis-je, que les vermisseaux entassés diminuent d'un jour à l'autre de vigueur. Il suffit des effets d'un jeûne prolongé, sans compter les désordres d'une blessure s'aggravant. La larve qui naît au fond a donc à côté d'elle, dans son âge tendre, les vivres de péril moindre, les plus vieux, les plus débilités par conséquent. À mesure qu'elle avance dans le tas, elle trouve un gibier plus récent, plus vigoureux aussi, mais l'attaque se fait sans danger parce que les forces sont venues.

Ce progrès du plus mortifié à celui qui l'est moins, suppose que les vermisseaux ne troublent pas leur ordre de superposition. C'est ce qui a lieu en effet. Mes prédécesseurs dans l'histoire des Odynères ont tous remarqué l'enroulement en forme d'anneau qu'affectent les vers servis à la larve. « La cellule, dit Réaumur, était occupée par des anneaux verts, au nombre de huit à douze. Chacun de ces anneaux consistait en une larve vermiforme, vivante, roulée et appliquée exactement par le côté du dos contre la paroi du trou. Ces vers ainsi posés les uns au-dessus des autres, et même pressés, n'avaient pas la liberté de se mouvoir. »

Je constate, à mon tour, des faits semblables dans mes deux douzaines de vermisseaux. Ils sont enroulés en forme d'anneau ; ils sont empilés l'un sur l'autre, mais avec quelque confusion dans les rangs ; de leur dos, ils touchent la paroi. Je n'attribuerai pas cette courbure annulaire à l'effet du coup d'aiguillon très probablement reçu car jamais je ne l'ai constatée dans les chenilles opérées par les Ammophiles ; je crois plutôt que c'est une pose naturelle du ver pendant l'inaction, de même que l'enroulement en volute est naturel aux Iules. Dans ce bracelet vivant, il y a tendance au retour vers la configuration rectiligne ; c'est un arc bandé qui fait effort contre l'obstacle qui l'entoure. Par le fait même de son enroulement, chaque ver se maintient donc à peu près en place, en pressant un peu du dos contre la paroi ; et il s'y maintient alors même que la cellule se rapproche de la verticale.

D’ailleurs la forme de la loge a été calculée en vue de pareil mode d’emmagasinement. Dans la partie voisine de l’entrée, partie que l’on pourrait appeler la soute aux vivres, la cellule est cylindrique, étroite, de façon à ne présenter que le moindre large possible aux anneaux vivants, ainsi retenus en place sans pouvoir glisser. C’est là que les vermisseaux sont empilés, serrés l’un contre l’autre. À l’autre bout, vers le fond, la cellule se renfle en ovoïde pour laisser à la larve ses coudées franches. La différence est très sensible dans les deux diamètres. Vers l’entrée, je trouve quatre millimètres seulement ; vers le fond, j’en trouve six. Au moyen de cette inégalité d’ampleur, le logis comprend deux pièces : en avant, le magasin à vivres ; en arrière, la salle à manger. La spacieuse coupole des Eumènes ne permet pas semblable aménagement : les pièces de gibier y sont entassées en désordre, les plus vieilles pêle-mêle avec les plus récentes, et toutes non enroulées, mais seulement infléchies. La gaine ascensionnelle remédie aux inconvénients de cette confusion.

Remarquons encore que le tassement des vivres n’est pas le même d’une extrémité à l’autre de la brochée de l’Odynère. Dans les cellules dont les provisions ne sont pas encore entamées ou commencent à l’être, je constate ceci : au voisinage de l’œuf ou de la larve récemment éclose, en cette partie que je viens d’appeler la salle à manger, l’espace est incomplètement occupé ; quelques vermisseaux s’y trouvent, trois ou quatre, un peu isolés du tas et laissant du large pour la sécurité tant de l’œuf que de la jeune larve. Voilà le menu des premiers repas. S’il y a péril aux bouchées du début, les plus chanceuses de toutes, le cordon sauveteur fournit un appui de retraite. Plus avant, le gibier s’entasse à rangs pressés, la pile des vermisseaux est continue.

La larve, maintenant un peu forte, s’insinuera-t-elle sans prudence dans l’amas ? Oh ! que non. Les vivres sont consommés par ordre, des inférieurs aux supérieurs. La larve tire à elle, dans sa salle, un peu à l’écart, l’anneau qui se présente, le dévore sans danger d’être incommodée par les autres, et de couche en couche consomme ainsi la brochée de deux douzaines, toujours dans une parfaite sécurité.

Revenons sur nos pas et finissons par un court résumé. Le grand nombre de pièces servies dans une même cellule et leur paralysie très incomplète, compromettent la sécurité de l'œuf de l'hyménoptère et de sa larve naissante. Comment le péril sera-t-il conjuré ? Voilà le problème, à solutions multiples. L'Eumène, avec son fourreau qui permet à la larve de remonter au plafond, nous en donne une ; l'Odynère à son tour, nous donne la sienne, non moins ingénieuse et bien plus compliquée.

Il convient d'éviter à l'œuf ainsi qu'à la larve venant d'éclore, le périlleux contact du gibier. Un fil de suspension résout la difficulté. Jusque-là, c'est la méthode adoptée par les Eumènes ; mais bientôt la jeune larve, un premier vermisseau mangé, se laisse choir du fil qui lui donnait appui pour se contracter à l'écart. Alors commence, pour son bien-être, un enchaînement de conditions.

La prudence exige que la très jeune larve attaque d'abord les vermisseaux les plus inoffensifs, c'est-à-dire les plus mortifiés par l'abstinence, enfin les vermisseaux mis en cellule les premiers ; elle exige, en outre, que la consommation progresse des pièces les plus vieilles aux pièces les plus récentes, pour avoir jusqu'à la fin du gibier frais. Dans ce but, une étrange exception est faite à la règle générale : l'œuf est pondu avant de procéder à l'approvisionnement. Il est pondu au fond de la cellule ; de cette manière les vivres entassés se présenteront à la larve dans l'ordre d'ancienneté.

Ce n'est pas assez ; il importe que les vermisseaux ne puissent, en se mouvant, changer leur ordre de superposition. Le cas est prévu : la soute aux vivres est un cylindre étroit où le déplacement est difficile.

Cela ne suffit pas : la larve doit avoir assez d'espace pour se mouvoir à l'aise. La condition est remplie : en arrière, la cellule forme salle à manger relativement spacieuse.

Est-ce tout ? Pas encore. Cette salle à manger ne doit pas être encombrée comme le reste de la loge. On y a veillé : un petit nombre de pièces compose le service du début.

Sommes-nous à la fin ? Pas du tout. En vain le garde-manger est un étroit cylindre, si les vermisseaux s'étirent, ils glisseront en long et viendront troubler le nourrisson dans sa retraite de l'arrière-logis. On y a paré : le gibier choisi est une larve qui d'elle-même se roule en bracelet, et par sa propre détente se maintient en place.

Voilà par quelle série de difficultés ingénieusement levées, l'Odynère parvient à laisser descendance. Ce que nous lui reconnaissons d'exquise prévoyance confond déjà l'esprit ; que serait-ce si rien n'échappait à nos regards obtus !

L'insecte aurait-il acquis son savoir-faire, petit à petit, d'une génération à la suivante, par une longue suite d'essais fortuits, de tâtonnements aveugles ? Un tel ordre naîtrait-il du chaos ; une telle prévision, du hasard ; une telle sapience, de l'insensé ? Le monde est-il soumis aux fatalités d'évolution du premier atome albumineux qui se coagula en cellule ; ou bien est-il régi par une Intelligence ? Plus je vois, plus j'observe, et plus cette Intelligence rayonne derrière le mystère des choses. Je sais bien qu'on ne manquera pas de me traiter d'abominable cause-finalier. Très peu m'en soucie : l'un des signes d'avoir raison dans l'avenir, n'est-ce pas d'être démodé dans le présent ?

VII. NOUVELLES RECHERCHES SUR LES CHALICODOMES

Ce chapitre et le suivant devaient être dédiés, sous forme de lettre, à l'illustre naturaliste anglais qui repose maintenant à Westminster, en face de Newton, à Charles Darwin. Mon devoir était de lui rendre compte du résultat de quelques expériences qu'il m'avait suggérées dans notre correspondance, devoir bien doux pour moi, car si les faits, tels que je les observe, m'éloignent de ses théories, je n'ai pas moins en profonde vénération sa noblesse de caractère et sa candeur de savant. Je rédigeais ma lettre quand m'arriva la poignante nouvelle : l'excellent homme n'était plus ; après avoir sondé la grandiose question des origines, il était aux prises avec l'ultime et ténébreux problème de l'au-delà. Je renonce donc à la forme épistolaire, contresens devant la tombe de Westminster. Une rédaction impersonnelle, libre d'allures, exposera ce que j'avais à raconter sur un ton plus académique.

Un trait, entre tous, avait frappé le savant anglais dans la lecture du premier volume de mes Souvenirs entomologiques : c'est la faculté que possèdent les Chalicodomes de savoir retrouver leur nid après avoir été dépaysés à de grandes distances. Qu'ont-ils pour boussole dans ce voyage de retour, quel sens les guide ? Le profond observateur me parlait alors d'une expérience qu'il avait toujours désiré de faire sur les pigeons, et qu'il avait toujours négligée, absorbé par d'autres préoccupations. Cette expérience, je pouvais la tenter avec mes hyménoptères. L'insecte remplaçant l'oiseau, le problème restait le même. J'extrais de sa lettre le passage concernant l'épreuve à essayer :

« *Allow me to make a suggestion in relation to your wonderful account of insects finding their way home. I formerly wished to try it with pigeons ; namely, to carry the insects in their paper cornets about a hundred paces in the opposite direction to that which you intended ultimately to carry them, but before turning round to return, to put the insects in a circular box with an axle which could be made to revolve very rapidly first in one direction and then in another, so as to destroy for a time all sense of direction in the insects. I have sometimes imagined that animal may feel in which direction they were at the first start carried.* »

En somme, Charles Darwin me propose d'isoler mes hyménoptères chacun dans un cornet de papier, ainsi que je le faisais dans mes premières expériences, et de les transporter d'abord à une centaine de pas dans une direction opposée à celle que je me propose de suivre en dernier lieu. Les captifs sont alors mis dans une boîte ronde qui tourne rapidement sur un axe, tantôt dans un sens et tantôt dans un autre. Ainsi sera détruit chez eux, pour un certain temps, le sens de la direction. La rotation propre à désorienter étant terminée, on revient sur ses pas et l'on gagne le point où doit s'effectuer la mise en liberté.

La méthode d'expérimentation me parut très ingénieusement conçue. Avant d'aller à l'ouest, je me dirige à l'est. Dans l'obscurité de leurs cornets, et par cela seul que je les déplace, mes prisonniers ont le sentiment de la direction que je leur fais suive. Si rien ne venait troubler cette impression du départ, l'animal l'aurait pour guide à son retour. Ainsi s'expliquerait la rentrée au nid de mes Chalicodomes dépaysés à trois et quatre kilomètres de distance. Mais lorsque les insectes sont assez impressionnés par le déplacement à l'est, intervient la rotation rapide dans un sens puis dans l'autre, alternativement. Désorienté par cette multiplicité de circuits inverses, l'animal n'a pas connaissance de mon retour et reste sous l'impression du début. Je le transporte maintenant à l'ouest alors qu'il lui semble cheminer toujours vers l'est. Sous cette impression, l'animal doit être dérouté. Rendu libre, il s'envolera à l'opposé de sa demeure, qu'il ne retrouvera jamais.

Ce résultat me paraissait d'autant plus probable que j'entendais répéter autour de moi, par les gens de la campagne, des faits bien propres à confirmer mes espérances. Favier, l'homme impayable pour ce genre de renseignements, me mit le premier sur la voie. Il me raconta que, lorsqu'on veut déménager un chat d'une ferme dans une autre assez éloignée, on le met dans un sac que l'on fait rapidement tourner au moment du départ. On empêche ainsi l'animal de revenir à la maison quittée. Bien d'autres, après Favier, me répétèrent la même pratique. À leur dire, la rotation dans un sac était infaillible ; le chat dérouté ne revenait plus. Je transmis en Angleterre ce que je venais d'apprendre ; je racontai au philosophe de Down comment le paysan avait devancé les investigations de la science. Charles Darwin était émerveillé ; je l'étais aussi, et nous comptions l'un et l'autre presque sur un succès.

Ces pourparlers avaient lieu en hiver ; j'avais tout le temps de préparer l'expérimentation qui devait se faire au mois de mai suivant. « Favier, dis-je un jour à mon aide, il me faudrait les nids que vous savez. Allez chez le voisin, demandez-lui l'autorisation et montez sur le toit de son hangar, avec des tuiles neuves et du mortier que vous prendrez chez le maçon ; vous enlèverez à la toiture une douzaine des tuiles les mieux garnies et vous les remplacerez à mesure. »

Ainsi fut fait. Le voisin se prêta de très bonne grâce à l'échange de tuiles, car il est obligé de démolir lui-même, de temps en temps, l'ouvrage de l'abeille maçonne, s'il ne veut s'exposer à voir sa toiture crouler un jour. J'allais au-devant d'une réparation d'une année à l'autre très urgente. Le soir-même, j'étais en possession de douze superbes fragments de nid, de forme rectangulaire et reposant chacun sur la face convexe d'une tuile, c'est-à-dire sur la face qui regardait l'intérieur du hangar. J'eus la curiosité de peser le plus volumineux : la romaine accusa seize kilogrammes. Or la toiture d'où il provenait était couverte de pareils blocs, contigus l'un à l'autre, sur une étendue de soixante-dix tuiles. En ne prenant que la moitié du poids pour faire la balance entre les plus gros amas et les plus petits, on trouve à la construction de l'hyménoptère le poids total de 56 kilogrammes. Et encore m'affirme-t-on avoir vu mieux dans le hangar de mon voisin. Laissez faire l'abeille maçonne lorsque l'endroit lui plaît, laissez accumuler les travaux de nombreuses générations, et tôt ou tard la toiture s'effondrera sous la surcharge. Laissez vieillir les nids, laissez-les se détacher par fragments lorsque l'humidité les aura pénétrés, et il vous tombera sur la tête des moellons à vous briser le crâne. Voilà le monument d'un insecte bien peu connu.[1]

Pour le but principal que je me proposais, ces richesses ne suffisaient pas, non pour la quantité mais pour la qualité. Elles provenaient de l'habitation voisine, séparée de la mienne par un petit champ de blé et d'oliviers. J'avais à craindre que les insectes issus de ces nids ne fussent influencés héréditairement par leurs ancêtres, hôtes du hangar depuis de longues années. L'abeille dépaysée reviendrait peut-être guidée par l'habitude invétérée de sa famille ; elle retrouverait le hangar de ses ascendants, et de là regagnerait sans difficulté son nid. Puisqu'il est de mode aujourd'hui de faire jouer un très grand rôle à ces influences héréditaires, il convient de les éliminer de mes expériences. Il me faut des abeilles étrangères, transportées de loin, pour lesquelles le retour à l'emplacement natal ne peut favoriser en rien le retour au nid déplacé.

Favier se chargea de l'affaire. Il avait découvert sur les bords de l'Aygues, à plusieurs kilomètres du village, une masure abandonnée où les Chalicodomes s'étaient établis en colonie très populeuse. Il voulait prendre la brouette pour transporter les moellons à cellules ; je l'en dissuadai : les cahotements du véhicule sur des sentiers

1 Il est si peu connu que j'ai fait grave erreur en m'occupant de lui dans le premier volume de ces Souvenirs. Sous ma dénomination erronée de *Chalicodoma sicula*, sont comprises en réalité deux espèces, l'une nidifiant dans nos habitations, en particulier sous les tuiles des hangars, l'autre nidifiant sur les rameaux des arbustes. La première espèce a reçu divers noms, qui sont, dans l'ordre de priorité : *Chalicodoma pyrenaica* Lep. *(Megachile)* ; *Chalicodoma pyrrhopeza* Gerstäcker ; *Chalicodoma rufitarsis* Giraud. Il est fâcheux que le nom ayant pour lui la priorité se prête au malentendu. J'hésite à qualifier de pyrénéen un insecte bien moins fréquent dans les Pyrénées que dans la région. Je l'appellerai *Chalicodome des hangars*. Ce nom est sans inconvénient aucun dans un livre où le lecteur préfère la clarté aux exigences de l'entomologie systématique. La seconde espèce, celle qui fait son nid sur les rameaux, est le *Chalicodoma rufescens* J. Pérez. Pour les mêmes motifs, je l'appellerai *Chalicodome des arbustes*. Je dois ces corrections à l'obligeance du savant professeur de Bordeaux, M. J. Pérez, si versé dans la connaissance des hyménoptères.

très caillouteux, pouvaient compromettre le contenu des cellules. Une corbeille portée sur l'épaule fut préférée. Il s'adjoignit un aide et partit. L'expédition me valut quatre tuiles bien peuplées. C'est tout ce qu'ils pouvaient porter à eux deux ; et encore à leur arrivée fallut-il payer la rasade : ils étaient éreintés. Le Vaillant nous parle d'un nid de Républicains dont il chargeait un chariot attelé de deux buffles. Mon Chalicodome rivalise avec l'oiseau de l'Afrique australe : le couple de buffles n'eût pas été de trop pour déménager en entier le nid des bords de l'Aygues.

Il s'agit maintenant d'installer mes tuiles. Je tiens à les avoir à portée du regard, dans une situation qui me rende l'observation facile et m'épargne les petites misères d'autrefois : ascensions continuelles à l'échelle, longues stations sur un barreau de bois qui vous endolorit la plante des pieds, coups de soleil contre un mur devenu brûlant. Il faut d'ailleurs que mes hôtes se trouvent chez moi à peu près comme chez eux. Il est de mon devoir de leur faire la vie douce, si je veux qu'ils s'attachent au nouveau logis. J'ai précisément ce qui leur convient.

Sous une terrasse s'ouvre un large porche dont les flancs sont visités par le soleil tandis que le fond est à l'ombre. Il y a part pour tous : l'ombre pour moi, le soleil pour mes pensionnaires. Chaque tuile est armée d'un crochet en fort fil de fer et appendue contre la paroi, à la hauteur des yeux. Une moitié de mes nids est à droite, l'autre moitié est à gauche. Le coup d'œil de l'ensemble est assez original. Qui entre et pour la première fois voit mon étalage suppose d'abord des pièces de salaison, d'épaisses tranches de quelque lard exotique dont je hâte la dessiccation au soleil. L'erreur reconnue, on s'extasie devant ces ruches de mon invention. La nouvelle s'en répand dans le village et plus d'un en fait ses gorges chaudes. Je passe pour un apiculteur des abeilles bâtardes. Qui sait ce que cela doit me rapporter !

Avril n'est pas fini, que mes ruches sont en pleine activité. Au fort du travail, l'essaim forme une petite nuée tourbillonnante, pleine de murmures. Le porche est un passage fréquenté ; il conduit à une pièce où s'entreposent diverses provisions domestiques. Le personnel de la maison d'abord me cherche noise pour avoir établi en notre intimité cette dangereuse république. On n'ose aller aux provisions : il faudrait traverser la nuée d'abeilles, et gare les coups d'aiguillon. Il me faut démontrer péremptoirement que le danger est nul, que mon abeille est très pacifique, incapable de dégainer tant qu'elle n'est pas saisie. J'approche le visage de l'un des gâteaux de terre, jusqu'à presque le toucher, lorsqu'il est tout noir de maçonnes en travail ; je promène mes doigts dans les rangs, je dépose quelques abeilles sur la main, je stationne au plus épais du tourbillon, et jamais une piqûre. Leur caractère paisible m'est connu de longue date. Je partageais autrefois l'appréhension commune, j'hésitais à m'engager dans un essaim d'Anthophores ou de Chalicodomes ; aujourd'hui je suis bien revenu de ces frayeurs. Ne tracassez pas la bête, et il ne lui arrivera pas une seule fois de songer à mal. Tout au plus, quelqu'une, par curiosité plutôt que par colère, viendra planer devant votre figure, vous regarder avec obstination, mais avec le seul bourdonnement pour toute menace. Laissez-la faire : son examen est pacifique.

En quelques séances, tout mon personnel fut rassuré : petits et grands allaient et revenaient sous le porche comme si de rien n'était. Mes abeilles, loin de rester un sujet de crainte, devenaient un sujet de distraction ; chacun prenait plaisir à voir les progrès de leurs industrieux travaux. Pour les étrangers, je me gardais bien de divulguer le secret. Si quelqu'un, appelé pour affaires, passait devant le porche au moment où je stationnais devant les gâteaux appendus, un court colloque s'engageait, dans le genre de celui-ci : « Elles vous connaissent donc, pour ne pas vous piquer ? – Sans doute, elles me connaissent. – Et moi ? – Vous, c'est autre chose. » là l'on se tenait à respectueuse distance. C'est ce que je désirais.

Il est temps de songer aux expérimentations. Les Chalicodomes destinés au voyage doivent être marqués d'un signe qui me les fasse reconnaître. Une dissolution de gomme arabique, épaissie avec une poudre colorante, tantôt rouge, tantôt bleue ou d'autre teinte, est la matière que j'emploie pour marquer mes voyageurs. La diversité de coloration m'empêche de confondre les sujets des divers essais.

Lors de mes premières recherches, je marquais les abeilles sur les lieux mêmes du lâcher. Pour cette opération, les insectes devaient être tenus un à un entre les doigts, ce qui m'exposait à de fréquentes piqûres, plus irritantes, en se répétant coup sur coup. Alors mes coups de pouce n'étaient pas toujours assez ménagés, au grand dommage des voyageurs, dont je pouvais ainsi fausser l'articulation des ailes et affaiblir l'essor. Cette méthode méritait d'être améliorée, tant dans mon intérêt que dans celui de l'insecte. Il fallait marquer l'hyménoptère, le dépayser, le relâcher sans le saisir des doigts, sans le toucher une seule fois. À ces délicatesses d'exécution, l'expérience ne pouvait que gagner. Voici la méthode adoptée.

Quand, le ventre plongé dans la cellule, elle brosse sa charge de pollen, ou bien quand elle maçonne, l'abeille est fort préoccupée de son travail. On peut alors aisément, sans l'effaroucher, lui marquer le dessus du thorax avec une paille trempée dans la glu colorée. L'insecte ne prend garde à ce léger attouchement. Il part ; il revient chargé de mortier ou de pollen. On laisse ces voyages se répéter jusqu'à ce que la marque du thorax soit parfaitement sèche, ce qui ne tarde pas avec le vif soleil nécessaire aux travaux. Il s'agit alors de prendre l'hyménoptère et de l'emprisonner dans un cornet de papier, toujours sans le toucher. Rien de plus facile. Une petite éprouvette de verre est mise sur l'abeille, attentive à son œuvre ; l'insecte, en partant, s'y engouffre, et de là passe dans le cornet, aussitôt clos et déposé dans la boîte de fer-blanc qui servira au transport de l'ensemble. Au moment de la mise en liberté, il suffira d'ouvrir ces cornets. Toute la manœuvre s'accomplit ainsi sans employer une seule fois l'inquiétante pression des doigts.

Autre question à résoudre avant de poursuivre. Quelle limite de temps m'imposerai-je lorsqu'il faudra dénombrer les abeilles revenues au nid ? Je m'explique. La tache que j'ai faite au milieu du thorax par le léger contact de ma paille engluée, n'est pas des plus durables, elle adhère aux poils simplement. Du reste, elle ne serait pas plus tenace si j'avais maintenu l'insecte entre les doigts. Or l'hyménoptère fréquemment se brosse le dos, il s'époussette chaque fois qu'il sort des galeries ; d'ailleurs il expose sa toison à de continuels frottements contre les parois de la cellule, où il faut entrer, d'où il faut sortir pour chaque apport de miel. Un Chalicodome, si bien vêtu d'abord, devient dépenaillé ; sa fourrure est tondue, rasée par le travail, de même que tombe en loques la blouse de l'ouvrier.

Il y a plus. Pour passer la nuit et les journées de mauvais temps, le Chalicodome des murailles se tient dans une des cellules de son dôme, où il plonge, la tête en bas. Le Chalicodome des hangars, tant qu'il y a des galeries libres, fait à peu près de même : il se réfugie dans ces galeries, mais la tête à l'entrée. Une fois ces vieux domiciles utilisés et la construction de nouvelles cellules commencée, une autre retraite est choisie. Dans l'harmas, ai-je dit, sont des amas de pierres destinées au mur d'enceinte. C'est là que mes Chalicodomes passent la nuit. Dans l'interstice de deux pierres superposées et mal jointes, ils se retirent par groupes nombreux, entassés pêle-mêle, les deux sexes à la fois. Tel de ces groupes en comprend une paire de centaines. Le dortoir le plus fréquent est une étroite rainure. Là chacun se blottit, le plus avant possible, le dos dans la rainure. J'en vois de renversés, le ventre en l'air, comme gens en sommeil. Si le mauvais temps survient, si le ciel se voile de nuages, si la bise souffle, ils ne bougent de leur asile.

Toutes ces conditions réunies font que je ne peux compter sur une longue permanence de la tache faite au thorax. De jour, les coups de brosse répétés, les frictions contre les parois des galeries, assez promptement l'effacent ; de nuit, c'est pire encore, dans l'étroit dortoir où les Chalicodomes se réfugient par centaines. Après une nuit passée dans l'interstice de deux pierres, il est prudent de ne plus compter sur la marque faite la veille. Donc le dénombrement des retours au nid doit se faire tout de suite ; le lendemain il serait trop tard. Ainsi, dans l'impossibilité où je serais de reconnaître les sujets dont la tache a disparu pendant la nuit, je relèverai uniquement les hyménoptères revenus le jour même.

Reste à s'occuper de la machine rotatoire. Ch. Darwin me conseille une boîte ronde mise en mouvement au moyen d'un axe et d'une manivelle. Je n'ai rien de pareil sous la main. Il sera plus simple et tout aussi efficace d'employer le moyen du campagnard qui veut dérouter son chat en le faisant tourner dans un sac. Mes insectes, isolés chacun dans un cornet de papier, seront déposés dans une boîte de fer-blanc, les cornets seront calés de façon à éviter les chocs pendant la rotation ; enfin la boîte sera fixée à un cordon, et je ferai tourner le tout à la manière d'une fronde. Avec cette machine, rien de plus aisé que d'obtenir telle rapidité que je voudrai, telle variété de mouvements contraires que je jugerai propres à désorienter mes captifs. Je peux faire tourner ma fronde dans un sens puis dans un autre, alternativement ; je peux en ralentir, en accélérer la vitesse ; il m'est loisible de lui faire décrire des courbes bouclées en 8 et entremêlées de cercles ; si je pirouette en même temps sur les talons, rien ne m'empêche d'ajouter un degré de plus à cette complication en faisant mouvoir ma fronde suivant tous les azimuts. C'est ainsi que j'opérerai.

Le 2 mai 1880, je marque de blanc sur le thorax dix Chalicodomes occupés à des travaux divers : les uns explorent les gâteaux de terre pour faire choix d'un emplacement, d'autres maçonnent, d'autres approvisionnent. La tache sèche, je les prends et les dispose comme il vient d'être dit. Ils sont transportés d'abord à un demi-kilomètre dans une direction opposée à celle que je me propose de suivre. Un sentier qui longe mon habitation se prête à cette manœuvre préparatoire ; j'espère bien m'y trouver seul au moment où je balancerai ma fronde. Une croix est au bout ; je m'arrête au pied de cette croix. Là, rotation de mes abeilles suivant toutes les règles. Or, tandis que je fais décrire à la boîte des cercles inverses et des courbes bouclées, tandis que je pirouette sur les talons pour atteindre les divers azimuts, une bonne femme vient à passer, et me regarde avec des yeux, oh ! mais des yeux… Au pied de la croix, et en ce sot exercice ! On en parla. C'était acte de nécromancie N'avais-je pas déterré un mort, ces jours passés ! Oui, j'avais visité une sépulture préhistorique, j'en avais extrait de vénérables tibias aux fortes arêtes, une vaisselle mortuaire et pour viatique du grand voyage quelques épaules de cheval. J'avais fait cela et on le savait. Maintenant, pour achever l'homme mal famé, on le trouve au pied d'une croix, livré à de sataniques exercices.

N'importe, et ce n'est pas petit courage de ma part, la rotation est dûment accomplie devant ce témoin imprévu. Je reviens alors sur mes pas et me dirige à l'ouest de Sérignan. Je prends les sentiers les plus déserts, je coupe à travers champs pour éviter, si possible, nouvelle rencontre. Il ne manquerait plus que d'être vu lorsque j'ouvrirai mes cornets et lâcherai mes mouches. À mi-chemin, pour rendre mon expérience plus décisive, je renouvelle la rotation, aussi compliquée que la première. Je la renouvelle une troisième fois sur les lieux choisis comme point de mise en liberté.

C'est au fond d'une plaine caillouteuse, avec maigres rideaux d'amandiers et de chênes verts çà et là. En marchant d'un bon pas, j'ai mis trente minutes pour faire le trajet, en ligne droite. La distance est donc de trois kilomètres environ. Le temps est beau, le ciel clair avec un très léger souffle du nord. Je m'assieds à terre, en face du midi, pour que les insectes aient libres la direction de leur nid et la direction opposée. Je les lâche à deux heures un quart. Aussitôt le cornet ouvert, les hyménoptères tournent pour la plupart à diverses reprises autour de moi, puis prennent un vol fougueux dont la direction est celle de Sérignan, autant que je peux en juger. L'observation est difficultueuse, le départ ayant lieu brusquement lorsque l'insecte a fait deux ou trois fois le tour de ma personne, bloc suspect qu'il semble vouloir reconnaître avant de partir. Un quart d'heure après, ma fille aînée, Antonia, qui se tient en observation auprès des nids, voit arriver le premier voyageur. À mon retour, dans la soirée, deux autres rentrent. Total, trois de revenus le jour même sur dix dépaysés.

Le lendemain, je reprends l'expérience. Dix Chalicodomes sont marqués de rouge, ce qui me permettra de les distinguer de ceux qui sont revenus la veille et de ceux qui peuvent revenir encore avec la tache blanche conservée. Mêmes précautions, mêmes rotations, mêmes lieux que la première fois ; seulement je ne fais pas de rotation en chemin, je me borne à celle du départ et à celle de l'arrivée. Les insectes sont lâchés à onze heures quinze minutes. J'ai préféré le matin comme présentant plus d'animation dans les travaux de l'hyménoptère. L'un est revu au nid par Antonia à onze heures vingt minutes. En supposant que ce soit le premier lâché, il lui a suffi de cinq minutes pour faire le trajet. Mais rien ne dit que ce ne soit un autre, et alors il lui a fallu moins. C'est la plus grande vitesse qu'il m'ait été possible de constater. À midi je suis de retour, et j'en prends en peu de temps trois autres. Je n'en vois plus dans le reste de la soirée. Total, quatre de revenus sur dix.

Le 4 mai, temps très clair, calme et chaud, favorable à mes expériences. Je prends cinquante Chalicodomes marqués de bleu. La distance à parcourir est toujours la même. Première rotation après avoir transporté mes insectes à quelques centaines de pas en sens inverse de la direction finale ; en outre, trois rotations en chemin ; une cinquième rotation au point de mise en liberté. S'ils ne sont pas désorientés cette fois, ce ne sera pas ma faute d'avoir tourné et retourné. À neuf heures et vingt minutes, je commence d'ouvrir mes cornets. L'heure est un peu matinale, aussi mes hyménoptères, rendus à la liberté, restent un moment indécis, paresseux ; mais après un court bain de soleil sur une pierre où je les dépose, ils prennent leur essor. Je suis assis à terre, faisant face au midi. À ma gauche est Sérignan, à ma droite Piolenc. Lorsque la rapidité du vol me laisse reconnaître la direction suivie, je vois mes libérés disparaître à ma gauche. Quelques-uns, mais rares, vont au midi ; deux ou trois vont à l'est ou à ma droite. Je ne parle pas du nord, pour lequel je fais écran. En somme, la grande majorité prend la gauche, c'est-à-dire la direction du nid. La mise en liberté se termine à neuf heures quarante minutes. L'un des cinquante voyageurs se trouve démarqué dans le cornet de papier. Je le défalque du total, réduit ainsi à quarante-neuf.

D'après Antonia, surveillant le retour, les premiers arrivés ont paru à neuf heures trente-cinq minutes, soit quinze minutes après le commencement du lâcher. À midi, il y en a onze d'arrivés ; et à quatre heures du soir, dix-sept. Là se termine le recensement. Total dix-sept sur quarante-neuf.

Une quatrième expérience est résolue le 14 mai. Le temps est magnifique, avec un léger souffle du nord. Je prends vingt Chalicodomes marqués de rose, à huit heures du matin. Rotation au départ après recul préalable en sens inverse de la direction à suivre, deux rotations en chemin, une quatrième à l'arrivée. Tous ceux dont je peux suivre l'essor se dirigent à ma gauche, c'est-à-dire vers Sérignan. J'avais pris cependant mes précautions pour laisser indifférent le choix entre les deux directions opposées, j'avais fait en particulier éloigner mon chien qui se trouvait à ma droite. Aujourd'hui les hyménoptères ne tournent pas autour de moi ; quelques-uns s'envolent directement ; les autres, en plus grand nombre, étourdis peut-être par le tangage du transport et le roulis des coups de fronde, prennent pied à quelques mètres de distance, semblent attendre d'être un peu revenus à eux, puis s'envolent vers la gauche. Cet élan général a été reconnu toutes les fois que l'observation était possible. J'étais de retour à neuf heures quarante-cinq minutes. Deux abeilles à tache rose sont présentes, dont l'une maçonne, la pelote de mortier entre les mandibules. À une heure de l'après-midi, il y en avait sept d'arrivées ; je n'en ai pas vu d'autres dans le reste de la journée. Total, sept sur vingt.

Tenons-nous-en là ; l'expérience est suffisamment répétée, mais elle ne conclut pas comme l'espérait Charles Darwin, comme je l'espérais aussi, surtout après ce qu'on m'avait raconté sur le chat.

En vain, suivant la recommandation faite, je transporte d'abord mes insectes en sens inverse du point où je dois les lâcher ; en vain, lorsque je vais revenir sur mes pas, je fais tourner ma fronde avec toute la complication rotatoire que je peux imaginer ; en vain, croyant augmenter les difficultés, je répète la rotation jusqu'à cinq fois, au départ, en chemin, à l'arrivée : rien n'y fait : les Chalicodomes reviennent, et la proportion des retours dans la même journée oscille entre 30 et 40 pour 100. Il m'en coûte d'abandonner une idée suggérée par un tel maître et caressée d'autant plus volontiers que je la croyais apte à donner une solution définitive. Les faits sont là, plus éloquents que tous les ingénieux aperçus, et le problème reste tout aussi ténébreux que jamais.

L'année suivante, 1881, je repris l'expérimentation, mais dans un autre sens. Jusqu'ici j'avais opéré en plaine. Pour revenir au nid, mes dépaysés n'avaient à franchir que de faibles obstacles, les haies et les bouquets d'arbres des cultures. Je me propose aujourd'hui d'ajouter aux difficultés de la distance les difficultés des lieux à parcourir. Laissant de côté toute rotation, tout recul, choses reconnues inutiles, je songe à lâcher mes Chalicodomes au plus épais des bois de Sérignan. Comment sortiront-ils de ce labyrinthe où, dans les premiers temps, j'avais besoin d'une boussole pour me retrouver ? De plus, j'aurai avec moi un aide, une paire d'yeux plus jeunes que les miens et plus aptes à suivre le premier essor de mes insectes. Cet élan du début, dans la direction du nid, s'est reproduit déjà bien souvent et commence à me préoccuper plus que le retour lui-même. Un élève en pharmacie, pour quelques jours chez ses parents, sera mon collaborateur oculaire. Avec lui, je suis à mon aise ; la science ne lui est pas étrangère.

Le 16 mai a lieu l'expédition dans les bois. Le temps est chaud, avec tournure d'orage qui couve. Vent du midi sensible, mais insuffisant pour contrarier mes voyageurs. Quarante Chalicodomes sont capturés. Pour abréger les préparatifs, à cause de la distance, je ne les marque pas sur les gâteaux ; je les marquerai sur les lieux du départ, au moment de les lâcher. C'est l'ancienne méthode, fertile en piqûres ; mais je la préfère aujourd'hui pour gagner du temps. Je mets une heure pour me rendre sur les lieux. La distance, déduction faite des sinuosités, est ainsi d'environ quatre kilomètres.

L'emplacement choisi doit me laisser reconnaître la direction du premier essor. J'adopte un point dénudé au milieu des taillis. Tout autour, vaste nappe de bois épais, qui ferme de tous côtés l'horizon ; au sud, du côté des nids, un rideau de collines d'une centaine de mètres d'élévation au-dessus du point où je suis. Le vent est faible, mais il souffle en sens inverse du trajet que doivent faire mes insectes pour rentrer chez eux. Je tourne le dos à Sérignan, de manière qu'en s'échappant de mes doigts les abeilles, pour revenir au nid, auront à fuir latéralement, à ma gauche et à ma droite ; je marque les Chalicodomes et les lâche un à un. L'opération commence à dix heures vingt minutes.

Une moitié des abeilles se montre assez paresseuse, volette un peu, se laisse aller à terre, semble reprendre ses esprits, puis part. L'autre moitié a les allures plus décidées. Bien que les insectes aient à lutter contre le faible vent du midi qui souffle, ils prennent, à leur premier essor, la direction du nid. Tous vont au sud après avoir décrit quelques cercles, quelques crochets autour de nous. Il n'y a pas d'exception pour aucun de ceux dont il nous est possible de suivre le départ. Le fait est constaté par moi et mon collègue avec pleine évidence. Mes Chalicodomes mettent le cap au sud comme si quelque boussole leur indiquait le rumb du vent.

À midi, je suis de retour. Aucun des dépaysés n'est au nid, mais quelques minutes après, j'en prends deux. À deux heures, leur nombre est de neuf. Mais voici que le ciel s'obscurcit ; le vent souffle assez fort et l'orage menace. Il n'y a plus à compter sur d'autres arrivants. Total 9 sur 40 ou 22 pour 100.

La proportion est plus faible que les précédentes, variant de 30 à 40 p. 100. Faut-il mettre ce résultat sur le compte des difficultés à vaincre ? Les Chalicodomes se seraient-ils égarés dans le dédale de la forêt ? Il est prudent de ne pas se prononcer : d'autres causes sont intervenues qui peuvent avoir diminué le nombre des retours. J'ai marqué les insectes sur les lieux, je les ai maniés, et je n'affirmerais pas que tous soient sortis bien dispos de mes doigts irrités par les piqûres. Et puis, le ciel s'est fait nuageux, l'orage est imminent. En ce mois de mai, si variable, si capricieux dans la région, on ne peut guère compter sur une journée continue de beau temps. À une matinée superbe rapidement succède une après-midi troublée ; mes expériences sur les Chalicodomes plusieurs fois se sont ressenties de ces variations. Tout bien pesé, j'inclinerais à croire que le retour à travers la montagne et la forêt s'effectue aussi bien qu'à travers la plaine et les champs de blé.

Une dernière ressource me reste pour essayer de désorienter mes hyménoptères. Je les transporterai d'abord à une grande distance : puis décrivant un ample crochet, je reviendrai par une autre voie et je lâcherai mes prisonniers lorsque je me serai suffisamment rapproché du village, à trois kilomètres environ. Une voiture est ici nécessaire. Mon collaborateur dans les bois m'offre sa carriole. Avec quinze Chalicodomes, nous partons tous les deux sur la route d'Orange, jusqu'au voisinage du viaduc. Là se présente à droite le rectiligne ruban de l'antique voie romaine, la voie Domitia. Nous la suivons, remontant au nord vers les montagnes d'Uchaux, le pays classique des superbes fossiles turoniens. Puis on fait retour vers Sérignan par la route de Piolenc. La halte a lieu à la hauteur de la campagne de Font-Claire, dont la distance au village est de deux kilomètres et demi. Sur la carte de l'état-major, le lecteur suivra facilement mon itinéraire, et il verra que le crochet décrit mesure bien près de neuf kilomètres.

En même temps, Favier venait me rejoindre à Font-Claire, par la route directe, celle de Piolenc. Il portait avec lui quinze Chalicodomes destinés à servir de terme de comparaison avec les miens. Me voilà donc en possession de deux séries d'insectes. Quinze, marqués de rose, ont fait le crochet de neuf kilomètres ; quinze, marqués de bleu, sont venus par à voie directe, la voie la plus courte pour le retour au nid. Le temps est chaud, très clair et bien calme ; je ne peux mieux désirer pour le succès de l'expérience. La mise en liberté a lieu vers midi.

À cinq heures du soir, le nombre des arrivées est de 7 pour les Chalicodomes roses, ceux que j'ai cru désorienter par un long circuit en voiture ; il est de 6 pour les Chalicodomes bleus, ceux qui sont venus en ligne directe à Font-Claire. Les deux proportions, 46 et 40 pour 100, se balancent presque ; et le léger excès pour les insectes qui ont fait le circuit est évidemment un résultat accidentel dont il n'y a pas lieu de tenir compte. Le crochet décrit ne peut avoir favorisé le retour ; mais il est certain aussi qu'il ne l'a pas contrarié.

La démonstration est suffisante. Ni les mouvements enchevêtrés d'une rotation comme je l'ai décrite ; ni l'obstacle de collines à franchir et de bois à traverser ; ni les embûches d'une voie qui s'avance, rétrograde et revient par un ample circuit, ne peuvent troubler les Chalicodomes dépaysés et les empêcher de revenir au nid. J'avais fait part à Ch. Darwin de mes premiers résultats négatifs, ceux de la rotation. S'attendant à un succès, il fut très surpris de l'échec. Ses pigeons, s'il avait eu le loisir de les expérimenter, se seraient comportés comme mes hyménoptères ; la rotation préalable ne les aurait pas troublés. Le problème exigeait une autre méthode, et voici ce qui me fut proposé :

« *To place the insect within an induction coil, so as to disturb any magnetic or diamagnetic sensibility which it seems just possible that they may possess.* »

Assimiler un animal à une aiguille aimantée et le soumettre à un courant d'induction pour troubler son magnétisme ou son diamagnétisme, me parut, je ne le cacherai pas, une idée singulière, digne d'une imagination aux abois. J'ai médiocre confiance dans notre physique lorsqu'elle prétend expliquer la vie ; cependant ma déférence pour l'illustre maître m'aurait fait recourir aux bobines d'induction si j'avais eu les appareils convenables. Mais, dans mon village, nulle ressource savante ; si je veux une étincelle électrique, j'en suis réduit à frotter une feuille de papier sur les genoux. Mon cabinet de physique est riche d'un aimant, et voilà tout. Cette pénurie connue, une autre méthode me fut soumise, plus simple que la première, et d'un résultat plus sûr, d'après Darwin lui-même :

« To make a very thin needle into a magnet : then breaking it into very short pieces, which would still be magnetic, and fastening one of these pieces with some cement on the thorax to the insects to be experimented on. I believe that such a little magnet, from its close proximity to the nervous system of the insect, would affect it more than would the terrestrial currents. »

L'idée persiste de faire de l'animal une sorte de barreau aimanté. Les courants terrestres le guident dans son retour au nid. C'est une boussole vivante qui, soustraite à l'action de la terre par le voisinage d'un aimant, ne pourra plus s'orienter. Avec un petit aimant fixé sur le thorax, parallèlement au système nerveux, et de plus grande influence que le magnétisme terrestre à cause de sa proximité, l'insecte perdra sa faculté de direction. En écrivant ces lignes, je m'abrite sous l'immense renom du savant instigateur de l'idée. Venant d'un humble, comme je le suis, cela ne paraîtrait pas sérieux. L'obscurité ne peut avoir de ces audaces théoriques.

L'expérience semble facile ; elle ne dépasse pas mes moyens d'action. Essayons-la. Par la friction avec mon barreau aimanté, je convertis en aimant une très fine aiguille, dont je garde seulement la partie la plus déliée, la pointe, sur une longueur de 5 à 6 millimètres. Ce fragment est un aimant complet : il attire, il repousse une autre aiguille aimantée et suspendue à un fil. Le moyen de le fixer sur le thorax de l'insecte est un peu embarrassant. Mon aide en ce moment, l'élève en pharmacie, met à contribution tous les agglutinatifs de son officine. Le meilleur est une sorte de sparadrap qu'il prépare exprès avec un tissu très fin. Il présente l'avantage de pouvoir ère ramolli au fourneau de la pipe allumée quand viendra le moment d'opérer dans la campagne.

Je découpe dans ce sparadrap un petit carré proportionné au thorax de l'insecte, et j'engage la pointe aimantée dans quelques fils du tissu. Il suffit maintenant de ramollir un peu la glu et d'appliquer aussitôt l'objet sur le dos du Chalicodome, le tronçon d'aiguille étant dirigé suivant la longueur de l'insecte. D'autres appareils semblables sont préparés et leurs pôles reconnus, afin qu'il me soit loisible de diriger le pôle austral pour les uns vers la tête de l'animal, pour les autres vers l'extrémité opposée.

Avec mon aide, une répétition de la manœuvre est d'abord entreprise il convient de se faire un peu la main avant de tenter l'expérience au loin. D'ailleurs je tiens à reconnaître comment se comportera l'insecte sous le harnais magnétique. Je prends un Chalicodome travaillant à une cellule que je marque, et je le transporte dans mon cabinet, situé dans une autre aile de l'habitation. La machine aimantée est fixée sur le thorax, et l'insecte lâché. Aussitôt libre, l'hyménoptère se laisse choir et se roule, comme affolé, sur le parquet de l'appartement. Il reprend l'essor, se laisse retomber, tournoie sur les flancs, sur le dos, se heurte aux obstacles, bruit et se démène en des mouvements désespérés ; enfin, par la fenêtre ouverte, il fuit d'un élan impétueux.

Qu'est ceci ? L'aimant paraît agir d'une étrange façon sur le système nerveux de l'expérimenté ! Quel désordre ! quel affolement ! En perdant la tramontane sous l'influence de mes artifices, l'insecte était comme ahuri. Allons au nid, voir ce qui se passe. L'attente n'est pas longue : mon insecte revient, mais débarrassé de son attirail magnétique. Je le reconnais aux traces de glu que portent encore les poils du thorax. Il revient à sa cellule et reprend ses travaux.

Soupçonneux quand j'interroge l'inconnu, peu enclin à conclure avant d'avoir pesé le pour et le contre, je sens le doute me gagner au sujet de ce que je viens de voir. Est-ce bien l'influence magnétique qui vient de troubler si étrangement mon hyménoptère ? Lorsqu'il se démenait à outrance, s'escrimant des pattes et des ailes sur le parquet, lorsqu'il s'est enfui effaré, l'insecte subissait-il la domination de l'aimant fixé sur le thorax ? Mon engin aurait-il contrarié en son système nerveux l'influence directrice des courants terrestres ? Ou bien son affolement était-il le simple résultat d'un harnais insolite ? C'est à voir, et à l'instant.

Un autre appareil est fabriqué, mais muni d'un court fétu de paille à la place de l'aimant. L'insecte qui le porte sur le dos se roule à terre, tournoie, s'agite en désordre comme le premier, jusqu'à ce que la machine gênante soit détachée, emportant avec elle une partie de la toison du thorax. La paille produit les mêmes effets que l'aimant, c'est-à-dire que le magnétisme est hors de cause dans ce qui vient de se passer. Mon engin, dans les deux cas, est attirail incommode dont l'insecte cherche aussitôt à se débarrasser par tous les moyens à lui possibles. Attendre de lui des actes normaux tant qu'il portera sur le thorax un appareil, aimanté ou non, c'est vouloir étudier les mœurs régulières d'un chien qu'on aurait affolé en lui suspendant un vieux poêlon au bout de la queue. L'expérience de l'aimant est impraticable. Que donnerait-elle si l'animal s'y prêtait ? À mon avis, elle ne donnerait rien. Pour le retour au nid, un aimant n'aurait pas plus d'influence qu'un bout de paille.

VIII. HISTOIRE DE MES CHATS

Si la rotation est sans effet aucun pour désorienter l'insecte, quelle influence peut-elle avoir sur le chat ? La méthode de l'animal balancé dans un sac pour empêcher le retour est-elle digne de confiance ? Je l'ai cru d'abord, tant elle s'accordait avec l'idée émise par l'illustre maître, idée si pleine d'espérances. Maintenant, ma foi s'ébranle, l'insecte me fait douter du chat. Si le premier revient après avoir tourné, pourquoi le second ne reviendrait-il pas ? Me voici donc engagé dans de nouvelles recherches.

Et d'abord jusqu'à quel point le chat mérite-t-il le renom de savoir revenir au logis aimé, aux lieux de ses ébats amoureux, sur les toits et dans les greniers ? On raconte sur son instinct les faits les plus curieux, les livres d'histoire naturelle enfantine regorgent de hauts faits qui font le plus grand honneur à ses talents de pèlerin. Je tiens ces récits en médiocre estime ; ils viennent d'observateurs improvisés, sans critique, portés à l'exagération. Il n'est pas donné au premier venu de parler correctement de la bête. Lorsque quelqu'un qui n'est pas du métier me dit de l'animal : c'est noir, je commence par m'informer si par hasard ce ne serait pas blanc ; et bien des fois le fait se trouve dans la proposition renversée. On me célèbre le chat comme expert en voyages. C'est bien : regardons-le comme un inepte voyageur. J'en serais là, si je n'avais que le témoignage des livres et des gens non habitués aux scrupules de l'examen scientifique. Heureusement j'ai connaissance de quelques faits qui ne laissent aucune prise à mon scepticisme. Le chat mérite réellement sa réputation de perspicace pèlerin. Racontons ces faits.

Un jour, c'était à Avignon, parut sur la muraille du jardin un misérable chat, le poil en désordre, les flancs creux, le dos dentelé par la maigreur. Il miaulait de famine. Mes enfants, très jeunes alors, eurent pitié de sa misère. Du pain trempé dans du lait lui fut présenté au bout d'un roseau. Il accepta. Les bouchées se succédèrent si bien que, repu, il partit malgré tous les « Minet ! Minet ! » de ses compatissants amis. La faim revint et l'affamé reparut au réfectoire de la muraille. Même service de pain trempé dans du lait, mêmes douces paroles ; il se laissa tenter. Il descendit. On put lui toucher le dos. Mon Dieu ! qu'il était maigre !

Ce fut la grande question du jour. On en parlait à table ; on apprivoiserait le vagabond, on le garderait, on lui ferait une couchette de foin. C'était bien une belle affaire ! Je vois encore, je verrai toujours le conseil d'étourdis délibérant sur le sort du chat. Ils firent tant que la sauvage bête resta. Bientôt ce fut un superbe matou. Sa grosse tête ronde, ses jambes musculeuses, son pelage roux avec taches plus foncées, rappelaient un petit jaguar. On le nomma Jaunet à cause de sa couleur fauve. Une compagne lui advint plus tard, racolée dans des circonstances à peu près pareilles. Telle est l'origine de ma série de Jaunets, que je conserve, depuis tantôt une vingtaine d'années, à travers les vicissitudes de mes déménagements.

Le premier de ces déménagements eut lieu en 1870. Quelque peu avant, un ministre qui a laissé de si profonds souvenirs dans l'Université, l'excellent M. Victor Duruy, avait institué des cours pour l'enseignement secondaire des filles. Ainsi débutait, dans la mesure du possible à cette époque, la grande question qui s'agite aujourd'hui. Bien volontiers je prêtai mon humble concours à cette œuvre de lumière. Je fus chargé de l'enseignement des sciences physiques et naturelles. J'avais la foi et ne plaignais pas la peine ; aussi rarement me suis-je trouvé devant un auditoire plus attentif, mieux captivé. Les jours de leçon, c'était fête, les jours de botanique surtout, alors que la table disparaissait sous les richesses des serres voisines.

C'en était trop. Et voyez, en effet, combien noir était mon crime : j'enseignais à ces jeunes personnes ce que sont l'air et l'eau, d'où proviennent l'éclair, le tonnerre, la foudre ; par quel artifice la pensée se transmet à travers les continents et les mers au moyen d'un fil de métal ; pourquoi le foyer brûle et pourquoi nous respirons ; comment germe une graine et comment s'épanouit une fleur, toutes choses éminemment abominables aux yeux de certains, dont la flasque paupière cligne devant le jour.

Il fallait au plus vite éteindre la petite lampe, il fallait se débarrasser de l'importun qui s'efforçait de la maintenir allumée. Sournoisement on machine le coup avec mes propriétaires, vieilles filles, qui voyaient l'abomination de la désolation dans ces nouveautés de l'enseignement. Je n'avais pas avec elles d'engagement écrit, propre à me protéger. L'huissier parut avec du papier timbré. Sa prose me disait que j'avais à déménager dans les quatre semaines ; sinon, la loi mettrait mes meubles sur le pavé. Il fallut à la hâte se pourvoir d'un logis. Le hasard de la première demeure trouvée me conduisit à Orange. Ainsi s'est accompli mon exode d'Avignon.

Le déménagement des chats ne fut pas sans nous donner des soucis. Nous y tenions tous et nous nous serions fait un crime d'abandonner à la misère, et sans doute à de stupides méchancetés, ces pauvres bêtes si souvent caressées. Les jeunes et les chattes voyageront sans encombre : cela se met dans un panier, cela se tient tranquille en route ; mais pour les vieux matous, la difficulté n'est pas petite. J'en avais deux : le chef de lignée, le patriarche, et un de ses descendants, tout aussi fort que lui. Nous prendrons l'aïeul, s'il veut bien s'y prêter, nous laisserons le petit-fils en lui faisant un sort.

Un de mes amis, M. le docteur Loriol, se chargea de l'abandonné. À la tombée de la nuit, la bête lui fut portée dans une corbeille close. À peine étions-nous à table pour le repas du soir, causant de l'heureuse chance échue à notre matou, que nous voyons bondir par la fenêtre une masse ruisselant d'eau. Ce paquet informe vint se frotter à nos jambes en ronronnant de bonheur.

C'était le chat. Le lendemain je sus son histoire.

Amené chez M. Loriol, on l'enferma dans une chambre. Dès qu'il se vit prisonnier dans une pièce inconnue, le voilà qui bondit furieux sur les meubles, aux carreaux de vitre, parmi les décors de la cheminée, menaçant de tout saccager. Mme Loriol eut frayeur du petit affolé : elle se hâta d'ouvrir la fenêtre et l'animal bondit dans la rue, au milieu des passants. Quelques minutes après, il avait retrouvé sa maison. Et ce n'était pas chose aisée : il fallait traverser la ville dans une grande partie de sa largeur, il fallait parcourir un long dédale de rues populeuses, au milieu de mille périls, parmi lesquels les gamins d'abord et puis les chiens ; il fallait enfin, obstacle peut-être encore plus sérieux, franchir un cours d'eau, la Sorgue, qui passe à l'intérieur d'Avignon. Des ponts se présentaient, nombreux même, mais l'animal, tirant au plus court, ne les avait pas suivis et bravement s'était jeté à l'eau comme le témoignait sa fourrure ruisselante. J'eus pitié du matou, si fidèle au logis. Il fut convenu que tout le possible serait fait pour l'amener avec nous. Nous n'eûmes pas ce tracas : à quelques jours de là, il fut trouvé raide sous un arbuste du jardin. La vaillante bête avait été victime de quelque stupide méchanceté. On me l'avait empoisonné. Qui ? Probablement pas mes amis.

Restait le vieux. Il n'était pas là quand nous partîmes ; il courait aventures dans les greniers du voisinage. Dix francs d'étrennes furent promis au voiturier s'il m'amenait le chat à Orange, avec l'un des chargements qu'il avait encore à faire. À son dernier voyage, en effet, il l'amena dans le caisson de la voiture. Quand on ouvrit sa prison roulante, où il était enfermé depuis la veille, j'eus de la peine à reconnaître mon vieux matou. Il sortit de là un animal redoutable, au poil hérissé, aux yeux injectés de sang, aux lèvres blanchies de bave, griffant et soufflant. Je le crus enragé, et quelque temps le surveillai de près. Je me trompais : c'était l'effarement de l'animal dépaysé. Avait-il eu de graves affaires avec le voiturier au moment d'être saisi ? avait-il souffert en voyage ? L'histoire là-dessus reste muette. Ce que je sais bien, c'est que l'animal semblait perverti : plus de ronrons amicaux, plus de frictions contre nos jambes ; mais un regard assauvagi, une sombre tristesse. Les bons traitements ne purent l'adoucir. Il traîna ses misères d'un recoin à l'autre encore quelques semaines, puis un matin je le trouvai trépassé dans les cendres du foyer. Le chagrin l'avait tué, la vieillesse aidant. Serait-il revenu à Avignon s'il en avait eu la force ? Je n'oserais l'affirmer. Je trouve du moins très remarquable qu'un animal se laisse mourir de nostalgie parce que les infirmités de l'âge l'empêchent de retourner au pays.

Ce que le patriarche n'a pu tenter, un autre va le faire, avec une distance bien moindre, il est vrai. Un nouveau déménagement est résolu pour trouver à la fin des fins la tranquillité nécessaire à mes travaux. Cette fois-ci ce sera le dernier, je l'espère bien. Je quitte Orange pour Sérignan.

La famille des Jaunets s'est renouvelée : les anciens ne sont plus, de nouveaux sont venus, parmi lesquels un matou adulte, digne en tous points de ses ancêtres. Lui seul donnera des difficultés : les autres, jeunes et chattes, déménageront sans tracas. On les met dans des paniers. Le matou à lui seul occupe le sien, sinon la paix serait compromise. Le voyage se fait en voiture, en compagnie de ma famille. Rien de saillant jusqu'à l'arrivée. Extraites de leurs paniers, les chattes visitent le nouveau domicile, elles explorent une à une les pièces ; de leur nez rose, elles reconnaissent les meubles : ce sont bien leurs chaises, leurs tables, leurs fauteuils, mais les lieux ne sont pas les mêmes. Il y a de petits miaulements étonnés, des regards interrogateurs. Quelques caresses et un peu de pâtée calment toute appréhension ; et du jour au lendemain, les chattes sont acclimatées.

Avec le matou, c'est une autre affaire. On le loge dans les greniers, où il trouvera ampleur d'espace pour ses ébats ; on lui tient compagnie pour adoucir les ennuis de la captivité ; on lui monte double part d'assiettes à lécher ; de temps en temps, on le met en rapport avec quelques-uns des siens pour lui apprendre qu'il n'est pas seul dans la maison ; on a pour lui mille petits soins dans l'espoir de lui faire oublier Orange. Il paraît l'oublier en effet : le voilà doux sous la main qui le flatte, il accourt à l'appel, il ronronne, il fait le beau. C'est bien : une semaine de réclusion et de doux traitements ont banni toute idée de retour. Donnons-lui la liberté. Il descend à la cuisine, il stationne comme les autres autour de la table, il sort dans le jardin, sous la surveillance d'Aglaé qui ne le perd pas des yeux, il visite les alentours de l'air le plus innocent. Il rentre. Victoire ! le chat ne s'en ira pas.

Le lendemain : « Minet ! Minet ! … » pas de Minet. On cherche, on appelle. Rien. – Ah ! le tartufe, le tartufe ! Comme il nous a trompés ! Il est parti, il est à Orange. Autour de moi, personne n'ose croire à cet audacieux pèlerinage. J'affirme que le déserteur est en ce moment à Orange, miaulant devant la maison fermée.

Aglaé et Claire partirent. Elles trouvèrent le chat comme je l'avais dit, et le ramenèrent dans une corbeille. Il avait le ventre et les pattes crottés de terre rouge ; cependant le temps était sec, il n'y avait pas de boue. L'animal s'était donc mouillé en traversant le torrent de l'Aygues, et l'humidité de la fourrure avait retenu la poussière rouge des champs traversés. La distance en ligne droite de Sérignan à Orange est de sept kilomètres. Deux ponts se trouvent sur l'Aygues, l'un en amont, l'autre en aval de cette ligne droite, à une distance assez grande. Le chat n'a pris ni l'un ni l'autre : son instinct lui indique la ligne la plus courte, et il a suivi cette ligne comme l'indique son ventre crotté de rouge. Il a traversé le torrent en mai, à une époque où les eaux sont abondantes ; il a surmonté ses répugnances aquatiques pour revenir au logis aimé. Le matou d'Avignon en avait fait autant en traversant la Sorgue.

Le déserteur est réintégré dans le grenier de Sérignan. Il y séjourne quinze jours, et finalement on le lâche. Vingt-quatre heures ne s'étaient pas écoulées qu'il était de retour à Orange. Il fallut l'abandonner à son malheureux sort. Un voisin de mon ancienne demeure, en pleine campagne, m'a raconté l'avoir vu un jour se dérober derrière une haie avec un lapin aux dents. N'ayant plus de pâtée, lui, habitué à toutes les douceurs de la vie féline, il s'est fait braconnier, exploitant les basses-cours dans le voisinage de la maison déserte. Je n'ai plus eu de ses nouvelles. Il a mal fini sans doute : devenu maraudeur, il a dû finir en maraudeur.

La preuve est faite : à deux reprises, j'ai vu. Les chats adultes savent retrouver le logis malgré la distance et le complet inconnu des lieux à parcourir. Ils ont, à leur manière, l'instinct de mes Chalicodomes. Un second point reste à mettre en lumière, celui de la rotation dans le sac. Sont-ils désorientés par cette manœuvre, ne le sont-ils pas ? Je méditais des expériences lorsque des informations plus précises sont venues m'en démontrer l'inutilité. Le premier qui me fit connaître la méthode du sac tournant parlait d'après le récit d'un autre, qui répétait le récit d'un troisième, récit fait sur le témoignage d'un quatrième, etc. Nul n'avait pratiqué, nul n'avait vu. C'est une tradition dans les campagnes. Tous préconisent le moyen comme infaillible sans l'avoir, pour la plupart, essayé. Et la raison qu'ils donnent du succès est pour eux concluante. Si, disent-ils, ayant les yeux bandés, nous tournons quelque peu, nous ne savons plus nous reconnaître. Ainsi du chat transporté dans l'obscurité du sac qui tourne. Ils concluent de l'homme à la bête, comme d'autres concluent de la bête à l'homme, méthode vicieuse de part et d'autre s'il y a là réellement deux mondes psychiques distincts.

Pour qu'une telle croyance soit si bien ancrée dans l'esprit du paysan, il faut que des faits soient venus de temps en temps la corroborer. Mais dans les cas de succès, il est à croire que les chats dépaysés étaient des animaux jeunes, non émancipés encore. Avec ces néophytes, un peu de lait suffit pour chasser les chagrins de l'exil. Ils ne reviennent pas au logis, qu'ils aient tourné ou non dans un sac. Par surcroît de précaution, on se sera avisé de les soumettre à la pratique rotatoire ; et cette pratique a fait ainsi ses preuves au moyen de succès qui lui étaient étrangers. Ce qu'il fallait dépayser pour juger la méthode, c'était le chat adulte, le vrai matou.

Sur ce point, j'ai fini par trouver les témoignages que je désirais.

Des personnes dignes de foi, d'esprit réfléchi, aptes à démêler les choses, m'ont raconté avoir essayé la méthode du sac tournant pour empêcher les chats de revenir à la maison. Personne n'y a réussi lorsque la bête était adulte. Transporté à une grande distance, dans un autre logis, après rotation consciencieuse, l'animal revenait toujours. J'ai en mémoire surtout un ravageur des poissons rouges d'un bassin, qui, dépaysé de Sérignan à Piolenc suivant la méthode sacramentelle, revint à ses poissons ; qui, transporté dans la montagne et abandonné au fond des bois, revint encore. Le sac et la rotation restant sans effet, il fallut abattre le mécréant. J'ai recensé un nombre suffisant d'exemples analogues, tous dans de bonnes conditions. Leur témoignage est unanime : la rotation n'empêche nullement le chat adulte de revenir. La croyance populaire, qui m'avait d'abord tant séduit, est un préjugé de campagne, basé sur des faits mal observés. Il faut donc renoncer à l'idée de Darwin pour expliquer le retour aussi bien du chat que du chalicodome.

IX. LES FOURMIS ROUSSES

Le pigeon transporté à des cents lieues de distance sait retrouver son colombier ; l'hirondelle, revenant de ses quartiers d'hiver en Afrique, traverse la mer et reprend possession du vieux nid. Quel est leur guide en de si longs voyages ? Serait-ce la vue ? Un observateur de beaucoup d'esprit, dépassé par d'autres dans la connaissance de l'animal collectionné en vitrines, mais des plus experts dans la connaissance de l'animal en liberté, Toussenel, l'admirable auteur de l'Esprit des bêtes, donne pour guides au pigeon voyageur la vue et la météorologie. « L'oiseau de France, dit-il, sait par expérience que le froid vient du nord, le chaud du midi, le sec de l'est, l'humide de l'ouest. C'en est assez de connaissances météorologiques pour lui donner les points cardinaux et diriger son vol. Le pigeon transporté de Bruxelles à Toulouse dans un panier couvert n'a certes pas la possibilité de relever de l'œil la carte géographique du parcours ; mais il n'est au pouvoir de personne de l'empêcher de sentir, aux chaudes impressions de l'atmosphère, qu'il suit la route du midi. Rendu à la liberté à Toulouse, il sait déjà que la direction à suivre pour regagner son colombier est la direction du nord. Donc, il pique droit dans cette direction, et ne s'arrête que vers les parages du ciel dont la température moyenne est celle de la zone qu'il habite. S'il ne trouve pas d'emblée son domicile, c'est qu'il a trop appuyé sur la droite ou sur la gauche. En tous les cas, il n'a besoin que de quelques heures de recherche dans la direction de l'est à l'ouest pour relever ses erreurs. »

L'explication est séduisante lorsque le déplacement se fait dans la direction nord-sud ; mais elle ne peut convenir au déplacement est-ouest, sur la même isotherme. D'ailleurs, elle a le défaut de ne pouvoir se généraliser. Il ne faut pas songer à faire intervenir la vue et encore moins l'influence du climat changé, quand un chat revient au logis, d'un bout à l'autre d'une ville, et se dirige dans un dédale de rues et de ruelles qu'il voit pour la première fois. Ce n'est pas la vue non plus qui guide mes chalicodomes, surtout lorsqu'ils sont lâchés en plein bois. Leur vol peu élevé, deux ou trois mètres au-dessus du sol, ne leur permet pas de prendre un coup d'œil général de l'ensemble et de relever la carte des lieux. Qu'ont-ils besoin de topographie ? L'hésitation est courte : après quelques crochets de peu d'étendue autour de l'expérimentateur, ils partent dans la direction du nid, malgré le rideau de la forêt, malgré l'écran d'une haute chaîne de collines qu'ils franchiront en remontant la pente non loin du sol. La vue leur fait éviter les obstacles sans les renseigner sur la direction générale à suivre. La météorologie n'est pas davantage en cause : pour quelques kilomètres de déplacement, le climat n'a pas varié. L'expérience du chaud, du froid, du sec et de l'humide, n'a pas instruit mes chalicodomes : une existence de quelques semaines ne le permet pas. Et seraient-ils versés dans les points cardinaux, l'identité climatologique du point où est leur nid et du point où ils sont relâchés, laisserait indéterminée la direction à suivre. Pour expliquer tous ces mystères, on arrive donc forcément à invoquer un autre mystère, c'est-à-dire une sensibilité spéciale, refusée à la nature humaine. Ch. Darwin, dont personne ne récusera l'imposante autorité, arrive à la même conclusion. S'informer si l'animal n'est pas impressionné par les courants telluriques, s'enquérir s'il n'est pas influencé par l'étroit voisinage d'une aiguille aimantée, n'est-ce pas reconnaître une sensibilité magnétique ? Possédons-nous une faculté analogue ? Je parle du magnétisme des physiciens, bien entendu, et non du magnétisme des Mesmer et des Cagliostro. Certes nous ne possédons rien d'approchant. Qu'aurait à faire le marin de sa boussole s'il était boussole lui-même ?

Ainsi le maître l'admet : un sens spécial, si étranger à notre organisation que nous ne pouvons pas même nous en faire une idée, dirige le pigeon, l'hirondelle, le chat, le chalicodome et tant d'autres, en pays étranger. Que ce soit magnétique ou non, je ne déciderai pas, satisfait d'avoir contribué, pour une part non petite, à démontrer son existence. Un sens de plus, s'ajoutant à notre lot, quelle acquisition, quelle cause de progrès ! Pourquoi en sommes-nous privés ? C'était une belle arme et de grande utilité pour le *struggle for life*. Si, comme on le prétend, l'animalité entière, y compris l'homme, provient d'un moule unique, la cellule originelle et se transforme d'elle-même à travers les âges, favorisant les mieux doués, laissant dépérir les moins bien doués, comment se fait-il que ce sens merveilleux soit le partage de quelques humbles, et n'ait pas laissé de trace dans l'homme, le point culminant de la série zoologique ? Nos précurseurs ont été bien mal inspirés de laisser perdre un si magnifique héritage ; c'était plus précieux à garder qu'une vertèbre au coccyx, un poil à la moustache.

Si la transmission ne s'est pas faite, ne serait-ce pas faute d'une parenté suffisante ? Je soumets le petit problème aux évolutionnistes, et suis très désireux de savoir ce qu'en disent le protoplasme et le nucléus.

Ce sens inconnu est-il localisé quelque part chez les hyménoptères, s'exerce-t-il au moyen d'un organe spécial ? On songe immédiatement aux antennes. C'est aux antennes qu'on a recours toutes les fois que nous ne voyons pas bien clair dans les actes de l'insecte ; on leur accorde volontiers ce dont notre cause a besoin. Je ne manquais pas d'ailleurs d'assez bonnes raisons pour leur soupçonner la sensibilité directrice. Lorsque l'Ammophile hérissée recherche le ver gris, c'est avec les antennes, petits doigts palpant continuellement le sol, qu'elle paraît reconnaître la présence du gibier sous terre. Ces filets explorateurs, qui semblent diriger l'animal en chasse, ne pourraient-ils aussi le diriger en voyage. C'était à voir et j'ai vu.

Sur quelques Chalicodomes, j'ampute les antennes d'un coup de ciseaux, aussi près que possible. Les mutilés sont dépaysés, puis relâchés. Ils reviennent au nid avec la même facilité que les autres. Dans le temps, j'avais expérimenté d'une façon pareille avec le plus gros de nos Cerceris (*Cerceris tuberculata*) ; et le chasseur de Charançons était revenu à ses terriers. Nous voilà débarrassés d'une hypothèse : la sensibilité directrice ne s'exerce pas par les antennes. Où donc est son siège ? Je ne sais.

Ce que je sais mieux, c'est que les Chalicodomes sans antennes, s'ils reviennent aux cellules, ne reprennent pas le travail. Obstinément ils volent devant leur maçonnerie, ils se posent sur le godet de terre, ils prennent pied sur la margelle de la cellule, et là, comme pensifs et désolés, longtemps ils stationnent en contemplation devant l'ouvrage qui ne s'achèvera pas ; ils partent, ils reviennent, ils chassent tout voisin importun, sans jamais reprendre l'apport du miel ou du mortier. Le lendemain, ils ne reparaissent pas. Privé de ses outils, l'ouvrier n'a plus le cœur à l'ouvrage. Lorsque le Chalicodome maçonne, les antennes continuellement palpent, sondent, explorent et paraissent présider à la perfection du travail. Ce sont ses instruments de précision ; elles représentent le compas, l'équerre, le niveau, le fil à plomb du constructeur.

Jusqu'ici mes expériences ont uniquement porté sur des femelles, beaucoup plus fidèles au nid à cause des devoirs de la maternité. Que feraient les mâles, s'ils étaient dépaysés ? Je n'avais pas grande confiance dans ces amoureux, qui pendant quelques jours forment tumultueuse assemblée au-devant des gâteaux, attendent la sortie des femelles, s'en disputent la possession en des rixes interminables, puis disparaissent lorsque les travaux sont en pleine activité. Que leur importait, me disais-je, de revenir au gâteau natal plutôt que de s'établir ailleurs, pourvu qu'ils y trouvent à qui déclarer leur flamme ! Je me trompais : les mâles reviennent au nid. Il est vrai que, vu leur faiblesse, je ne leur ai pas imposé long voyage : un kilomètre environ. C'était néanmoins pour eux une expédition lointaine, un pays inconnu, car je ne leur vois pas faire longues excursions. De jour, ils visitent les gâteaux ou les fleurs du jardin ; de nuit, ils prennent refuge dans les vielles galeries ou dans les interstices des tas de pierres de l'harmas.

Les mêmes gâteaux sont fréquentés par deux Osmies (*Osmia tricornis* et *Osmia Latreillii*), qui construisent leurs cellules dans les galeries laissées à leur disposition par les Chalicodomes. La plus abondante est la première, l'Osmie à trois cornes. L'occasion était trop belle de s'informer un peu à quel point la sensibilité directrice se généralise chez les hyménoptères ; je l'ai mise à profit. Eh bien ! les Osmies (*Osmia tricornis*), tant mâles que femelles, savent retrouver le nid. Mes expériences ont été faites rapidement, en petit nombre, à de faibles distances ; mais elles concordaient si bien avec les autres qu'elles m'ont convaincu. En somme, le retour au nid, en y comprenant mes essais d'autrefois, a été constaté pour quatre espèces : le Chalicodome des hangars, le Chalicodome des murailles, l'Osmie à trois cornes et le Cerceris tuberculé. Dois-je généraliser sans restriction et accorder à tous les hyménoptères une faculté de se retrouver en pays inconnu ? Je me garderai bien de le faire, car voici, à ma connaissance, un résultat contradictoire, très significatif.

Parmi les richesses de mon laboratoire de l'harmas, je mets au premier rang une fourmilière de *Polyergus rufescens*, la célèbre Fourmi rousse, l'Amazone, qui fait la chasse aux esclaves. Inhabile à élever sa famille, incapable de rechercher sa nourriture, de la prendre même quand elle est à sa portée, il lui faut des serviteurs qui lui donnent la becquée et prennent soin du ménage. Les Fourmis rousses sont des voleuses d'enfants, destinés au service de la communauté. Elles pillent les fourmilières voisines, d'espèce différente ; elles en emportent chez elles les nymphes qui, bientôt écloses, deviennent, dans la maison étrangère, des domestiques zélés.

Quand arrivent les chaleurs de juin et de juillet, je vois fréquemment les Amazones sortir de leur caserne dans l'après-midi, et partir en expédition. La colonne mesure de cinq à six mètres. Si sur le trajet rien ne se montre qui mérite attention, les rangs sont assez bien conservés ; mais aux premiers indices d'une fourmilière, la tête fait halte et se déploie en une cohue tourbillonnante, que grossissent les autres arrivant à grands pas. Des éclaireurs se détachent, l'erreur est reconnue, et l'on se remet en marche. La cohorte traverse les allées du jardin, disparaît dans les gazons, reparaît plus loin, s'engage dans les amas de feuilles mortes, se remet à découvert, toujours cherchant à l'aventure. Un nid de Fourmis noires est enfin trouvé. À la hâte, les Fourmis rousses descendent dans les dortoirs où reposent les nymphes, et bientôt remontent avec leur butin. C'est alors, aux portes de la cité souterraine, une étourdissante mêlée de noires défendant leur bien et de rousses s'efforçant de l'emporter. La lutte est trop inégale pour être indécise. La victoire reste aux rousses, qui s'empressent vers leur demeure, chacune avec sa prise, une nymphe au maillot, au bout des mandibules. Pour le lecteur non au courant de ces mœurs esclavagistes, ce serait une bien curieuse histoire que celle des Amazones ; à mon grand regret, je l'abandonne : elle nous éloignerait trop du sujet à traiter, savoir le retour au nid.

La distance où se transporte la colonne voleuse de nymphes est variable, et dépend de l'abondance du voisinage en Fourmis noires. Dix à vingt pas quelquefois suffisent ; en d'autres moments, il en faut cinquante, cent et au-delà. Une seule fois, j'ai vu l'expédition se faire hors du jardin. Les Amazones escaladèrent le mur d'enceinte, élevé de quatre mètres en ce point, le franchirent et s'en allèrent un peu plus loin dans un champ de blé. Quant à la voie suivie, elle est indifférente à la colonne en marche. Le sol dénudé, le gazon épais, les amas de feuilles mortes, le tas de pierre, la maçonnerie, les massifs d'herbages, sont franchis sans préférence marquée pour une nature de chemin plutôt que pour une autre.

Ce qu'il y a de rigoureusement déterminé, c'est la voie de retour, qui suit dans toutes ses sinuosités, dans tous ses passages, jusqu'aux plus difficiles, la piste de l'aller. Chargées de leur butin, les Fourmis rousses reviennent au nid par le trajet, souvent fort compliqué, qu'ont fait adopter les éventualités de la chasse. Elles repassent où elles ont d'abord passé ; et c'est pour elles nécessité si impérieuse, qu'un surcroît de fatigue, qu'un péril très grave même, ne fait pas modifier la piste.

Elles viennent, je suppose, de traverser un épais amas de feuilles mortes, pour elles passage plein d'abîmes, où des chutes à tout instant se répètent, où beaucoup s'exténuent pour remonter des bas-fonds, gagner les hauteurs sur des ponts branlants et se dégager enfin du dédale de ruelles. N'importe : à leur retour elles ne manqueront pas, bien qu'appesanties par leur charge, de traverser encore le pénible labyrinthe. Pour éviter tant de fatigue, que leur faudrait-il ? Se dévier un peu du premier trajet, car le bon chemin est là, tout uni, à peine à un pas de distance. Ce petit écart n'entre pas dans leurs vues.

Je les surpris un jour allant en razzia et défilant sur le bord interne de la maçonnerie du bassin, où j'ai remplacé la vieille population batracienne par une population de poissons rouges. La bise soufflait très fort et, prenant en flanc la colonne, précipitait des rangs entiers dans les eaux. Les poissons étaient accourus ; ils faisaient galerie et gobaient les noyés. Le pas était difficile ; avant de l'avoir franchi, la colonne se trouvait décimée. Je m'attendais à voir le retour s'effectuer par un autre chemin, qui contournerait le fatal précipice. Il n'en fut rien. La bande chargée de nymphes reprit la périlleuse voie, et les poissons rouges eurent double chute de manne : les fourmis et leur prise. Plutôt que de modifier sa piste, la colonne fut décimée une seconde fois.

La difficulté de retrouver le domicile après une expédition lointaine, à capricieux détours, rarement les mêmes dans les diverses sorties, impose certainement aux Amazones cette retraite par la voie suivie en allant. S'il ne veut s'égarer en route, l'insecte n'a pas le choix du chemin : il doit rentrer chez lui par le sentier qui lui est connu et qu'il vient récemment de parcourir. Lorsqu'elles sortent de leur nid et vont sur une autre branche, sur un autre arbre, chercher feuillée mieux à leur goût, les Chenilles processionnaires tapissent de soie le trajet, et c'est en suivant les fils tendus en route qu'elles peuvent revenir à leur domicile. Voilà la méthode la plus élémentaire que puise employer l'insecte exposé à s'égarer dans ses excursions : une route de soie le ramène chez lui. Avec les Processionnaires et leur naïve voirie, nous sommes bien loin des Chalicodomes et autres, qui ont pour guide une sensibilité spéciale.

L'Amazone, quoique de la gent hyménoptère, n'a, elle aussi, que des moyens de retour assez bornés, comme le témoigne la nécessité où elle est de revenir par sa récente piste. Imiterait-elle, dans une certaine mesure, la méthode des Processionnaires ; c'est-à-dire laisserait-elle sur la voie, non des fils conducteurs puisqu'elle n'est pas outillée pour pareil travail, mais quelque émanation odorante, par exemple quelque fumet formique, qui lui permettrait de se guider par le sens olfactif ? On s'accorde assez dans cette manière de voir.

Les Fourmis, dit-on, sont guidées par l'odorat ; et cet odorat paraît avoir pour siège les antennes, que l'on voit en continuelle agitation. Je me permettrai de ne pas montrer un vif empressement pour cet avis. D'abord, je me méfie d'un odorat ayant pour siège les antennes ; j'en ai donné plus haut les motifs ; et puis, j'espère démontrer expérimentalement que les fournis rousses ne sont pas guidées par une odeur.

Épier la sortie de mes Amazones, des après-midi entières, et fort souvent sans succès, me prenait trop de temps. Je m'adjoignis un aide, dont les heures étaient moins occupées que les miennes. C'était ma petite-fille Lucie, espiègle qui prenait intérêt à ce que je lui racontais sur les Fourmis. Elle avait assisté à la grande bataille des rousses et des noires ; elle était restée toute pensive devant le rapt des enfants au maillot. Bien endoctrinée sur ses hautes fonctions, toute fière de travailler déjà, elle si petite, pour cette grande dame, la Science, Lucie parcourait donc le jardin lorsque le temps paraissait favorable, et surveillait les Fourmis rousses, dont elle avait mission de reconnaître soigneusement le trajet jusqu'à la fourmilière pillée. Son zèle avait fait ses preuves, je pouvais y compter. Un jour, à la porte de mon cabinet, tandis que j'alignais ma prose quotidienne :

« Pan ! pan ! C'est moi, Lucie. Viens vite : les rousses sont entrées dans la maison des noires. Viens vite !

– Et sais-tu bien le chemin suivi ?

– Je le sais ; je l'ai marqué.

– Comment ? Marqué et de quelle manière ?

– J'ai fait comme le Petit Poucet : j'ai semé des petits cailloux blancs sur la route. »

J'accourus. Les choses s'étaient passées comme venait de me le dire ma collaboratrice de six ans. Lucie avait fait à l'avance sa provision de petites pierres, et voyant le bataillon des fourmis sortir de la caserne, elle l'avait suivi pas à pas en déposant de distance en distance ses pierres sur le trajet parcouru. Les Amazones commençaient à revenir de la razzia suivant la ligne des cailloux indicateurs. La distance au nid était d'une centaine de pas, ce qui me donnait le temps d'opérer en vue d'une expérience méditée à loisir.

Je m'arme d'un fort balai et je dénude la piste sur une largeur d'un mètre environ. Les matériaux poudreux de la surface sont ainsi enlevés, renouvelés par d'autres. S'ils sont imprégnés de quelque émanation odorante, leur absence déroutera les fourmis. Je coupe de la sorte la voie en quatre points différents, espacés de quelques pas.

Voici que la colonne arrive à la première coupure. L'hésitation des fourmis est évidente. Il y en a qui rétrogradent, puis reviennent pour rétrograder encore ; d'autres errent sur le front de la section ; d'autres se dispersent latéralement et semblent chercher à contourner le pays inconnu. La tête de la colonne, resserrée d'abord dans une étendue de quelques décimètres, s'éparpille maintenant sur trois à quatre mètres de largeur. Mais les arrivants se multiplient devant l'obstacle ; ils se massent, ils forment cohue indécise. Enfin quelques fourmis s'aventurent sur la bande balayée et les autres suivent, tandis qu'un petit nombre a repris en avant la piste au moyen d'un détour. Aux autres coupures, mêmes hésitations ; elles sont néanmoins franchies soit directement, soit latéralement. Malgré mes embûches, le retour au nid s'effectue, et par la voie des petits cailloux.

L'expérience semble plaider en faveur de l'odorat. À quatre reprises, il y a des hésitations manifestes partout où la voie est coupée. Si le retour se fait néanmoins sur la piste de l'aller, cela peut tenir au travail inégal du balai, qui a laissé en place des parcelles de l'odorante poussière. Les fourmis qui ont contourné la partie balayée peuvent avoir été guidées par les déblais rejetés latéralement. Avant de se prononcer pour ou contre l'odorat, il convient donc de recommencer l'expérience dans des conditions meilleures, il convient d'enlever radicalement toute matière odorante.

Quelques jours après, mon plan bien arrêté, Lucie se remet en observation et ne tarde pas à m'annoncer une sortie. J'y comptais, car les Amazones manquent rarement d'aller en expédition dans les après-midi lourdes et chaudes de juin et de juillet, surtout si le temps fait menace de devenir orageux. Les cailloux du Petit Poucet jalonnent encore le trajet, sur lequel je choisis le point le plus favorable à mes desseins.

Un tuyau de toile servant à l'arrosage du jardin est fixé à l'une des prises d'eau du bassin ; la vanne est ouverte, et la route des fourmis se trouve coupée par un torrent continu de la largeur d'un bon pas et d'une longueur illimitée. La nappe d'eau coule d'abord abondante et rapide, afin de bien laver le sol et de lui enlever tout ce qui pourrait être odorant. Ce lavage à grande eau dure près d'un quart d'heure puis, quand les fourmis s'approchent, revenant du butin, je diminue la vitesse d'écoulement et réduis l'épaisseur de la nappe liquide pour ne pas outrepasser les forces de l'insecte. Voilà l'obstacle que les Amazones doivent franchir, s'il leur est absolument nécessaire de suivre la première piste.

Ici l'hésitation est longue, les traînards ont le temps de rejoindre la tête de la colonne. Cependant on s'engage dans le torrent à la faveur de quelques graviers exondés ; puis le fond manque, et le courant entraîne les plus téméraires, qui, sans lâcher leur prise, s'en vont à la dérive, échouent sur quelque haut-fond, regagnent la rive et recommencent leurs recherches d'un gué. Quelques fétus de paille apportés par les eaux s'arrêtent çà et là : ce sont des ponts branlants où les fourmis s'engagent. Des feuilles sèches d'olivier deviennent des radeaux avec cargaison de passagers. Les plus vaillants, un peu par leurs propres manœuvres, un peu par d'heureuses chances, gagnent, sans intermédiaires, la rive opposée. J'en vois qui, entraînés par le courant à deux ou trois pas de distance, sur l'un et l'autre rivage, semblent fort soucieux de ce qu'ils ont à faire. Au milieu de ce désordre de l'armée en déroute, au milieu des périls de la noyade, aucun ne lâche son butin. Il s'en garderait bien : plutôt la mort. Bref, le torrent est franchi tant bien que mal, et cela par la piste réglementaire.

L'odeur de la voie ne peut être en cause, ce me semble, après l'expérience du torrent, qui a lavé le sol quelque temps à l'avance et qui d'ailleurs renouvelle ses eaux tant que dure la traversée. Examinons maintenant ce qui se passera lorsque l'odeur formique, s'il y en a une sur la piste, en effet, sera remplacée par une autre incomparablement plus forte, et sensible à notre odorat, tandis que la première ne l'est pas, du moins dans les conditions que je discute ici.

Une troisième sortie est épiée, et sur un point de la voie suivie, le sol est frotté avec quelques poignées de menthe que je viens de couper à l'instant dans une plate-bande. Avec le feuillage de la même plante, je recouvre la piste un peu plus loin. Les fourmis, revenant, traversent, sans paraître préoccupées, la zone frictionnée ;

elles hésitent devant la zone jonchée de feuilles, puis passent outre.

Après ces deux expériences, celle du torrent qui lessive le sol, celle de la menthe qui en change l'odeur, il n'est plus permis, je crois, d'invoquer l'odorat comme guide des fourmis rentrant au nid par la voie suivie au départ. D'autres épreuves achèveront de nous renseigner.

Sans rien toucher au sol, j'étale maintenant en travers de la piste d'amples feuilles de papier, des journaux que je maintiens avec quelques petites pierres. Devant ce tapis, qui change complètement l'aspect de la route sans rien lui enlever de ce qui pourrait être odorant, les fourmis hésitent encore plus que devant tous mes autres artifices, même le torrent. Il leur faut des essais multipliés, des reconnaissances sur les côté, des tentatives en avant et des reculs réitérés, avant de se hasarder en plein sur la zone inconnue. La bande de papier est enfin franchie et le défilé reprend comme d'habitude.

Une autre embûche attend plus loin les Amazones. J'ai coupé la piste par une mince couche de sable jaune, le terrain lui-même étant grisâtre. Ce changement de coloration suffit seul pour dérouter un moment les fourmis, qui renouvellent ici, mais moins prolongées, leurs hésitations devant la zone de papier. Finalement, l'obstacle est franchi comme les autres.

Ma bande de sable et ma bande de papier n'ayant pas dissipé les effluves odorants dont la piste pourrait être imprégnée, il est d'évidence que, puisque les mêmes hésitations, les mêmes arrêts se reproduisent, ce n'est pas l'olfaction qui fait retrouver leur chemin aux fourmis, mais bel et bien la vue, car toutes les fois que je modifie l'aspect de la piste d'une façon quelconque, par les érosions du balai, le flux de l'eau, la verdure de menthe, le tapis de papier, le sable d'une autre couleur que le sol, la colonne de retour fait halte, hésite et cherche à se rendre compte des changements survenus. Oui, c'est la vue, mais une vue très myope pour laquelle quelques graviers déplacés changent l'horizon. Pour cette courte vue, une bande de papier, un lit de feuilles de menthe, une couche de sable jaune, un filet d'eau, un labour par le balai, et des modifications moindres encore, transforment le paysage ; et le bataillon, pressé de rentrer au plus vite avec son butin, s'arrête anxieux devant ces parages inconnus. Si ces zones douteuses sont enfin franchies, c'est que, les tentatives se multipliant à travers les bandes modifiées, quelques fourmis finissent par reconnaître, au-delà, des points qui leur sont familiers. Sur la foi de ces clairvoyantes, les autres suivent.

La vue serait insuffisante si l'Amazone n'avait en même temps à son service la mémoire précise des lieux. La mémoire d'une fourmi ! Qu'est-ce que cela pourrait bien être ? En quoi ressemble-t-elle à la nôtre ? À ces questions, je n'ai pas de réponse ; mais quelques lignes me suffiront pour démontrer que l'insecte a le souvenir assez tenace et très exact des lieux qu'il a une fois visités. Voici ce dont j'ai été témoin à bien des reprises. Il arrive parfois que la fourmilière pillée offre aux Amazones un butin supérieur à celui que la colonne expéditionnaire peut emporter. Ou bien encore la région visitée est riche en fourmilières. Une autre razzia serait nécessaire pour exploiter à fond l'emplacement. Alors une seconde expédition a lieu, tantôt le lendemain, tantôt deux ou trois jours plus tard. Cette fois, la colonne ne cherche plus en route, elle va droit au gîte fertile en nymphes, et elle s'y rend exactement par la même voie déjà suivie. Il m'est arrivé d'avoir jalonné avec de petites pierres, sur une longueur d'une vingtaine de mètres, le chemin suivi une paire de jours avant, et de surprendre les Amazones en expédition par la même route, pierre par pierre. Elles vont passer par ici, elles vont passer par là, me disais-je d'après les cailloux de repère ; et, en effet, elles passaient ici, elles passaient là, longeant ma pile de cailloux, sans écart notable.

À plusieurs jours d'intervalle, est-il permis d'admettre la persistance d'émanations odorantes répandues sur le trajet ? Nul ne l'oserait. C'est donc bien la vue qui guide les Amazones, la vue servie par la mémoire des lieux. Et cette mémoire est tenace jusqu'à conserver l'impression le lendemain et plus tard ; elle est d'une fidélité scrupuleuse car elle conduit la colonne par le même sentier que la veille, à travers les accidents si variés du terrain.

Si les lieux lui sont inconnus, comment se comportera l'Amazone ? Outre la mémoire topographique, qui ne peut ici lui servir, la région où je la suppose étant encore inexplorée, la fourmi posséderait-elle la faculté directrice du Chalicodome, au moins dans de modestes limites, et pourrait-elle ainsi regagner sa fourmilière ou sa colonne en marche ?

Toutes les parties du jardin ne sont pas également visitées par la légion pillarde ; la partie nord est exploitée de préférence, les razzias y étant sans doute plus fructueuses. C'est donc au nord de leur caserne que les Amazones dirigent d'habitude leurs caravanes ; très rarement, je les surprends au sud. Cette partie du jardin leur est donc, sinon totalement inconnue, du moins bien moins familière que l'autre. Cela dit, voyons la conduite de la fourmi dépaysée.

Je me tiens au voisinage de la fourmilière ; et quand la colonne revient de la chasse aux esclaves, je fais engager une fourmi sur une feuille morte que je lui présente. Sans la toucher, je la transporte ainsi à deux ou trois pas seulement de son bataillon, mais dans la direction sud. Cela suffit pour la dépayser, pour la désorienter totalement. Je vois l'Amazone, remise à terre, errer à l'aventure, toujours le butin entre les mandibules bien entendu ; je la vois s'éloigner en toute hâte de ses compagnes, croyant les rejoindre ; je la vois revenir sur ses pas, s'écarter de nouveau, essayer à droite, essayer à gauche, tâtonner dans une foule de directions sans parvenir à se retrouver. Ce belliqueux négrier, à la forte mâchoire, est perdu à deux pas de sa bande. Il me reste en mémoire quelques-uns de ces égarés qui, après une demi-heure de recherches, n'avaient pu regagner la voie et s'en éloignaient de plus en plus, toujours la nymphe aux dents. Que devenaient-ils, que faisaient-ils de leur butin ? Je n'ai pas eu la patience de suivre jusqu'au bout ces stupides pillards.

Répétons l'expérience mais en déposant l'Amazone dans la région nord. Après des hésitations plus ou moins longues, des recherches tantôt dans une direction et tantôt dans une autre, la fourmi parvient à retrouver sa colonne. Les lieux lui sont connus.

Voilà certes un hyménoptère totalement privé de cette sensibilité directrice dont jouissent d'autres hyménoptères. Il a pour lui la mémoire des lieux et plus rien. Un écart de deux à trois de nos pas suffit pour lui faire perdre la voie et l'empêcher de revenir parmi les siens ; tandis que des kilomètres, à travers des parages inconnus, ne mettent pas en défaut le Chalicodome. Je m'étonnais tantôt que l'homme fût privé d'un sens merveilleux, apanage de quelques animaux. La distance énorme entre les deux termes comparés pouvait fournir matière à discussion. Maintenant cette distance n'existe plus : il s'agit de deux insectes très voisins, de deux hyménoptères. Pourquoi, s'ils sortent du même moule, l'un a-t-il un sens que l'autre n'a pas, un sens de plus, caractère bien autrement dominateur que les détails de l'organisation ? J'attendrai que les transformistes veuillent bien m'en donner raison valable.

Cette mémoire des lieux, dont je viens de reconnaître la ténacité et la fidélité, à quel point est-elle souple pour retenir l'impression ? Faut-il à l'Amazone des voyages réitérés pour savoir sa géographie ; ou bien une seule expédition lui suffit-elle ? Du premier coup, la ligne suivie et les lieux visités sont-ils gravés dans le souvenir ? La Fourmi rousse ne se prête pas aux épreuves qui donneraient la réponse : l'expérimentateur ne peut décider si la voie où la colonne expéditionnaire s'engage est parcourue pour la première fois ; et puis il n'est pas en son pouvoir de faire adopter par la légion tel ou tel autre chemin. Quand elles sortent pour piller les fourmilières, les Amazones se dirigent à leur guise, et leur défilé ne souffre pas notre intervention. Adressons-nous alors à d'autres hyménoptères.

Je choisis les Pompiles, dont les mœurs seront étudiées en détail dans un autre chapitre. Ce sont des chasseurs d'araignées et des fouisseurs de terriers. Le gibier, nourriture de la future larve, est d'abord capturé et paralysé ; la demeure est ensuite creusée. Comme la lourde proie serait grave embarras pour l'hyménoptère en recherche d'un emplacement propice, l'araignée est déposée en haut lieu, sur une touffe d'herbe ou de broussailles, à l'abri des maraudeurs, fourmis surtout, qui pourraient détériorer la précieuse pièce en l'absence du légitime possesseur. Son butin établi sur l'élévation de verdure, le Pompile cherche un lieu favorable et y creuse son terrier. Pendant le travail d'excavation, il revient de temps à autre à son araignée ; il la mordille un peu, il la palpe comme pour se féliciter de la copieuse victuaille ; puis il retourne à son terrier, qu'il fouille plus avant. Si quelque chose l'inquiète, il ne se borne pas à visiter son araignée : il la rapproche aussi un peu de son chantier de travail, mais en la déposant toujours sur la hauteur d'une touffe de verdure. Voilà les manœuvres dont il me sera facile de tirer parti pour savoir jusqu'à quel point la mémoire du Pompile est flexible.

Pendant que l'hyménoptère travaille au terrier, je m'empare du gibier et le mets en lieu découvert, distant d'un demi-mètre de la première station. Bientôt le Pompile quitte le trou pour s'enquérir de sa proie, et va droit au point où il l'avait laissée. Cette sûreté de direction, cette fidélité dans la mémoire des lieux peuvent s'expliquer par des visites antérieures et réitérées. J'ignore ce qui s'est passé avant. Ne tenons compte de cette première expédition ; les autres seront plus concluantes. Pour le moment, le Pompile retrouve, sans hésitation aucune, la touffe d'herbe où gisait sa proie. Alors marches et contre-marches dans cette touffe, explorations minutieuses, retours fréquents au point même où l'araignée avait été déposée. Enfin, convaincu qu'elle n'est plus là, l'hyménoptère arpente les environs, à pas lents, les antennes palpant le sol. L'araignée est aperçue sur le point découvert où je l'avais mise. Surprise du Pompile, qui s'avance, puis brusquement recule avec un haut-le-corps. Est-ce vivant ? Est-ce mort ? Est-ce bien là mon gibier ? semble-t-il se dire. Méfions-nous !

L'hésitation n'est pas longue : le chasseur happe l'araignée et l'entraîne à reculons, pour la déposer, toujours en haut lieu, sur une seconde touffe de verdure, distante de la première de deux à trois pas. Ensuite il revient au terrier, où quelque temps il fouille. Pour la seconde fois, je déplace l'araignée, que je dépose à quelque distance, en terrain nu. C'est le moment pour apprécier la mémoire du Pompile. Deux touffes de gazon ont servi de reposoir provisoire au gibier. La première, où il est revenu avec tant de précision, l'insecte pouvait la connaître par un examen un peu approfondi, par des visites réitérées qui m'échappent ; mais la seconde n'a fait certainement en sa mémoire qu'une impression superficielle. Il l'a adoptée sans aucun choix étudié ; il s'y est arrêté tout juste le temps nécessaire pour hisser son araignée au sommet ; il l'a vue pour la première fois, et il l'a vue à la hâte, en passant. Ce rapide coup d'œil suffira-t-il pour en garder exact souvenir ? D'ailleurs, dans la mémoire de l'insecte, deux localités peuvent maintenant se brouiller ; le premier reposoir peut être confondu avec le second. Où ira le Pompile ?

Nous allons le savoir : le voici quittant le terrier pour une nouvelle visite à l'araignée. Il accourt tout droit à la seconde touffe, où il cherche longtemps sa proie absente. Il sait très bien qu'elle était là, en dernier lieu, et non ailleurs ; il persiste à l'y chercher sans une seule fois s'aviser de revenir au premier reposoir. La première touffe de gazon ne compte plus pour lui, la seconde seule le préoccupe. Puis commencent des recherches aux environs.

Son gibier retrouvé sur le point dénudé où je l'avais mis moi-même, l'hyménoptère dépose rapidement l'araignée sur une troisième touffe de gazon, et l'épreuve recommence. Cette fois, c'est à la troisième touffe que le Pompile accourt sans hésitation, sans la confondre nullement avec les deux premières, qu'il dédaigne de visiter, tant sa mémoire est sûre. Je continue de la même façon une paire de fois encore, et l'insecte revient toujours au dernier reposoir, sans se préoccuper des autres. Je reste émerveillé de la mémoire de ce myrmidon. Il lui suffit d'avoir vu une fois, à la hâte, un point qui ne diffère en rien d'une foule d'autres, pour se le rappeler très bien, malgré sa préoccupation de mineur, acharné à son travail sous terre. Notre mémoire pourrait-elle toujours rivaliser avec la sienne ? C'est fort douteux. Accordons à la Fourmi rousse une mémoire pareille, et ses pérégrinations, ses retours au logis par la même voie n'auront plus rien d'inexplicable.

Des épreuves de ce genre m'ont fourni quelques autres résultats dignes de mention. Quand il est convaincu, par des explorations difficiles à lasser, que l'araignée n'est plus sur la touffe où il l'avait déposée, le Pompile, disons-nous, la recherche dans le voisinage et la retrouve assez aisément, car j'ai soin de la placer moi-même en lieu découvert. Augmentons un peu la difficulté. Du bout du doigt, je fais une empreinte sur le sol, et au fond de la petite cavité, je dépose l'araignée, que je recouvre d'une mince feuille. Or, il arrive à l'hyménoptère, en quête de son gibier égaré, de traverser cette feuille, d'y passer et d'y repasser sans avoir soupçon que l'araignée est dessous, car il va plus loin continuer ses vaines recherches. Ce n'est donc pas l'odorat qui le guide, mais bien la vue. De ses antennes pourtant il palpe sans cesse le sol. Quel peut être le rôle de ces organes ? Je l'ignore, tout en affirmant que ce ne sont pas des organes olfactifs. L'Ammophile, en quête de son ver gris, m'avait déjà conduit à la même affirmation ; j'obtiens maintenant une démonstration expérimentale qui me semble décisive. J'ajoute que le Pompile a la vue très courte : souvent il passe à une paire de pouces de son araignée sans l'apercevoir.

X. FRAGMENTS SUR LA PSYCHOLOGIE DE L'INSECTE

Le *laudator temporis acti* est malvenu : le monde marche. Oui, mais quelquefois à reculons. En mon jeune temps, dans des livres de quatre sous, on nous enseignait que l'homme est un animal raisonnable ; aujourd'hui, dans de savants volumes, on nous démontre que la raison humaine n'est qu'un degré plus élevé sur une échelle dont la base descend jusque dans les bas-fonds de l'animalité. Il y a le plus et le moins, il y a tous les échelons intermédiaires, mais nulle part de brusque solution de continuité. Cela commence par zéro dans la glaire d'une cellule, et cela s'élève jusqu'au puissant cerveau d'un Newton. La noble faculté dont nous étions si fiers est un apanage zoologique. Tous en ont leur part, grande ou petite, depuis l'atome animé jusqu'à l'anthropoïde, la hideuse caricature de l'homme.

Il m'a toujours paru que cette théorie égalitaire faisait dire aux faits ce qu'ils ne disaient pas ; il m'a paru que, pour obtenir la plaine, on abaissait la cime, l'homme, et l'on exhaussait la vallée, l'animal. À ce nivellement, je désirerais quelques preuves ; et n'en trouvant pas dans les livres, ou n'en trouvant que de douteuses, très sujettes à discussion, j'observe moi-même pour me former une conviction, je cherche, j'expérimente.

Pour parler sûrement, il convient de ne pas sortir de ce que l'on sait bien. Je commence à connaître passablement l'insecte depuis une quarantaine d'années que je le fréquente. Interrogeons l'insecte, non le premier venu, mais le mieux doué, l'hyménoptère. Je fais la part belle à mes contradicteurs. Où trouver l'animal plus riche de talents ? Il semble qu'en le créant, la nature s'est complu à donner la plus grande somme d'industrie à la moindre masse de matière. L'oiseau, le merveilleux architecte, peut-il comparer son travail avec l'édifice de l'Abeille, ce chef-d'œuvre de haute géométrie ? L'homme lui-même trouve en lui des émules. Nous bâtissons des villes, l'hyménoptère construit des cités ; nous avons des serviteurs, il a les siens ; nous élevons des animaux domestiques, il élève ses animaux à sucre ; nous parquons des troupeaux, il parque ses vaches laitières, les pucerons ; nous avons renoncé aux esclaves, lui continue sa traite des noirs.

Eh bien ! ce raffiné, ce privilégié, raisonne-t-il ? Lecteur, contenez votre sourire : c'est ici chose très grave, bien digne de nos méditations. S'occuper de la bête, c'est agiter l'interrogation qui nous tourmente : Que sommes-nous ? D'où venons-nous ? Donc, que se passe-t-il dans ce petit cerveau d'hyménoptère ? Y a-t-il là des facultés sœurs des nôtres, y a-t-il une pensée ? Quel problème, si nous pouvions le résoudre ; quel chapitre de psychologie, si nous pouvions l'écrire ! Mais à nos premières recherches, le mystérieux va se dresser, impénétrable, soyons-en convaincus. Nous sommes incapables de nous connaître nous-mêmes ; que sera-ce si nous voulons sonder l'intellect d'autrui ? Tenons-nous pour satisfaits si nous parvenons à glaner quelques parcelles de vérité.

Qu'est-ce que la raison ? La philosophie nous en donnerait des définitions savantes. Soyons modestes, tenons-nous-en au plus simple : il ne s'agit que de la bête. La raison est la faculté qui rattache l'effet à sa cause, et dirige l'acte en le conformant aux exigences de l'accidentel. Dans ces limites, l'animal est-il apte à raisonner ; sait-il à un *pourquoi* associer un *parce que* et se comporter après en conséquence ; sait-il devant un accident changer sa ligne de conduite ?

L'histoire est peu riche en documents propres à nous guider en cette question ; et ceux qu'on trouve épars dans les auteurs peuvent rarement supporter un sévère examen. L'un des plus remarquables que je connaisse est fourni par Érasme Darwin, dans son livre *Zoonomia.* Il s'agit d'une Guêpe qui vient de capturer et de tuer une grosse mouche. Le vent souffle, et le chasseur embarrassé dans son essor par la trop grande surface du gibier, met pied à terre pour amputer le ventre, la tête et puis les ailes ; il part emportant le seul thorax, qui donne moins de prise au vent. À s'en tenir au fait brut, il y a bien là, j'en conviens, apparence de raison. La Guêpe paraît saisir le rapport de l'effet à la cause. L'effet, c'est la résistance éprouvée dans l'essor ; la cause, c'est l'étendue de la proie aux prises avec l'air. Conclusion très logique : il faut diminuer cette étendue, retrancher l'abdomen, la tête, les ailes surtout, et la résistance s'amoindrira.[1]

1 J'effacerais volontiers, si j'en avais la possibilité, quelques lignes un peu vives que je me suis permises dans le premier volume de ces Souvenirs ; mais *scripta manent,* et je ne peux que réparer ici, dans une note, l'erreur où je suis tombé. Sur la foi de Lacordaire, qui, dans son introduction à l'Entomologie, rapporte l'observation d'Erasme Darwin, je croyais qu'un Sphex était donné comme le héros de l'histoire.

Mais cet enchaînement d'idées, si rudimentaire qu'il soit, se fait-il en réalité dans l'intellect de l'insecte ? Je suis convaincu du contraire, et mes preuves sont sans répliques. Dans le premier volume de ces *Souvenirs*, j'ai démontré expérimentalement que la Guêpe d'Érasme Darwin ne faisait qu'obéir à son intellect habituel, qui est de dépecer le gibier saisi et de ne garder que la partie la plus nutritive, le thorax. Que le temps soit parfaitement calme ou que le vent souffle, dans l'abri d'un épais fourré comme en plein air, je vois l'hyménoptère procéder au triage de l'aride et du succulent : je le vois rejeter les pattes, les ailes, la tête, le ventre, et ne garder que la poitrine pour la marmelade destinée aux larves. Que signifie alors ce dépècement en faveur de la raison, lorsque le vent souffle ? Il ne signifie rien du tout, car il aurait également lieu dans un calme parfait. Érasme Darwin s'est trop pressé dans sa conclusion, produit des vues de son esprit et nullement de la logique des choses. S'il s'était au préalable informé des habitudes de la Guêpe, il n'aurait pas donné comme argument sérieux un fait sans rapport aucun avec la grave question de la raison des bêtes.

Je suis revenu sur cet exemple pour montrer à quelles difficultés se heurte celui qui se borne à des observations fortuites, seraient-elles faites avec soin. Il ne convient pas de compter sur un heureux hasard, unique peut-être. Il faut multiplier les observations, les contrôler l'une par l'autre ; il faut provoquer les faits, s'enquérir de ceux qui suivent, démêler leur enchaînement ; alors, seulement alors, et avec beaucoup de réserve, il est permis d'émettre quelques vues dignes de foi. Je ne trouve nulle part des documents recueillis dans des conditions pareilles ; aussi, malgré tout mon désir, m'est-il impossible d'étayer, sur le témoignage d'autrui, le peu

---

Pouvais-je faire autrement, n'ayant pas d'autre livre sous les yeux ; pouvais-je soupçonner qu'un entomologiste de ce mérite fût capable d'une méprise qui remplace une Guêpe par un Sphex. Avec ces données, ma perplexité fut grande. Un Sphex capturant une mouche, c'était impossible, et je le reprochais à l'historien. Qu'avait donc vu le savant anglais ! La logique aidant, j'affirmais que c'était une Guêpe, et je ne pouvais rencontrer plus juste. Ch. Darwin, en effet, m'apprit plus tard que son grand-père avait dit *a wasp*, dans son livre *Zoonomia*. Si la rectification honorait ma perspicacité, elle ne m'était pas moins très pénible, car j'avais émis des soupçons sur la clairvoyance de l'observateur, soupçons injustes où m'avait entraîné l'infidélité du traducteur. Que cette note remette dans les limites convenables les affirmations de ma bonne foi surprise. Je fais hardiment la guerre aux idées que je crois fausses ; mais Dieu me garde de le faire jamais à ceux qui les soutiennent.

que j'ai reconnu moi-même.

Mes Chalicodomes, avec leurs nids appendus aux parois du porche dont j'ai parlé, se prêtaient à l'expérimentation suivie mieux que tout autre hyménoptère. Je les avais là, dans ma demeure, sous mes yeux à toute heure du jour, aussi longtemps que je le désirais. Il m'était loisible d'en suivre les actes dans tous leurs détails et de conduire à bonne fin une épreuve si longue qu'elle fût ; leur nombre d'ailleurs me permettait de renouveler mes essais jusqu'à parfaite conviction. Les Chalicodomes me fourniront donc encore les matériaux de ce chapitre.

Quelques mots sur les travaux avant de commencer. Le Chalicodome des hangars utilise d'abord les vieilles galeries du gâteau de terre, galeries dont il abandonne débonnairement une partie à deux Osmies, ses gratuits locataires : l'Osmie à trois cornes et l'Osmie de Latreille. Ces vieux corridors, qui épargnent le travail, sont recherchés ; mais il n'y en a pas beaucoup de libres, les Osmies plus précoces étant déjà maîtresses de la plupart ; aussi commence bientôt la construction de nouvelles cellules, maçonnées à la surface du gâteau, qui de la sorte augmente chaque année en épaisseur. L'édifice cellulaire n'est pas bâti en une seule fois : le mortier et le miel alternent à diverses reprises. La maçonnerie débute par une sorte de petit nid d'hirondelle, par un demi-godet dont l'enceinte se complète par la paroi lui servant d'appui. Figurons-nous une cupule de gland partagée en deux et soudée à la surface du gâteau ; voilà le récipient assez avancé pour un commencement d'apport de miel.

L'abeille alors laisse le mortier et s'occupe de la récolte. Après quelques voyages d'approvisionnement, le travail de maçonnerie recommence, et de nouvelles assises exhaussent les bords du godet, qui devient apte à recevoir provisions plus abondantes. Puis, nouveau changement de métier ; le maçon se fait récolteur. Un peu plus tard, le récolteur redevient maçon ; et ces alternatives se renouvellent jusqu'à ce que la cellule ait la hauteur réglementaire et possède la quantité de miel nécessaire à la larve. Ainsi reviennent tour à tour, plus ou moins nombreux dans chaque série, les voyages au sentier aride, où le ciment se récolte et se gâche, et les voyages aux fleurs, où le jabot se gonfle de miel et le ventre s'enfarine de pollen.

Vient enfin le moment de la ponte. On voit l'abeille arriver avec une pelote de mortier. Elle donne un coup d'œil à la cellule pour s'enquérir si tout est en ordre ; elle y introduit l'abdomen et la ponte se fait. À l'instant, la pondeuse met les scellés au logis ; avec sa pelote de ciment, elle clôt l'orifice, et ménage si bien la matière, que le couvercle est façonné au complet dans cette première séance ; il ne lui manque que d'être épaissi, consolidé par de nouvelles couches, œuvre qui presse moins et se fera tantôt. Ce qui est pressant, paraît-il, aussitôt opéré le dépôt sacré de l'œuf, c'est de fermer la cellule et d'éviter ainsi des visites malintentionnées en l'absence de la mère. L'abeille doit avoir de graves motifs de hâter ainsi la clôture. Qu'adviendrait-il si, la ponte faite, elle laissait le logis ouvert et s'en allait à la carrière de ciment chercher de quoi murer la porte ? Quelque larron surviendrait peut-être, qui remplacerait l'œuf du Chalicodome par le sien. Nous verrons que de tels larcins ne sont pas supposition gratuite. Toujours est-il que la maçonne ne pond jamais sans avoir aux mandibules la pelote de mortier nécessaire pour la construction immédiate de l'opercule. L'œuf chéri ne doit pas rester un seul instant exposé aux convoitises des maraudeurs.

À ces renseignements je joindrai quelques aperçus généraux qui faciliteront l'intelligence de ce qui va suivre. Tant qu'il reste dans les conditions normales, l'insecte a ses actes très rationnellement calculés en vue du but à obtenir. Quoi de plus logique, par exemple, que les manœuvres de l'hyménoptère giboyeur paralysant sa proie pour la conserver fraîche à sa larve, et donner à celle-ci néanmoins pleine sécurité ? C'est supérieurement rationnel ; nous ne trouverions pas mieux ; et cependant l'insecte n'agit pas ici par raison. S'il raisonnait sa chirurgie, il serait notre supérieur. Il ne viendra à l'esprit de personne que l'animal puisse, le moins du monde, se rendre compte de ses savantes vivisections. Ainsi, tant qu'il ne sort pas de la voie à lui tracée, l'insecte peut accomplir les actes les plus judicieux sans que nous soyons en droit d'y voir la moindre intervention de la raison.

Qu'adviendrait-il dans des circonstances accidentelles ? Ici deux cas sont formellement à distinguer si nous ne voulons nous exposer à de fortes méprises. Et d'abord l'accident survient dans un ordre de choses dont l'insecte est en ce moment occupé. En ces conditions, l'animal est capable de parer à l'accident ; il continue, sous une forme similaire, le travail auquel il se livrait ; il reste, enfin, dans son état psychique actuel. En second lieu, l'accident a rapport à un ordre de choses qui remonte plus haut, il a trait à une œuvre finie dont l'insecte n'a plus normalement à s'occuper. Pour parer à cet accident, l'animal aurait à remonter son courant psychique, il aurait à refaire ce qu'il a fait tantôt pour se livrer après à autre chose. L'insecte en est-il capable ; saura-t-il laisser l'actuel pour revenir sur le passé, s'avisera-t-il de revenir sur un travail beaucoup plus urgent que celui dont il est occupé ? Là vraiment seraient des preuves d'un peu de raison. C'est ce que l'expérimentation décidera.

Voici d'abord quelques faits rentrant dans le premier cas :

Un Chalicodome vient de terminer la première couche du couvercle de la cellule. Il est parti à la recherche d'une autre pelote de mortier pour consolider l'ouvrage. En son absence, je perce l'opercule avec une aiguille et j'y fais large brèche intéressant la moitié de l'ouverture. L'insecte revient et répare parfaitement le dégât. Occupé d'abord du couvercle, il continue son travail en réparant ce couvercle.

Un second en est aux premières assises de sa maçonnerie. La cellule n'est encore qu'un godet de peu de profondeur sans provision aucune. Je perce largement le fond de la tasse et l'insecte s'empresse de boucher le trou. Il bâtissait, et il se détourne un peu pour continuer de bâtir. Sa réparation est une suite du travail qui l'occupait.

Un troisième a déposé l'œuf et fermé la cellule. Tandis qu'il est allé chercher une nouvelle provision de ciment pour mieux murer la porte, je pratique une large brèche immédiatement au-dessous du couvercle, brèche trop haut placée pour que le miel s'écoule. L'insecte, arrivant avec du mortier non destiné à pareil ouvrage, voit son pot égueulé et le remet très bien en état. Voilà une prouesse comme je n'en ai pas vu souvent d'aussi judicieuse. Tout bien considéré cependant, ne prodiguons pas la louange. L'insecte clôturait. À son retour, il voit une fente, pour lui mauvais joint qui lui a d'abord échappé ; il complète son travail actuel en donnant mieux le joint.

De ces trois exemples, que j'extrais d'un grand nombre d'autres plus ou moins pareils, il résulte que l'insecte sait faire face à l'accidentel pourvu que le nouvel acte ne sorte pas de l'ordre de choses qui l'occupe en ce moment. Affirmerons-nous la raison ? Et pourquoi ! L'insecte persiste dans le même courant psychique, il continue son acte, il fait ce qu'il faisait avant, il retouche ce qui pour lui n'est qu'une maladresse dans l'œuvre présente.

Voici du reste qui changerait du tout au tout nos appréciations si l'idée nous venait de voir dans ces brèches réparées un ouvrage dicté par la raison. Soient, en premier lieu, des cellules pareilles à celles de la seconde expérience, c'est-à-dire ébauchées sous forme de godet de peu de profondeur, mais contenant déjà du miel. Je les perce au fond d'un trou par lequel les provisions suintent et se perdent. Leurs propriétaires récoltent. Soient, d'autre part, des cellules à peu près achevées et dont l'approvisionnement est très avancé. Je les perce de même au fond et donne issue au miel qui dégoutte peu à peu. Leurs propriétaires maçonnent.

D'après ce qui précède, le lecteur s'attend peut-être à une réparation immédiate, réparation très urgente, car il y va du salut de la larve future. Qu'on se détrompe : les voyages se multiplient et alternent tantôt pour la pâtée, tantôt pour le mortier, et aucun des Chalicodomes ne s'occupe de la désastreuse brèche. Celui qui récoltait continue à récolter, celui qui bâtissait une nouvelle assise procède à l'assise suivante, comme si rien d'extraordinaire ne se passait. Enfin, si les cellules éventrées sont assez élevées et contiennent provision suffisante, l'insecte dépose son œuf, met une porte au logis et passe à des fondations nouvelles sans porter remède à la fuite du miel. Deux ou trois jours après, ces cellules ont perdu tout leur contenu, qui forme longue traînée à la surface du gâteau.

Est-ce par défaut d'intellect que l'abeille laisse le miel se perdre ? Ne serait-ce pas plutôt par impuissance ? Il pourrait se faire que le mortier dont la maçonne dispose ne fût pas apte à faire prise sur les bords d'un trou englué de miel. Celui-ci peut-être empêcherait le ciment de s'adapter à l'orifice ; et alors l'inaction de l'insecte serait résignation à un mal irréparable. Informons-nous avant de rien conclure. – Avec des pinces, j'enlève à une abeille sa pelote de mortier et je l'applique contre le trou d'où le miel suinte. Ma réparation obtient un plein succès, quoique je ne puisse me flatter de rivaliser d'adresse avec la maçonne. Pour un travail fait de main d'homme, c'est très acceptable. Ma truelle de mortier fait corps avec la paroi éventrée, elle durcit comme d'habitude et le miel ne coule plus. Voilà qui est bien. Que serait-ce si le travail avait été fait par l'insecte, doué d'outils d'exquise précision ? Si le Chalicodome s'abstient, ce n'est donc pas impuissance de sa part, ce n'est pas défaut de qualités convenables dans la matière employée.

Une autre objection se présente. N'est-ce pas aller trop loin que d'admettre dans l'intellect de l'insecte cette liaison d'idées : le miel coule parce que la cellule est trouée ; pour l'empêcher de se perdre, il faut boucher le trou. Tant de logique excède peut-être sa pauvre petite cervelle. Et puis le trou ne se voit pas, il est masqué par le miel qui dégoutte. La cause de l'écoulement est une inconnue ; et remonter de la fuite du liquide à cette cause, la brèche du récipient, est pour l'insecte un raisonnement trop élevé.

Une cellule à l'état de godet rudimentaire et sans approvisionnement, est percée à la base d'un trou de trois à quatre millimètres d'ampleur. Peu d'instants après, cet orifice est bouché par la maçonne. Déjà nous avons assisté à semblable réparation. Cela fait, l'insecte se met à approvisionner. Je refais le trou au même point. Par cette ouverture le pollen ruisselle et tombe à terre lorsque l'hyménoptère brosse dans la cellule son premier apport. Le dégât est certainement reconnu. En plongeant la tête au fond du godet pour s'informer de ce qu'elle vient d'emmagasiner, l'abeille engage les antennes dans l'orifice artificiel, qu'elle palpe, qu'elle explore, qu'elle ne peut manquer de voir.

J'aperçois les deux filets explorateurs qui s'agitent hors du trou. L'insecte reconnaît la brèche, c'est indubitable. Il part. De son expédition actuelle rapportera-t-il du mortier pour réparer le pot percé, comme il vient de le faire quelques instants avant ?

Nullement. Il revient avec des provisions, il dégorge son miel, il brosse son pollen, il mixtionne la matière. La pâtée, visqueuse et peu fluide, obstrue la brèche et suinte difficilement. Avec une mèche de papier roulé, je dégage le trou, qui reste librement ouvert et à travers lequel le jour se voit très bien, dans un sens comme dans l'autre. Je renouvelle mes coups de balai toutes les fois qu'il en est besoin à mesure que de nouvelles provisions sont apportées ; je nettoie l'ouverture tantôt en l'absence de l'abeille, tantôt en sa présence lorsqu'elle travaille à sa mixtion. Ce qui se passe d'insolite dans le magasin dévalisé par la base ne peut lui échapper, non plus que la brèche maintenue ouverte au fond de la cellule. Malgré tout, pendant trois heures consécutives j'assiste à cet étrange spectacle : l'hyménoptère, très actif pour son actuel travail, néglige de mettre un tampon à ce tonneau des Danaïdes. Il s'obstine à vouloir remplir son récipient percé, d'où les provisions disparaissent aussitôt déposées. Il alterne à diverses reprises le travail de maçon et le travail de récolteur ; il exhausse par de nouvelles assises les bords de la cellule ; il apporte des provisions que je continue à soustraire pour laisser la brèche toujours en évidence. Il fait sous mes yeux trente-deux voyages, tantôt pour le mortier et tantôt pour le miel, et pas une fois il ne s'avise de remédier à la fuite du fond de son pot.

À cinq heures du soir, les travaux cessent. Ils sont repris le lendemain. Cette fois je néglige le nettoyage de l'orifice artificiel et laisse la pâtée suinter d'elle-même peu à peu. Finalement l'œuf est pondu et la porte scellée, sans que l'abeille ait rien fait en vue de la ruineuse brèche. Un tampon lui serait pourtant chose aisée ; une pelote de son mortier suffirait. D'ailleurs, quand le godet ne contenait encore rien, n'a-t-elle pas à l'instant bouché le trou que je venais de faire ? Cette réparation du début, pourquoi n'est-elle pas renouvelée ? Ici se montre en pleine lumière l'impossibilité où est l'animal de remonter un peu le cours de ses actes. Lors de la première brèche, le godet était vide et l'insecte bâtissait les premières assises. L'accident survenu par mon intervention intéressait la partie du travail dont l'hyménoptère était occupé à l'instant même ; c'était un vice de construction comme il peut s'en présenter naturellement dans des assises récentes, qui n'ont pas eu le temps de durcir. En corrigeant ce vice, le maçon n'est pas sorti de son travail actuel.

Mais, une fois l'approvisionnement commencé, le godet initial est bien fini, et quoi qu'il arrive, l'insecte n'y touchera plus. Le récolteur continuera la récolte, bien que le pollen ruisselle à terre par le pertuis. Tamponner cette brèche, ce serait changer de métier, et pour le moment l'insecte ne le peut. C'est le tour du miel et non pas du mortier. Là-dessus la règle est immuable. Un moment vient, plus tard, où la récolte est suspendue et la maçonnerie reprise. L'édifice doit s'exhausser d'un étage. Redevenue maçonne, gâchant de nouveau du ciment, l'abeille s'occupera-t-elle de la fuite du fond ? Pas davantage. Ce qui l'occupe maintenant, c'est le nouvel étage, dont les assises seraient aussitôt réparées s'il y survenait du dégât ; mais quant à l'étage du fond, il est trop vieux dans l'ensemble de l'œuvre il remonte trop loin dans le passé et l'ouvrière n'y fera pas de retouche, même en grave péril.

Du reste, l'étage actuel et ceux qui lui succéderont auront le même sort. Sous la surveillance vigilante de l'insecte tant qu'ils sont en construction, ils sont oubliés et laissés en ruine une fois construits. En voici un exemple frappant. Sur une cellule complète en hauteur, je pratique dans la région moyenne et au-dessus du miel, une fenêtre presque aussi grande que l'ouverture naturelle. Quelque temps encore l'abeille apporte des provisions, puis elle pond. Par l'ample fenêtre, je vois déposer l'œuf sur la pâtée. L'insecte travaille ensuite à l'opercule, qu'il retouche à petits coups, avec les soins les plus minutieux, tandis que la brèche reste béante. Il bouche scrupuleusement sur le couvercle tout pore où pourrait s'engager un atome, et il laisse la grande ouverture qui livre le logis au premier venu. À plusieurs reprises, il vient à cette brèche, il y plonge la tête, il l'examine, il l'explore des antennes, il en mordille les bords. Et c'est tout. La cellule éventrée restera ce qu'elle est, sans une truelle de mortier de plus. La partie compromise date de trop loin pour qu'il vienne à l'hyménoptère l'idée de s'en occuper.

C'en est assez, je crois, pour montrer l'impuissance psychique de l'insecte devant l'accidentel. Cette impuissance est confirmée par la répétition de l'épreuve, condition de toute bonne expérience ; mes notes abondent en exemples analogues à ceux que je viens d'exposer. Les rapporter, ce serait se redire ; je les néglige pour abréger.

L'épreuve répétée ne suffit pas, il faut aussi l'épreuve variée. Examinons donc l'intellect de l'insecte sous un autre point de vue. Il s'agit de l'introduction de corps étrangers dans la cellule. L'Abeille maçonne, comme tous les hyménoptères du reste, est une ménagère de scrupuleuse propreté. Dans son pot à miel, aucune souillure n'est permise ; à la surface de sa marmelade, aucun grain de poussière n'est toléré. Et pourtant, avec son récipient ouvert, la précieuse pâtée est exposée à des accidents. Les ouvrières des cellules d'en haut peuvent laisser tomber par mégarde un peu de mortier dans les cellules inférieures ; la propriétaire elle-même, quand elle travaille à l'agrandissement du pot, court risque de laisser choir sur les provisions un granule de ciment. Un moucheron, attiré par l'odeur, peut venir s'engluer dans le miel ; des rixes entre voisines qui mutuellement se gênent, peuvent y faire voler de la poussière. Tout cela doit disparaître, et à l'instant, pour que la larve plus tard ne trouve pas bouchée grossière sous sa délicate mandibule. Donc les Chalicodomes doivent savoir expurger la cellule de tout corps étranger. Et ils le savent très bien, en effet.

Je dépose à la surface du miel cinq ou six petits bouts de paille d'un millimètre de longueur. Pose étonnée de l'insecte qui, revenant, voit ces objets. Dans son magasin, jamais ne s'étaient amassées tant de balayures. L'abeille retire les bouts de paille un à un, jusqu'au dernier, et chaque fois va les rejeter au loin. Effort énormément disproportionné avec le déblai ; je la vois s'élever par-dessus le platane voisin, à une dizaine de mètres de hauteur, et s'en aller par-delà rejeter la charge, un atome. Elle craindrait d'encombrer la place en laissant tomber son bout de paille à terre, au-dessous du gâteau. Il faut porter cela très loin.

Je mets sur la pâtée un œuf de Chalicodome pondu sous mes yeux dans une cellule voisine. L'abeille l'extrait et va le rejeter au loin, comme les bouts de paille de tantôt. Double conséquence pleine d'intérêt. D'abord cet œuf précieux, pour l'avenir duquel l'abeille s'exténue, est chose sans valeur, encombrante, odieuse, provenant d'une autre. L'œuf de soi-même est tout ; l'œuf de sa voisine n'est rien. Ça se jette à la voirie, comme une ordure. L'individu, si zélé pour sa famille, est d'une atroce indifférence pour le reste de sa race. Chacun pour soi. En second lieu, je me demande, sans pouvoir trouver encore une réponse à ma question, comment s'y prennent certains parasites pour faire profiter leur larve des provisions amassées par le Chalicodome. S'ils s'avisent de pondre leur œuf sur la pâtée de la cellule ouverte, l'abeille, le voyant, ne manquera pas de le rejeter ; s'ils s'avisent d'y pondre après la propriétaire, ils ne le peuvent car celle-ci mure la porte aussitôt la ponte faite. Curieux problème réservé aux recherches futures.

Enfin, j'implante dans la pâtée un bout de paille de deux à trois centimètres de longueur et qui dépasse amplement les bords de la cellule. L'insecte l'extrait à grands efforts en tirant de côté ; ou bien, s'aidant des ailes, il tire de haut. Il part comme un trait avec la paille engluée de miel, et va le rejeter au loin, par-dessus le platane.

C'est ici que les affaires se compliquent. J'ai dit qu'au moment de pondre, le Chalicodome arrive avec une pelote de mortier, qui doit servir à confectionner aussitôt la clôture du logis. L'insecte, les pattes de devant appuyées sur la margelle, introduit l'abdomen dans la cellule ; il a aux dents le mortier prêt. L'œuf déposé, il sort et se retourne pour murer la porte. Je l'éloigne un peu et j'implante à l'instant ma paille comme ci-dessus, paille qui déborde de près d'un centimètre. Que va faire l'insecte ? Lui, si scrupuleux à débarrasser le logis d'un grain de poussière, va-t-il extraire cette poutre, cause certaine de ruine pour la larve, dont elle gênera la croissance ? Il le pourrait, car tout à l'heure, nous l'avons vu retirer et rejeter au loin un pareil soliveau.

Il le pourrait et ne le fait. Il clôt la cellule, il maçonne le couvercle, il scelle la paille dans l'épaisseur du mortier. D'autres voyages sont faits, assez nombreux, pour le ciment nécessaire à la consolidation de l'opercule. Chaque fois, la maçonne applique la matière avec les soins les plus minutieux sans se préoccuper de la paille. J'obtiens ainsi, coup sur coup, huit cellules closes dont le couvercle est surmonté d'un mât, bout de la paille qui déborde. Quelle preuve d'un obtus intellect !

Ce résultat mérite examen attentif. Au moment où j'implante ma solive, l'insecte a les mandibules occupées ; elles tiennent la pelote de mortier destinée à la clôture. L'outil d'extraction n'étant pas libre, l'extraction ne se fait pas. Je m'attendais à voir l'abeille abandonner son mortier et procéder alors à l'enlèvement de la pièce encombrante. Une truelle de mortier de plus ou de moins n'est pas grave affaire. J'avais déjà reconnu que pour en cueillir une, il faut à mes Chalicodomes un voyage de trois à quatre minutes. Les voyages pour le pollen durent davantage, de dix à quinze minutes. Jeter là sa pelote, happer la paille avec les mandibules maintenant libres, l'enlever, récolter nouvelle provision de ciment, c'était en tout une perte de cinq minutes au plus. L'insecte en a décidé autrement. Il ne veut, il ne peut abandonner sa pelote ; et il l'utilise. La larve périra de ce coup de truelle intempestif ; n'importe : c'est le moment de murer la porte, et la porte est murée. Une fois les mandibules libres, l'extraction pourrait se tenter, dût le couvercle tomber en ruines. L'abeille s'en garde bien : elle continue son apport de ciment et parachève religieusement le couvercle.

On pourrait se dire encore : obligée d'aller en quête de nouveau mortier après l'abandon du premier pour retirer la paille, l'abeille laisserait l'œuf sans surveillance, extrémité à laquelle la mère ne peut se résoudre. Que ne dépose-t-elle alors la pelote sur la margelle de la cellule ? Les mandibules libres enlèveraient la solive ; la pelote aussitôt serait reprise, et tout marcherait à souhait. Mais non : l'insecte a son mortier, et coûte que coûte, il l'emploie à l'ouvrage auquel il était destiné.

Si quelqu'un voit une ébauche de la raison dans cet intellect d'hyménoptère, il a des yeux plus perspicaces que les miens. Je ne vois en tout ceci qu'une obstination invincible dans l'acte commencé. L'engrenage a mordu et le reste du rouage doit suivre. Les mandibules enserrent la pelote de mortier ; et l'idée, le vouloir de les desserrer ne viendra pas à l'insecte tant que cette pelote n'aura pas reçu sa destination. Absurdité plus forte : la clôture commencée s'achève très soigneusement avec de nouvelles récoltes de mortier ! Exquise attention pour une clôture désormais inutile, attention aucune pour la compromettante poutre. Petite lueur de raison qu'on dit éclairer la bête, tu es bien voisine des ténèbres, tu n'es rien !

Un autre fait, plus éloquent encore, achèvera de convaincre qui douterait. La ration de miel amassée dans une cellule est évidemment mesurée sur les besoins de la larve future. Ni trop, ni trop peu. Comment l'abeille est-elle avertie d'avoir atteint la masse convenable ? Les cellules sont de volume à peu près constant, mais elles ne sont pas remplies en entier, seulement aux deux tiers environ. Un large vide est donc laissé, et l'approvisionneuse doit juger du moment où le niveau de la pâtée s'élève assez. Par sa complète opacité, le miel dérobe au regard son épaisseur. Une sonde m'est nécessaire quand je veux jauger le contenu du pot, et je trouve en moyenne une épaisseur de dix millimètres. L'hyménoptère n'a pas cette ressource ; il a la vue qui, d'après la partie vide, peut renseigner sur la partie pleine. Cela suppose un coup d'œil quelque peu géométrique, apte à discerner le tiers d'une longueur. Si l'insecte se guidait par la science d'Euclide, ce serait bien beau de sa part. Quelle preuve superbe en faveur de sa petite raison : un Chalicodome avoir le coup d'œil du géomètre et partager une ligne en trois ! Cela mérite sérieuse information.

Cinq cellules approvisionnées, mais incomplètement, sont vidées de leur miel avec un tampon de coton au bout des pinces. De temps à autre, à mesure que l'hyménoptère apporte de nouvelles provisions, je renouvelle le curage, tantôt mettant le récipient à sec, tantôt lui laissant une mince couche. Je ne vois pas d'hésitation bien prononcée chez mes dévalisées, bien qu'elles me surprennent au moment où je taris le pot ; d'un zèle tranquille, elles continuent leur travail. Parfois des filaments de coton restent empêtrés sur les parois des cellules ; elles les enlèvent avec soin, et vont, d'un vol fougueux, les rejeter à distance, suivant l'usage. Finalement, un peu plus tôt, un peu plus tard, la ponte se fait et le couvercle est mis.

J'effractionne les cinq cellules closes. Dans l'une l'œuf est pondu sur trois millimètres de miel ; dans deux, sur un millimètre ; dans les deux autres, il est déposé sur la paroi du récipient totalement à sec, ou mieux n'ayant que l'enduit, le vernis, laissé par le frottement du coton emmiellé.

La conséquence saute aux yeux : l'insecte ne juge pas de la quantité du miel d'après l'élévation du niveau ; il ne raisonne pas en géomètre, il ne raisonne pas du tout. Il amasse tant qu'agit en lui l'impulsion secrète qui le pousse à la récolte jusqu'à complet approvisionnement ; il cesse d'amasser lorsque cette impulsion est satisfaite, n'importe le résultat accidentellement sans valeur. Aucune faculté psychique, aidée de la vie, ne l'avertit que c'est assez, que c'est trop peu. Une prédisposition instinctive est son seul guide, guide infaillible dans les conditions normales, mais dérouté en plein par les artifices de l'expérimentation. Avec la moindre lueur rationnelle, l'insecte déposerait-il son œuf sur le tiers, sur le dixième des vivres nécessaires ; le déposerait-il dans une cellule vide ; laisserait-il le nourrisson sans nourriture, incroyable aberration de la maternité ? J'ai raconté, que le lecteur décide.

Sous un autre aspect éclate cette prédisposition instinctive, qui ne laisse pas à l'animal la liberté d'agir et par là même la sauvegarde de l'erreur. Accordons à l'abeille tout le jugement qu'on voudra. Ainsi douée, sera-t-elle capable de mesurer à la future larve sa ration ? En aucune manière. Cette ration, l'abeille ne la connaît pas. Rien ne renseigne la mère de famille, et cependant, en son premier essai, elle remplit le pot à miel au degré voulu. En son jeune âge, il est vrai, elle a reçu ration pareille ; mais elle l'a consommée dans l'obscurité d'une cellule ; et d'ailleurs, étant larve, elle était aveugle. Le regard ne l'a pas instruite de la masse des vivres. Resterait la mémoire de l'estomac qui a digéré. Mais cette digestion s'est faite il y a un an, et depuis cette lointaine époque le nourrisson, devenu adulte, a changé de forme, de demeure, de manière de vivre. C'était un ver, c'est une abeille. L'insecte actuel a-t-il souvenir de ce repas de l'enfance ? Pas plus que nous des gorgées de lait puisées au sein maternel. L'abeille ne sait donc rien de la quantité de vivres nécessaires à sa larve, ni par le souvenir, ni par l'exemple, ni par l'expérience acquise. Quel est alors son guide pour jauger la pâtée avec tant de précision ? Le jugement et la vue laisseraient la mère très perplexe, exposée à donner trop ou pas assez. Pour la renseigner, sans erreur possible, il faut une prédisposition spéciale, une impulsion inconsciente, un instinct, voix intérieure qui dicte la mesure.

XI. LA TARENTULE À VENTRE NOIR

L'Araignée a mauvais renom : pour la plupart d'entre nous, c'est un animal odieux, malfaisant, que chacun s'empresse d'écraser sous le pied. À ce jugement sommaire, l'observateur oppose l'industrie de la bête, ses talents de tisserand, ses ruses de chasse, ses tragiques amours et autres traits de mœurs de puissant intérêt. Oui, l'Araignée est bien digne d'étude, même en dehors de toute préoccupation scientifique ; mais on la dit venimeuse, et voilà son crime, voilà la cause première des répugnances qu'elle nous inspire. Venimeuse, d'accord, si l'on entend par là que la bête est armée de deux crochets donnant prompte mort à la petite proie saisie ; mais il y a loin entre mettre à mal un homme et tuer un moucheron. Si foudroyant qu'il soit sur l'insecte enlacé dans la fatale toile, le venin de l'aranéide est sur nous sans gravité et produit moins d'effet que la piqûre d'un cousin. C'est là, du moins, ce que l'on peut affirmer pour la grande majorité des Araignées de nos pays.

Quelques-unes pourtant sont à craindre ; et de ce nombre, d'abord la Malmignatte, si redoutée des paysans corses. Je l'ai vue s'établir dans les sillons, y tendre sa toile et se ruer avec audace sur des insectes plus gros qu'elle ; j'ai admiré son costume de velours noir avec taches d'un rouge carminé ; j'ai surtout entendu sur son compte des propos fort peu rassurants. Aux alentours d'Ajaccio et de Bonifacio, sa morsure est réputée très dangereuse, parfois mortelle. Le campagnard l'affirme, et le médecin n'ose pas toujours le nier. Aux environs de Pujaud, non loin d'Avignon, les moissonneurs parlent avec effroi du Théridion lugubre, observé d'abord par L. Dufour dans les montagnes de la Catalogne ; d'après leur dire, sa morsure amènerait de sérieux accidents. Les Italiens ont fait renommée terrible à la Tarentule, qui provoque chez la personne piquée des accès convulsifs, des danses désordonnées. Pour combattre le *tarentisme* – ainsi s'appelle la maladie suite de la morsure de l'Araignée italienne – il faut recourir à la musique, seul remède efficace, à ce que l'on assure. On a noté des airs spéciaux, les plus aptes à soulager. Il y a une chorégraphie et une musique médicales. Et nous, n'avons-nous pas la tarentelle, danse vive et sautillante, léguée peut-être par la thérapeutique du paysan des Calabres ?

Faut-il prendre au sérieux ces étrangetés, faut-il en rire ? Après le peu que j'ai vu, j'hésite. Rien ne dit que la morsure de la Tarentule ne puisse provoquer, chez les personnes faibles et très impressionnables, un désordre nerveux que la musique soulage ; rien ne dit qu'une transpiration abondante, suite d'une danse fort agitée, ne soit apte à diminuer le malaise en diminuant la cause du mal. Loin de rire, je réfléchis et m'informe lorsque le paysan calabrais me parle de sa Tarentule, le moissonneur de Pujaud de son Théridion lugubre, le laboureur corse de sa Malmignatte. Ces aranéides et quelques autres pourraient bien mériter, du moins en partie, leur terrible réputation.

La plus robuste des Araignées de ma contrée, la Tarentule à ventre noir, va nous donner tantôt, sur ce sujet, matière à réflexion. Je n'ai point à traiter un point médical, je m'occupe avant tout de l'instinct ; mais comme les crochets à venin ont un rôle de premier ordre dans les manœuvres de guerre du chasseur, accessoirement je parlerai de leurs effets. Les mœurs de la Tarentule, ses embuscades, ses ruses, ses méthodes pour tuer la proie, voilà mon sujet. Je lui donnerai pour préambule un récit de L. Dufour, un de ces récits qui faisaient autrefois mes délices et n'ont pas peu contribué à mes liaisons avec l'insecte. Le savant des Landes nous parle de la Tarentule ordinaire, de celle des Calabres, observée par lui en

Espagne :

« La Lycose tarentule habite de préférence les lieux découverts, secs, arides, incultes, exposés au soleil. Elle se tient ordinairement, au moins quand elle est adulte, dans des conduits souterrains, dans de véritables clapiers, qu'elle se creuse elle-même. Ces clapiers, cylindriques et souvent d'un pouce de diamètre, s'enfoncent jusqu'à plus d'un pied dans la profondeur du sol ; mais ils ne sont pas perpendiculaires. L'habitant de ce boyau prouve qu'il est en même temps chasseur adroit et ingénieur habile. Il ne s'agissait pas seulement pour lui de construire un réduit profond qui pût le dérober aux poursuites de ses ennemis, il fallait encore qu'il établît là son observatoire pour épier sa proie et s'élancer sur elle comme un trait. La Tarentule a tout prévu : le conduit souterrain a effectivement d'abord une direction verticale ; mais à quatre ou cinq pouces du sol, il se fléchit à angle obtus, il forme un coude horizontal, puis redevient perpendiculaire. C'est à l'origine de ce tube que la Tarentule s'établit en sentinelle vigilante et ne perd pas un instant de vue la porte de sa demeure ; c'est là qu'à l'époque où je lui faisais la chasse j'apercevais ces yeux étincelants comme des diamants, lumineux comme ceux du chat dans l'obscurité.

« L'orifice extérieur du terrier de la Tarentule est ordinairement surmonté par un tuyau construit de toutes pièces par elle-même. C'est un véritable ouvrage d'architecture, qui s'élève jusqu'à un pouce au-dessus du sol et a parfois deux pouces de diamètre, en sorte qu'il est plus large que le terrier lui-même. Cette dernière circonstance, qui semble avoir été calculée par l'industrieuse aranéide, se prête à merveille au développement obligé des pattes au moment où il faut saisir la proie. Ce tuyau est principalement composé par des fragments de bois sec unis par un peu de terre glaise, et si artistement disposés les uns au-dessus des autres, qu'ils forment un échafaudage en colonne droite, dont l'intérieur est un cylindre creux. Ce qui établit surtout la solidité de cet édifice tubuleux, de ce bastion avancé, c'est qu'il est revêtu, tapissé en dedans, d'un tissu ourdi par les filières de la Lycose et se continuant dans tout l'intérieur du terrier. Il est facile de concevoir combien ce revêtement si habilement fabriqué doit être utile, et pour prévenir les éboulements, les déformations, et pour l'entretien de la propreté, et pour faciliter aux griffes de la Tarentule l'escalade de sa forteresse.

« J'ai laissé entrevoir que ce bastion du terrier n'existait pas toujours ; en effet, j'ai souvent rencontré des trous de Tarentule où il n'y en avait pas de traces, soit qu'il eût été détruit accidentellement par le mauvais temps, soit que la Lycose ne rencontrât pas toujours des matériaux pour sa construction, soit enfin parce que le talent de l'architecte ne se déclare peut-être que dans les individus parvenus au dernier degré, à la période de perfection de leur développement physique et intellectuel.

« Ce qu'il y a de certain, c'est que j'ai eu de nombreuses occasions de constater ces tuyaux, ces ouvrages avancés de la demeure de la Tarentule ; ils me représentent en grand les fourreaux de quelques Friganes. L'aranéide a voulu atteindre plusieurs buts en les construisant : elle met son réduit à l'abri des inondations, elle le prémunit contre la chute des corps étrangers qui, balayés par le vent, finiraient par l'obstruer ; enfin elle s'en sert comme d'une embûche en offrant aux mouches et autres insectes dont elle se nourrit un point saillant pour s'y poser. Qui nous dira toutes les ruses employées par cet adroit et intrépide chasseur ?

« Disons maintenant quelque chose sur les chasses assez amusantes de la Tarentule. Les mois de mai et juin sont la saison la plus favorable pour les faire. La première fois que je découvris les clapiers de cette aranéide et que je constatai qu'ils étaient habités, en l'apercevant en arrêt au premier étage de sa demeure, qui est le coude dont j'ai parlé, je crus, pour m'en rendre maître, devoir l'attaquer de vive force et la poursuivre à outrance ; je passai des heures entières à ouvrir la tranchée avec un couteau de plus d'un pied sur deux pouces de largeur, sans rencontrer la Tarentule. Je recommençai cette opération dans d'autres clapiers et toujours avec aussi peu de succès ; il m'eût fallu une pioche pour atteindre mon but, mais j'étais trop éloigné de toute habitation. Je fus obligé de changer mon plan d'attaque et je recourus à la ruse. La nécessité est, dit-on, la mère de l'industrie.

« J'eus l'idée, pour simuler un appât, de prendre un chaume de graminée surmonté d'un épillet, et de frotter, d'agiter doucement celui-ci à l'orifice du clapier. Je ne tardai pas à m'apercevoir que l'attention et les désirs de la Lycose étaient éveillés. Séduite par cette amorce, elle s'avançait à pas mesurés vers l'épillet. Je retirais à propos celui-ci un peu en dehors du trou pour ne pas laisser à l'animal le temps de la réflexion ; et l'Aranéide s'élançait souvent d'un seul trait hors de sa demeure, dont je m'empressais de fermer l'entrée. Alors la Tarentule, déconcertée de sa liberté, était fort gauche à éluder mes poursuites et je l'obligeais à entrer dans un cornet de papier que je fermais aussitôt.

« Quelquefois, se doutant du piège, ou moins pressée peut-être par la faim, elle se tenait sur la réserve, immobile, à une petite distance de la porte qu'elle ne jugeait pas à propos de franchir. Sa patience lassait la mienne. Dans ce cas, voici la tactique que j'employais. Après avoir bien reconnu la direction du boyau et la position de la Lycose, j'enfonçais avec force et obliquement une lame de couteau, de manière à surprendre l'animal par derrière et à lui couper la retraite en barrant le clapier. Je manquais rarement mon coup, surtout dans des terrains qui n'étaient pas pierreux. Dans cette situation critique, ou bien la Tarentule, effrayée, quittait la tanière pour gagner le large, ou bien elle s'obstinait à demeurer acculée contre la lame du couteau. Alors, en faisant exécuter à celle-ci un mouvement de bascule assez brusque, je lançais au loin et la terre et la Lycose, dont je m'emparais. En employant ce procédé de chasse, je prenais parfois jusqu'à une quinzaine de Tarentules dans l'espace d'une heure.

« Dans quelques circonstances où la Tarentule était tout à fait désabusée du piège que je lui tendais, je n'ai pas été peu surpris, quand j'enfonçais l'épillet jusqu'à le tourner dans son gîte, de la voir jouer avec un espèce de dédain avec cet épillet et le repousser à coups de pattes, sans se donner la peine de gagner le fond de son réduit.

« Les paysans de la Pouille, au rapport de Baglivi, font aussi la chasse à la Tarentule en imitant, à l'orifice de son terrier, le bourdonnement d'un insecte au moyen d'un chaume d'avoine.

« *Ruricolae nostri*, dit-il, *quando eas captare volunt, ad illorum latibula accedunt, tenuisque avenaceæ fistulae sonum, apum murmuri non absimilem, modulantur. Quo audito, ferox exit Tarentula ut muscas vel alia hujus modi insecta, quorum murmur esse putat, captat ; captatur tamen ista a rustico insidiatore.*

« La Tarentule, si hideuse au premier aspect, surtout lorsqu'on est frappé de l'idée du danger de sa piqûre, si sauvage en apparence, est cependant très susceptible de s'apprivoiser, ainsi que j'en ai fait plusieurs fois l'expérience.

« Le 7 mai 1812, pendant mon séjour à Valence, en Espagne, je pris, sans la blesser, une Tarentule mâle d'assez belle taille, et je l'emprisonnai dans un bocal de verre clos par un couvercle de papier, au centre duquel j'avais pratiqué une ouverture à panneau. Dans le fond du vase, j'avais fixé un cornet de papier qui devait lui servir de demeure habituelle. Je plaçai le bocal sur une table de ma chambre à coucher, afin de l'avoir souvent sous les yeux. Elle s'habitua promptement à la réclusion, et finit par devenir si familière, qu'elle venait saisir au bout de mes doigts la mouche vivante que je lui servais. Après avoir donné à sa victime le coup de mort avec les crochets de ses mandibules, elle ne se contentait pas comme la plupart des Araignées, de lui sucer la tête, elle broyait tout son corps en l'enfonçant successivement dans la bouche au moyen des palpes ; elle rejetait ensuite les téguments triturés et les balayait loin de son gîte.

« Après son repas, elle manquait rarement de faire sa toilette, qui consistait à brosser, avec les tarses antérieurs, ses palpes et ses mandibules, tant en dehors qu'en dedans ; après cela, elle reprenait son air de gravité immobile. Le soir et la nuit étaient pour elle le temps de la promenade. Je l'entendais souvent gratter le papier du cornet. Ces habitudes confirment l'opinion, déjà émise ailleurs par moi, que la plupart des Aranéides ont la faculté de voir le jour et la nuit, comme les chats.

« Le 28 juin, ma Tarentule changea de peau, et cette mue qui fut la dernière n'altéra d'une manière sensible ni la couleur de sa robe, ni la grandeur de son corps. Le 14 juillet, je fus obligé de quitter Valence, et je restai absent jusqu'au 23. Durant ce temps, la Tarentule jeûna ; je la trouvai bien portante à mon retour. Le 2 août, je fis encore une absence ci neuf jours, que ma prisonnière supporta sans aliments et sans altération de santé. Le 1er octobre, j'abandonnai encore la Tarentule sans provisions de bouche. Le 21 de ce mois, étant à vingt lieues de Valence, où j'étais destiné à demeurer, j'expédiai un domestique pour me l'apporter. J'eus le regret d'apprendre qu'on ne l'avait pas trouvée dans le bocal, et j'ai ignoré son sort.

« Je terminerai mes observations sur les Tarentules par une courte description d'un combat singulier entre ces animaux. Un jour que j'avais fait une chasse heureuse à ces Lycoses, je choisis deux mâles adultes et bien vigoureux que je mis en présence dans un large bocal, afin de me procurer le plaisir d'un combat à mort. Après avoir fait plusieurs fois le tour du cirque pour chercher à s'évader, ils ne tardèrent pas, comme à un signal donné, à se poster dans une attitude guerrière. Je les vis avec surprise prendre leur distance, se redresser gravement sur leurs pattes de derrière, de manière à se présenter mutuellement le bouclier de leur poitrine. Après s'être observés ainsi face à face pendant deux minutes, après s'être sans doute provoqués par des regards qui échappaient aux miens, je les vis se précipiter en même temps l'un sur l'autre, s'entrelacer de leurs pattes, et chercher dans une lutte obstinée à se piquer avec les crochets des mandibules. Soit fatigue, soit convention, le combat fut suspendu ; il y eut une trêve de quelques instants, et chaque athlète, s'éloignant un peu, vint se replacer dans sa posture menaçante. Cette circonstance me rappela que, dans les combats singuliers des chats, il y a aussi des suspensions d'armes. Mais la lutte ne tarda pas à recommencer avec plus d'acharnement entre mes deux Tarentules. L'une d'elles, après avoir balancé la victoire, fut enfin terrassée et blessée d'un trait mortel à la tête. Elle devint la proie du vainqueur, qui lui déchira le crâne et la dévora. Après ce combat singulier, j'ai conservé vivante pendant plusieurs semaines la Tarentule victorieuse. »

Ma région ne possède pas la Tarentule ordinaire, l'Aranéide dont le savant des Landes vient de nous raconter les mœurs ; mais elle a son équivalent à ventre noir ou Lycose de Narbonne, moitié moindre que la première, parée de velours noir à la face inférieure, sous le ventre surtout, chevronnée de brun sur l'abdomen, annelée de gris et de blanc sur les pattes. Les terrains arides, caillouteux, à végétation de thym grillée par le soleil, sont sa demeure favorite. Dans mon laboratoire de l'harmas, il y a bien une vingtaine de terriers de cette Lycose. Rarement je passe à côté de ces repaires sans donner un coup d'œil au fond des clapiers, où luisent, comme des diamants, les quatre gros yeux, les quatre télescopes des recluses. Les quatre autres, beaucoup plus petits, ne sont pas visibles à cette profondeur.

Si je veux richesses plus grandes, je n'ai qu'à me rendre à quelques cents pas de ma demeure, sur le plateau voisin, autrefois forêt pleine d'ombre, aujourd'hui morne solitude où pâture le Criquet et vole de pierre en pierre le Motteux. L'amour du lucre a dévasté le pays. Le vin rapportant beaucoup, on extirpa la forêt pour planter la vigne. Le Phylloxera est venu, la souche a péri, et le vert plateau d'autrefois n'est plus qu'une étendue désolée, où quelques touffes de robustes gramens poussent parmi les cailloux. Cette Arabie Pétrée est le paradis de la Lycose ; en une heure de temps, si besoin était, j'y découvrirais un cent de terriers dans une médiocre étendue.

Ces demeures sont des puits d'un pied de profondeur environ, d'abord verticaux, puis infléchis en coude. Leur diamètre moyen est d'un pouce. Sur le bout de l'orifice s'élève une margelle, formée de paille, de menus brins de toute nature, jusqu'à de petits cailloux de la grosseur d'une noisette. Le tout est maintenu en place, cimenté avec de la soie. Fréquemment l'Araignée se borne à rapprocher les feuilles sèches du gazon voisin, qu'elle assujettit avec les liens de ses filières, sans les détacher de la plante ; fréquemment aussi, à la construction en charpente, elle préfère un travail de maçonnerie, fait de petites pierres. La nature des matériaux à la portée de la Lycose, dans l'étroit voisinage du chantier en construction, décide de la nature de la margelle. Il n'y a pas de choix : tout est bon à la condition d'être rapproché.

L'économie du temps fait donc varier beaucoup l'enceinte défensive sous le rapport de ses éléments constitutifs. La hauteur varie aussi. Telle enceinte est une tourelle d'un pouce de hauteur, telle autre se réduit à un simple rebord. Toutes ont leurs parties solidement reliées avec de la soie, toutes aussi ont même ampleur que le canal souterrain, dont elles sont le prolongement. Il n'y a pas ici d'inégalité de diamètre entre le manoir sous terre et son bastion avancé ; il n'y a pas, à l'orifice, cette plate-forme que la tourelle laisse libre pour le développement des pattes de la Tarentule italienne. Un puits, directement surmonté par sa margelle, voilà l'œuvre de la Tarentule à ventre noir.

Si le sol est terreux, homogène, le type architectural n'a pas d'entraves, et la demeure de l'Aranéide est un tube cylindrique ; mais si l'emplacement est caillouteux, la forme est modifiée suivant les exigences des fouilles. Dans ce dernier cas, le repaire est souvent un antre grossier, sinueux, sur la paroi duquel font saillie çà et là les blocs pierreux contournés par l'excavation. Régulier ou irrégulier, le manoir est crépi jusqu'à une certaine profondeur d'un enduit de soie, qui prévient les éboulements et facilite l'escalade au moment d'une prompte sortie.

Baglivi, dans son naïf latin, nous enseigne la manière de prendre la Tarentule. Je suis devenu son *rusticus insidiator* ; j'ai agité à l'entrée du terrier l'épillet d'une graminée pour imiter le murmure d'une abeille, et attirer l'attention de la Lycose, qui s'élance au dehors croyant saisir une proie. Cette méthode ne m'a pas réussi. L'Araignée quitte, il est vrai, ses appartements reculés et remonte un peu dans le tube vertical pour s'informer de ce qui bruit à sa porte ; mais la bête rusée a bientôt éventé le piège ; elle reste immobile à mi-hauteur ; puis, à la moindre alerte, elle redescend dans la galerie coudée, où elle est invisible.

La méthode de L. Dufour me paraîtrait meilleure si, dans les conditions où je me trouve, elle était praticable. Plonger rapidement un couteau dans le sol par le travers du terrier, de façon à couper la retraite à la Tarentule, lorsque celle-ci, attirée par l'épillet, stationné dans l'étage supérieur, est une tactique à réussite certaine lorsque le sol s'y prête ; malheureusement, ce n'est pas mon cas : autant vaudrait enfoncer la lame du couteau dans du tuf.

D'autres ruses sont nécessaires. En voici deux qui m'ont réussi. Je les recommande aux futurs chasseurs de la Tarentule. J'introduis aussi profondément que possible dans le terrier un chaume de graminée ayant un épillet charnu que l'Aranéide puisse mordre en plein. J'agite, je tourne et retourne mon amorce. Frôlée par le corps importun, l'Araignée songe à la défense et mord l'épillet. Une petite résistance annonce aux doigts que l'animal a donné dans le piège, qu'il a saisi de ses crochets le bout du chaume. On tire à soi, lentement, avec précaution ; l'autre tire d'en bas, arc-boutant ses pattes contre la paroi. Cela vient, cela monte. Je me dissimule de mon mieux quand l'Aranéide arrive dans le canal vertical : en me voyant, elle laisserait l'amorce et redescendrait. Je l'amène ainsi, par degrés, jusqu'à l'orifice. C'est le moment difficile. Si l'on continue le mouvement doux, l'Araignée, qui se sent entraînée hors du logis, rentre aussitôt chez elle. Amener dehors la bête soupçonneuse par ce moyen n'est pas possible. Lors donc qu'elle apparaît au niveau du sol, brusquement je tire. Surprise par ce coup de Jarnac, la Tarentule n'a pas le temps de lâcher prise ; accrochée à l'épillet, elle est lancée à quelques pouces du terrier. La capture est désormais sans difficulté. Hors de sa demeure, la Lycose est peureuse, comme effarée, à peine capable de fuir. La pousser dans un cornet avec un chaume est l'affaire d'un instant.

Il faut quelque patience pour amener jusqu'à l'orifice du terrier la Tarentule qui a mordu sur l'insidieux épillet. La méthode suivante est plus prompte. Je me procure une provision de Bourdons vivants. J'en mets un dans un petit flacon à goulot assez large pour enclore l'orifice du terrier, et je renverse sur cet orifice l'appareil ainsi amorcé. Le vigoureux hyménoptère d'abord vole et bruit dans sa prison de verre ; puis, apercevant un terrier semblable à celui de sa famille, il s'y engage sans grande hésitation. Mal lui en prend : tandis qu'il descend, l'Araignée monte ; la rencontre a lieu dans le couloir vertical. Quelques instants l'oreille perçoit une sorte de chant de mort. C'est le bruissement du Bourdon qui proteste contre l'accueil qui lui est fait. Puis, brusque silence. Le flacon est donc enlevé, et une pince à longues branches est plongée dans le puits. Je retire le Bourdon, mais immobile, mort, la trompe pendante. Quelque terrible drame vient de se passer. L'Araignée suit, ne voulant pas lâcher un si riche butin. Gibier et chasseur sont amenés à l'orifice. Méfiante, l'Aranéide parfois rentre ; mais il suffit de laisser le Bourdon sur le seuil de la porte, ou même à quelques pouces plus loin, pour la voir reparaître, sortir de sa forteresse et venir, audacieuse, reprendre sa proie. C'est le moment : la demeure est fermée du doigt ou d'un caillou, et, comme le dit Baglivi, *captatur tamen ista a rustico insidiatore.* J'ajouterai : *adjuvante Bombo.*

Ces méthodes de chasse n'avaient pas précisément pour but de me procurer des Tarentules ; je tenais fort peu à élever l'Aranéide dans un flacon. Un autre sujet me préoccupait. Voici, me disais-je, un ardent chasseur, qui vit uniquement de son métier. Il ne prépare pas de conserves alimentaires pour sa descendance ; il se nourrit lui-même de la proie saisie. Ce n'est pas un *paralyseur*, qui ménage savamment son gibier pour lui laisser un reste de vie et le maintenir frais des semaines entières ; c'est un tueur, qui sur-le-champ fait repas de sa venaison. Avec lui, pas de vivisection méthodique, qui abolisse les mouvements sans abolir la vie, mais une mort complète, aussi soudaine que possible, qui sauvegarde l'assaillant des retours offensifs de l'assailli.

Son gibier, d'ailleurs, doit être robuste et pas toujours des plus pacifiques. À ce Nemrod, embusqué dans sa tourelle, il faut une proie digne de sa vigueur. Le gros Acridien, à la forte mâchoire, la Guêpe irascible, l'Abeille, le Bourdon et autres porteurs de dague empoisonnée, doivent de temps en temps donner dans l'embuscade. Le duel est presque à parité d'armes. Aux crochets venimeux de la Lycose, la Guêpe oppose son stylet venimeux. Qui des deux bandits aura le dessus ? La lutte est corps à corps. Pour la Tarentule, nul moyen secondaire de défense ; pas de lacet pour lier la victime, pas de traquenard pour la maîtriser. Lorsque, dans sa grande toile verticale, une Épeire voit un insecte empêtré, elle accourt et par brassées jette sur le captif des nappes de cordages, des rubans de soie, qui rendent toute résistance impossible. Sur la proie solidement garrottée, une piqûre est prudemment faite avec les crochets à venin ; puis l'Araignée se retire, attendant que se soient calmées les convulsions de l'agonie. C'est alors que le chasseur revient au gibier. Dans ces conditions, aucun danger sérieux. Pour la Lycose, le métier est plus chanceux. N'ayant à son service que son audace et ses crochets, elle doit bondir sur le périlleux gibier, le dominer par sa dextérité, le foudroyer en quelque sorte par son talent de rapide tueur.

Foudroyer est le mot : les Bourdons que je retire du trou fatal le démontrent assez. Dès que cesse ce bruissement aigu que j'ai appelé chant de mort, vainement je me hâte de plonger mes pinces : je retire toujours l'insecte mort, trompe étirée et pattes flasques. À peine quelques frémissements des pattes annoncent que c'est un cadavre très récent. La mort du Bourdon est instantanée. Chaque fois que je retire une nouvelle victime du fond du terrible abattoir, ma surprise renaît devant son immobilité soudaine.

Cependant l'un et l'autre ont à peu près même vigueur : je choisis mes Bourdons parmi les plus gros (*Bombus hortorum* et *B. terrestris*). Les armes se valent presque ; le dard de l'hyménoptère peut soutenir la comparaison avec les crochets de l'Araignée ; la piqûre du premier me semble aussi redoutable que la morsure du second. Comment se fait-il que la Tarentule ait toujours le dessus, et de plus dans une lutte très courte, d'où elle sort indemne ? Il y a certainement de sa part une tactique savante. Si subtil que soit son venin, il m'est impossible de croire que son inoculation seule, en un point quelconque de la victime, suffise pour un dénouement si prompt. Le serpent à sonnettes, de terrible renom, ne tue pas aussi vite. Il lui faut des heures, et à la Tarentule pas même une seconde. C'est donc l'importance vitale du point atteint par l'Aranéide, bien plus que l'atrocité du venin, qui nous rendra compte de cette mort soudaine.

Quel est ce point ? Avec les Bourdons, impossible de le reconnaître. Ils entrent dans le terrier, et le meurtre s'accomplit loin des regards. D'ailleurs, la loupe ne trouve sur le cadavre aucune blessure, tant sont fines les armes qui l'ont faite. Il faudrait voir directement les deux adversaires aux prises. J'ai plusieurs fois essayé de mettre dans le même flacon une Tarentule et un Bourdon en présence. Les deux animaux mutuellement se fuient, aussi inquiets l'un que l'autre de leur captivité. J'en ai gardé vingt-quatre heures en présence, sans agression ni d'une part ni de l'autre. Plus soucieux de la prison que de l'attaque, ils temporisent, comme indifférents. L'expérience est toujours restée sans succès. J'ai réussi avec des Abeilles et des Guêpes, mais le meurtre s'est accompli de nuit et ne m'a rien appris. Je trouvais le lendemain les deux hyménoptères réduits en marmelade sous les mandibules de la Lycose. Une proie faible, c'est une bouchée que l'Araignée se réserve pour le calme de la nuit. Une proie capable de résister n'est pas attaquée en captivité. Les soucis du prisonnier refroidissent les ardeurs du chasseur.

Le cirque d'un large flacon permet à chaque athlète de se retirer à l'écart, respecté de son adversaire, également respecté. Amoindrissons l'arène, rétrécissons l'enceinte. Je plonge Bourdon et Tarentule dans une éprouvette dont le fond n'offre place que pour un seul. Une vive mêlée éclate sans résultat sérieux. Si le Bourdon est en dessous, il se couche sur le dos, et de ses pattes écarte l'autre tant qu'il peut. Je ne le vois pas dégainer. L'Aranéide cependant, embrassant toute la circonférence de l'enceinte avec ses longues pattes, se hisse un peu sur la glissante surface et s'éloigne autant que possible de son adversaire. Là, immobile, elle attend les événements, bientôt troublés par le remuant Bourdon. Si celui-ci occupe le dessus, la Tarentule se fait bouclier en rassemblant ses pattes, qui tiennent l'ennemi à distance. Bref, sauf de vifs démêlés lorsque les deux champions sont en contact, rien ne se passe qui mérite attention. Pas de duel à mort dans l'étroite arène de l'éprouvette, non plus que dans l'ample cirque du flacon. Toute peureuse, une fois hors de chez elle, l'Aranéide refuse obstinément le combat ; et ce n'est pas le Bourdon, si étourdi qu'il soit, qui s'avisera de commencer. Je renonce à l'expérimentation en cabinet.

Il faut aller sur les lieux mêmes et présenter le duel à la Tarentule, pleine d'audace en son château fort. Seulement, au Bourdon, qui pénètre dans le terrier et dérobe sa fin aux regards, il est nécessaire de substituer un autre adversaire, non enclin à pénétrer sous terre. En ce moment abonde dans le jardin, sur les fleurs de la Sauge Sclarée, l'un des plus robustes et des plus gros hyménoptères de ma région, le Xylocope violet, à costume de velours noir et gaze des ailes pourpre. Sa taille de près d'un pouce dépasse celle du Bourdon. Son coup de dague est atroce et produit une enflure longtemps douloureuse. J'ai à ce sujet des souvenirs précis, qui m'ont coûté cher. Voilà vraiment un antagoniste digne de la Tarentule, si je parviens à le lui faire accepter. J'en mets un certain nombre, un par un, dans des flacons de petit volume mais de large goulot, capable d'entourer l'entrée du terrier, comme je l'ai dit au sujet de la chasse avec un Bourdon pour appât.

La proie que je vais offrir étant capable d'en imposer, je fais choix des Tarentules les plus vigoureuses, les plus hardies, les plus stimulées par la faim. Le chaume avec épillet est plongé dans le terrier. Si la Lycose accourt tout de suite, si elle est de belle taille, si elle monte hardiment jusqu'à l'orifice de sa demeure, elle est admise au tournoi ; dans le cas contraire, elle est refusée. Le flacon, avec un Xylocope pour amorce, est renversé sur la porte de l'une des élues. L'hyménoptère gravement bruit dans sa cloche ; le chasseur remonte du fond de l'antre ; il est sur le seuil de sa porte, mais en dedans ; il regarde, il attend. J'attends aussi. Les quarts d'heure, les demi-heures se passent : rien. L'Aranéide redescend chez elle : elle a probablement jugé le coup trop dangereux. Je passe à un second terrier, à un troisième, à un quatrième : rien toujours, le chasseur ne veut pas sortir de son repaire.

La fortune sourit enfin à ma patience, bien mise à contribution par tant de prudentes retraites et surtout par la chaleur caniculaire de la saison. L'une bondit soudain hors de son trou, aguerrie sans doute par une abstinence prolongée. Le drame qui se passe sous le couvert du flacon a la durée d'un clin d'œil. C'est fait : le robuste Xylocope est mort. Où le meurtrier l'a-t-il atteint ? La constatation est aisée : la Tarentule n'a pas lâché prise, et ses crochets sont implantés en arrière de la nuque, à la naissance du cou. Le tueur a bien la science que je lui soupçonnais il s'est adressé au centre vital par excellence, il a piqué de ses crochets à venin les ganglions cervicaux de l'insecte. Enfin, il a mordu le seul point dont la lésion puisse amener la soudaineté de mort. J'étais ravi de ce savoir assassin ; j'étais dédommagé de mon épiderme rôti au soleil.

Une fois n'est pas coutume. Ce que je viens de voir, est-ce hasard, est-ce coup prémédité ? Je m'adresse à d'autres Lycoses. Beaucoup, beaucoup trop pour ma patience, se refusent obstinément à bondir hors de leur repaire pour attaquer le Xylocope. Le formidable gibier en impose à leur audace. La faim, qui fait sortir le loup du bois, ne peut-elle faire sortir aussi la Tarentule de son trou ? Deux, en effet, plus affamées apparemment que les autres, s'élancent enfin sur l'hyménoptère et répètent sous mes yeux la meurtrière scène. Mordue encore à la nuque, exclusivement à la nuque, la proie meurt à l'instant. Trois meurtres, dans des conditions identiques, opérés sous mes regards, tel fut le fruit de mon expérimentation poursuivie, pendant deux séances, de huit heures du matin à midi.

J'en avais assez vu. Le rapide tueur venait de m'enseigner son métier comme autrefois le paralyseur : il venait de m'apprendre qu'il possède à fond l'art de l'abatteur de bœufs des Pampas. La Tarentule est un *desnucador* accompli. Il me restait à confirmer l'expérience en plein champ par l'expérience de cabinet. Je me montai donc une ménagerie de ces Crotales pour juger de la virulence de leur venin et de son effet suivant la partie du corps atteinte par les crochets. Une douzaine de flacons et d'éprouvettes reçurent isolément les prisonniers, que je capturai d'après les méthodes connues du lecteur. Pour qui jette un cri d'effroi à la vue d'une Araignée, mon cabinet, peuplé d'affreuses Lycoses, eût paru séjour peu rassurant.

Si la Tarentule dédaigne ou plutôt n'ose attaquer un adversaire qu'on met en sa présence dans un flacon, elle n'hésite guère à mordre celui qu'on met sous ses crochets. Je saisis l'Aranéide par le thorax avec des pinces, et je présente à sa bouche l'animal que je veux faire piquer. À l'instant, si la bête n'a pas été déjà fatiguée par des expériences, les crochets s'ouvrent et s'implantent. C'est sur le Xylocope que j'ai d'abord essayé les effets de la morsure. Atteint à la nuque, l'hyménoptère succombe à l'instant. C'est la mort foudroyante dont j'ai été témoin sur le seuil des terriers. Atteint à l'abdomen et remis alors dans un large flacon qui le laisse libre dans ses mouvements, l'insecte semble d'abord ne rien avoir éprouvé de sérieux. Il vole, il se démène, il bourdonne. Mais une demi-heure ne s'est pas écoulée que la mort est imminente. Couché sur le dos ou sur le flanc, l'insecte est immobile. À peine quelques mouvements des pattes, quelques pulsations du ventre, qui se continuent jusqu'au lendemain, annoncent que la vie ne s'est pas encore totalement retirée. Puis tout cesse : le Xylocope est un cadavre.

La portée de cette expérience s'impose à l'attention. Piqué dans la région cervicale, le vigoureux hyménoptère périt à l'instant même ; et l'Aranéide n'a pas à redouter les périls d'une lutte désespérée. Piqué autre part, à l'abdomen, l'insecte est capable, près d'une demi-heure de faire usage de son dard, de ses mandibules, de ses pattes ; et malheur à la Lycose qu'atteindrait le stylet. J'en ai vu qui, lardées à la bouche tandis qu'elles mordaient tout près de l'aiguillon, périssaient de la blessure dans les vingt-quatre heures. Donc, pour ce périlleux gibier, il faut une mort instantanée, amenée par la lésion des centres nerveux cervicaux ; sinon la vie du chasseur fort souvent serait compromise.

L'ordre des Orthoptères m'a fourni une seconde série de patients, des Sauterelles vertes de la longueur du doigt, des Dectiques à grosse tête, des Éphippigères. Même résultat pour la morsure à la nuque. La mort est foudroyante. Atteint autre part, notamment au ventre, l'expérimenté résiste assez longtemps. J'ai vu une Éphippigère, mordue à l'abdomen, se maintenir pendant une quinzaine d'heures solidement cramponnée à la paroi lisse et verticale de la cloche lui servant de prison. Enfin elle est tombée pour mourir. Là où l'hyménoptère, fine nature, succombe en moins d'une demi-heure, l'orthoptère, grossier ruminant, résiste un jour entier. Mettons de côté ces différences, ayant pour cause des organisations inégalement sensibles, et nous nous résumerons en ces ceux points : mordu à la nuque par la Tarentule, un insecte, choisi parmi les plus gros, meurt à l'instant ; mordu autre part, il périt aussi, mais après un laps de temps qui peut être très variable d'un ordre entomologique à l'autre.

Maintenant s'expliquent les longues hésitations de la Tarentule, si fastidieuses pour l'expérimentateur qui lui présente, à l'entrée du terrier, une riche mais dangereuse proie. Le plus grand nombre refusent de se jeter sur le Xylocope. C'est qu'en effet pareil gibier ne peut être appréhendé au hasard : il y va de la vie du chasseur, qui marquerait son coup en mordant à l'aventure. La nuque seule est vulnérable au degré voulu. Il faut saisir l'adversaire par là et non autre part. Ce serait l'irriter et le rendre plus dangereux que de ne pas le terrasser sur-le-champ. L'Aranéide le sait très bien. À l'abri sur le seuil de sa porte, et prompte, s'il le faut, à la retraite, elle épie donc le moment favorable ; elle attend que le gros hyménoptère se présente de face, la nuque facile à happer. Si cette condition de succès se présente, elle bondit et opère ; sinon, lassée des turbulentes évolutions du gibier, elle rentre. Et voilà pourquoi, sans doute, il m'a fallu deux séances de quatre heures pour assister à trois meurtres.

Instruit jadis par les hyménoptères paralyseurs, j'avais cherché à produire moi-même la paralysie en inoculant une gouttelette d'ammoniaque dans le thorax des insectes, Charançons, Buprestes, Scarabées, dont la concentration du système nerveux se prête à cette opération physiologique. L'élève avait convenablement répondu à l'enseignement des maîtres, et je paralysais un Bupreste et un Charançon presque aussi bien que le ferait un Cerceris. Pourquoi n'imiterais-je pas aujourd'hui l'expert tueur, la Tarentule ? Avec une fine pointe d'acier, je fais pénétrer une très petite goutte d'ammoniaque à la base du crâne d'un Xylocope ou d'une Sauterelle. À l'instant l'insecte succombe, sans autres mouvements que des convulsions désordonnées. Atteints par l'âcre liquide, les ganglions cervicaux cessent leurs fonctions et la mort arrive. Cependant cette mort n'est pas soudaine, les convulsions durent quelques temps. Si l'expérimentation laisse quelque peu à désirer sous le rapport de la soudaineté, d'où cela peut-il provenir ? De ce que le liquide employé, l'ammoniaque, ne peut soutenir la comparaison, pour l'efficacité meurtrière, avec le venin de la Lycose, venin assez redoutable, on va le voir.

Je fais mordre à la jambe un jeune moineau, bien emplumé, prêt à quitter le nid. Une goutte de sang coule ; le point atteint s'entoure d'une aréole rougeâtre, puis violacée. Presque immédiatement l'oiseau ne peut se servir de sa patte, qui est traînante, avec les doigts recroquevillés ; il sautille sur l'autre. Du reste, le patient n'a pas l'air de si bien se préoccuper de son mal ; il a l'appétit bon. Mes filles le nourrissent de mouches, de mie de pain, de pulpe d'abricot. Il se rétablira, il prendra des forces ; la pauvre victime des curiosités de la science sera rendue à la liberté. C'est notre souhait à tous, notre projet. Douze heures après, l'espoir de guérison s'accroît ; l'infirme accepte très volontiers la nourriture ; il la réclame si l'on tarde trop. Mais la patte est toujours traînante. Je crois à une paralysie temporaire, qui se dissipera bientôt. Le surlendemain, la nourriture est refusée. S'enveloppant de son stoïcisme et de ses plumes ébouriffées, l'oisillon fait la boule, tantôt immobile, tantôt pris de soubresauts. Mes filles le réchauffent de l'haleine dans le creux de la main. Les convulsions deviennent plus fréquentes. Un bâillement annonce que c'est fini. L'oiseau est mort.

Au repas du soir, il y eut entre nous quelque froid. Je lisais dans le regard de mon entourage de muets reproches sur mon expérience, je sentais autour de moi une vague accusation de cruauté. La fin du misérable moineau avait contristé toute la famille. Moi-même je n'étais pas sans quelque remords de conscience ; le petit résultat acquis me semblait trop chèrement payé. Ils sont faits d'un autre bois ceux qui, sans sourciller, et pour ne pas arriver à grand'chose, ouvrent le ventre à des chiens vivants.

J'eus cependant le courage de recommencer, et cette fois sur une Taupe, prise ravageant un carré de laitues. Il était à craindre que ma captive, avec son famélique estomac, donnât lieu à des doutes s'il fallait la garder quelques jours. Elle pouvait périr, non de sa blessure, mais d'inanition, si je ne parvenais à lui donner une nourriture convenable, assez abondante, assez fréquemment distribuée. Je m'exposais ainsi à mettre sur le compte du venin ce qui pouvait bien n'être que le résultat de la famine. J'avais donc à reconnaître d'abord s'il m'était possible de conserver la Taupe en captivité. Installée au fond d'un large récipient d'où elle ne pouvait sortir, la bête reçut pour aliments des insectes variés, Scarabées, Sauterelles, Cigales surtout, qu'elle grugeait d'un excellent appétit. Vingt-quatre heures de ce régime me convainquirent que l'animal s'accommodait de ce menu et prenait très bien sa captivité en patience.

Je la fis mordre par la Tarentule au bout du groin. Remise dans sa cage, la bête à tout instant se gratte le museau avec ses larges pattes. Cela cuit, paraît-il, cela démange. Désormais, la provision de Cigales est de moins en moins consommée ; le lendemain au soir, elle est même refusée. Trente-six heures environ après la morsure, la Taupe meurt pendant la nuit, et ce n'est certes pas d'inanition, car il y avait encore dans le récipient une demi-douzaine de Cigales vivantes et quelques Scarabées.

Ainsi la morsure de la Tarentule à ventre noir est redoutable pour des animaux autres que des insectes ; elle est mortelle pour le Moineau, elle est mortelle pour la Taupe. Jusqu'à quel point faut-il généraliser ? Je l'ignore, mes recherches ne s'étant pas étendues plus loin. Il me semble, néanmoins, d'après le peu que j'ai vu, que la morsure de cette Aranéide ne serait pas chez l'homme un accident négligeable. C'est tout ce que j'ai à dire à la médecine.

À l'entomologie philosophique, j'ai à dire autre chose ; j'ai à lui faire remarquer cette profonde science des tueurs rivalisant avec celle des paralyseurs. Les premiers, et je les mets au pluriel, car la Tarentule doit partager son art meurtrier avec une foule d'autres Aranéides, surtout avec celles qui chassent sans filets ; les premiers, dis-je, vivant de leur proie, frappent le gibier de mort foudroyante en les piquant dans les ganglions cervicaux ; les seconds, qui veulent des conserves fraîches pour leurs larves, abolissent les mouvements en piquant le gibier dans les autres ganglions. Les uns et les autres s'adressent à la chaîne nerveuse, mais ils choisissent le point d'après le but à atteindre. S'il faut la mort, et la mort soudaine, sans péril pour le chasseur, la nuque est atteinte ; s'il faut la simple paralysie, la nuque est respectée, et les segments suivants, tantôt un seul, tantôt trois, tantôt à peu près tous, suivant la secrète organisation de la victime, reçoivent le coup de poignard.

Les paralyseurs même, du moins quelques-uns, connaissent la haute importance vitale des ganglions cérébraux. Nous avons vu l'Ammophile hérissée mâchonner le cerveau de la chenille ; le Sphex languedocien mâchonner celui de son Éphippigère, dans le but de provoquer une passagère torpeur. Mais ils le compriment simplement et de plus avec une prudente réserve ; ils se gardent bien de plonger le style dans ce primordial foyer de vie ; nul ne s'en avise, car le résultat serait un cadavre dédaigné de la larve. L'Aranéide, elle plante là son double poignard, et seulement là ; ailleurs ce serait blessure exaltant la résistance par l'irritation. Il lui faut une venaison consommée sans retard, et brutalement elle plonge ses crochets en ce point que les autres respectent avec tant de scrupule.

Si l'instinct de ces savants meurtriers n'est pas, chez les uns comme chez les autres, une prédisposition innée, inséparable de l'animal, mais bien une habitude acquise, vainement je me mets l'esprit à la torture pour comprendre comment cette habitude a pu s'acquérir. Enveloppez ces faits, tant que vous le voudrez, de nuages théoriques, vous ne parviendrez jamais à voiler leur éclatante affirmation sur un ordre préétabli.

XII. LES POMPILES

La chenille de l'Ammophile, le taon du Bembex, le bupreste et le charançon du Cerceris, l'acridien, le grillon, l'éphippigère du Sphex, tout ce gibier pacifique, c'est l'imbécile mouton de nos abattoirs ; cela se laisse opérer par le paralyseur sans grande résistance, stupidement. Les mandibules bâillent, les pattes ruent et protestent, la croupe se contorsionne, et c'est tout. Ils n'ont pas d'armes qui puissent lutter avec le stylet de l'assassin. Je voudrais voir le déprédateur aux prises avec un adversaire imposant, rusé comme lui, expert en embûches, et comme lui porteur de dague empoisonnée. Au bandit qui joue du poignard, je désirerais voir s'opposer un autre bandit sachant poignarder. Semblable duel est-il possible ? Oui, très possible, et même très commun. D'une part sont les Pompiles, champions toujours vainqueurs ; d'autre part sont les Araignées, champions toujours vaincus.

Qui ne connaît les Pompiles, pour peu qu'il se soit délassé avec les insectes ? Contre les vieilles murailles, au pied des talus bordant les sentiers peu fréquentés, dans les chaumes après la moisson, dans les fourrés de gazon sec, partout où l'araignée tend ses filets, qui ne les a vus affairés, tantôt courant deçà, delà, à l'aventure, les ailes relevées et vibrantes sur le dos, tantôt changeant de place par longues et courtes volées ? Ce sont des chasseurs en quête d'un gibier qui pourrait bien intervertir les rôles et se faire lui-même une proie de celui qui le guettait.

Les Pompiles alimentent leurs larves uniquement avec des Aranéides, et les Aranéides se nourrissent de tout insecte proportionné à leur taille et pris dans leurs filets. Si les premiers ont un dard, les autres possèdent un double crochet à venin. Les forces souvent s'équivalent ; il n'est pas même rare qu'elles prédominent en faveur de l'Araignée. L'hyménoptère a ses astuces de guerre, ses coups savamment médités : l'Aranéide a ses ruses et ses périlleux traquenards ; le premier dispose d'une grande prestesse de mouvements, l'autre peut compter sur les perfidies de sa toile ; il y a pour l'un l'aiguillon, qui sait piquer au point convenable pour amener la paralysie, il y a pour l'autre les crochets, qui savent mordre à la nuque et donner une mort soudaine : d'un côté est le paralyseur, de l'autre le tueur. Qui des deux deviendra le gibier de l'autre ?

À ne consulter que la vigueur relative des adversaires, la puissance des armes, la virulence des venins et les divers moyens d'action, la balance bien des fois pencherait pour l'Aranéide. Puisqu'il sort toujours victorieux de cette lutte, en apparence bien dangereuse pour lui, le Pompile doit posséder une méthode particulière, dont je serais bien désireux de connaître le secret.

Dans nos régions, le plus vigoureux et le plus vaillant chasseur d'Araignées est le Pompile annelé (*Calicurgus annulatus* Fab.), costumé de jaune et de noir, haut de jambes, les ailes avec l'extrémité noire et le reste jauni comme par l'exposition à la fumée, ainsi qu'un hareng saur. Sa taille est à peu près celle du Frelon (*Vespa Crabro*). Il est rare. J'en vois trois ou quatre dans l'année, et je ne manque jamais de m'arrêter devant la fière bête, arpentant à grands pas, quand vient la canicule, la poudre des guérets. Son air audacieux, sa rude démarche, sa tournure belliqueuse, longtemps m'ont fait soupçonner, pour son gibier, quelque capture impossible, atroce, inavouable. Et je rencontrais juste. Cette proie, je l'ai vue, à force d'attendre et d'épier ; je l'ai vue entre les mandibules du chasseur. C'est la Tarentule à ventre noir, la terrible Araignée qui, d'un coup de son arme, extermine net un Xylocope, un Bourdon ; c'est l'Aranéide qui tue un moineau, une taupe ; c'est la redoutable bête dont la morsure ne serait peut-être pas sans danger pour nous. Oui, voilà le menu que le fier Pompile destine à sa larve.

Ce spectacle, l'un des plus frappants que m'aient présenté les hyménoptères déprédateurs, ne s'est offert encore à mes yeux qu'une fois, et cela, tout à côté de ma rustique demeure, dans le fameux laboratoire de l'harmas. Je vois encore l'intrépide braconnier tirant par la patte, au pied d'un mur, la monstrueuse capture qu'il venait de faire non loin de là sans doute. Dans le mur, à la base, un trou se présente, interstice accidentel entre quelques pierres. L'hyménoptère visite l'antre, mais non pour la première fois : il l'avait déjà reconnu et le logis lui avait agréé. La proie, immobilisée, attendait quelque part, je ne sais où, et le chasseur a été la reprendre pour l'emmagasiner. C'est à ce moment que je fais sa rencontre. Le Pompile donne un dernier coup d'œil à la grotte, il en extrait quelques petits fragments de mortier détaché, et là se bornent les préparatifs. La Lycose est introduite, traînant sur le dos et tirée par la patte. Je laisse faire. Bientôt l'hyménoptère reparaît, et pousse négligemment devant le trou les lopins de mortier qu'il vient d'extraire, puis il s'envole. C'est fini. La ponte est faite, l'insecte a clos vaille que vaille, et je peux procéder à l'examen du clapier et de son contenu.

Aucun travail d'excavation de la part du Pompile. C'est bien un trou accidentel, aux spacieuses anfractuosités, œuvre de la négligence du maçon et non de l'hyménoptère. La clôture est tout aussi sommaire. Quelques miettes de mortier, amassées devant la porte, forment barricade plutôt que fermeture. Violent chasseur, pauvre architecte. Le meurtrier de la Tarentule ne sait pas fouir un logis pour sa larve, il ne sait pas combler l'entrée en y balayant de la poussière. Le premier trou venu au pied d'un mur lui suffit pourvu qu'il soit assez spacieux ; un petit amas de gravats, c'est assez comme porte. Rien de plus expéditif.

Je retire le gibier du réduit, l'œuf est collé sur l'Araignée, vers la naissance du ventre. Une maladresse de ma part le fait détacher au moment de l'extraction. C'est fini : il ne se développera pas ; je ne pourrai assister à l'évolution de la larve. La Tarentule est immobile, souple comme à l'état de la vie, sans trace aucune de blessure. C'est la vie, en effet, moins le mouvement. De loin en loin, le bout des tarses frémit un peu, et c'est tout. Vieil habitué à ces trompeurs cadavres, je vois en esprit ce qui s'est passé : l'Aranéide a été piquée dans la région du thorax, une seule fois sans doute, vu la concentration de son appareil nerveux. Je mets la victime dans une boîte, où elle se conserve avec toute la fraîcheur, toute la flexibilité de la vie, depuis le 2 août jusqu'au 2 septembre, c'est-à-dire pendant sept semaines. Ces merveilles nous sont familières ; inutile de s'y arrêter.

Le plus important m'échappe. Ce que je désirais, ce que je désire encore aujourd'hui, c'est de voir le Pompile aux prises avec la Lycose. Quel duel, où la ruse de l'un doit maîtriser les terribles armes de l'autre ! L'hyménoptère pénètre-t-il dans le terrier pour surprendre la Tarentule au fond de son repaire ? Ce serait témérité pour lui fatale. Où le gros Bourdon périt à l'instant, l'audacieux visiteur périrait aussitôt entré. L'autre n'est-elle pas là, face à face, prête à lui happer la nuque, dont la blessure amènerait la mort soudaine ? Non, le Pompile n'entre pas chez l'Araignée, c'est évident. La surprend-il hors de sa forteresse ? Mais la Lycose est casanière ; pendant l'été, je ne la vois pas errer. Plus tard, dans l'arrière-saison, lorsque les Pompiles ont disparu, elle vagabonde ; devenue bohémienne, elle promène en plein air sa populeuse famille, qu'elle porte sur son dos. La part faite à ces promenades maternelles, elle ne me paraît pas quitter son manoir, et le Pompile, ce me semble, a peu de chance de la rencontrer au dehors. Le problème, on le voit, se complique : le chasseur ne peut pénétrer dans le terrier, où il s'exposerait à une mort foudroyante ; et les mœurs sédentaires de l'Aranéide rendent improbable sa rencontre à l'extérieur. Il y a là une énigme qu'il serait curieux de déchiffrer. Tâchons de le faire en observant d'autres chasseurs d'Araignées ; l'analogie nous permettra de conclure.

Bien des fois j'ai épié des Pompiles de toute espèce dans leurs expéditions de chasse, je n'en ai jamais surpris pénétrant dans le logis de l'Araignée, celle-ci présente. Que ce logis soit un entonnoir plongeant son embouchure dans quelque trou de muraille, un vélarium tendu entre des chaumes, une tente imitée de celle de l'Arabe, un étui formé de quelques feuilles rapprochées, une toile avec chambre d'affût, dès que la propriétaire s'y trouve, le Pompile soupçonneux se tient à l'écart. Si la demeure est vacante, c'est autre chose : l'hyménoptère parcourt avec une aisance superbe ces toiles, ces lacs, ces amas de cordages où tant d'autres insectes resteraient empêtrés. Sur lui, les filets de soie semblent ne pas avoir de prise. Que fait-il, explorant ces toiles inoccupées ? Il surveille de là ce qui se passe sur les toiles voisines où l'Aranéide est embusquée. Donc répugnance invincible du Pompile d'aller droit à l'Araignée lorsque celle-ci est chez elle, au milieu de ses traquenards. Et il a cent fois raison. Si la Tarentule connaît la pratique du coup de poignard à la nuque, soudainement mortel, les autres ne peuvent l'ignorer. Malheur donc à l'imprudent qui se présenterait sur le seuil d'une Araignée à peu près d'égale force.

Des divers exemples recueillis sur cette prudente réserve du chasseur d'Araignées, je me bornerai au suivant, qui suffit pour ma démonstration. – En rapprochant, par des liens de soie, les trois folioles qui composent la feuille du Cytise de Virgile, une Araignée s'était construit un berceau de verdure, un étui horizontal, ouvert aux deux bouts. Un Pompile en recherches survient, trouve le gibier à sa convenance et met la tête à l'entrée du logis. L'Araignée aussitôt recule à l'autre bout. Le chasseur contourne la demeure et reparaît à la seconde porte. Nouveau recul de l'Araignée, qui revient à la première entrée. L'hyménoptère y revient aussi, mais toujours par le dehors. À peine y est-il, que l'Araignée décampe vers l'ouverture opposée ; et ainsi de suite, pendant un gros quart d'heure, allant et revenant tous les deux d'un bout à l'autre du cylindre, l'Araignée à l'intérieur, le Pompile à l'extérieur.

La proie était de valeur, paraît-il, car l'hyménoptère persista longtemps dans ses tentatives, toujours déjouées ; il fallut cependant y renoncer, ce perpétuel jeu de navette déroutant le chasseur. Le Pompile partit, et l'Araignée, remise de l'alerte, attendit patiemment les moucherons étourdis. Que fallait-il à l'hyménoptère pour s'emparer de ce gibier si convoité ? Il fallait pénétrer dans le cylindre de verdure, dans l'habitacle de l'Araignée, et poursuivre celle-ci directement, chez elle, au lieu de se maintenir au dehors, allant d'une porte à la porte opposée. Avec une prestesse, une dextérité comme la sienne, le coup me paraissait immanquable : la proie se mouvait gauchement un peu de côté comme les crabes. Je jugeais le coup facile ; le Pompile le jugeait très périlleux. Je suis aujourd'hui de son avis : s'il avait pénétré dans le tuyau de feuilles, la maîtresse de céans l'opérait par la nuque, et le chasseur devenait gibier.

Les années se passent et le paralyseur d'Araignées refuse son secret ; les circonstances me servent mal, le loisir me manque, de dures préoccupations m'absorbent. Enfin, dans ma dernière année de séjour à Orange, la lumière se fait. J'avais pour enceinte du jardin une vieille muraille, noircie, délabrée par le temps, où, dans les interstices de pierres, vivait une population d'Araignées, représentée surtout par la *Ségestrie perfide*. C'est la vulgaire Araignée noire, ou Araignée des caves. Elle est en entier d'un noir intense, sauf les mandibules, qui sont d'un superbe vert métallique. Ses deux poignards à venin semblent l'œuvre d'une fine métallurgie travaillant le bronze. Dans toute maçonnerie abandonnée, il n'est pas de recoin tranquille, de trou de la grosseur du doigt, où ne s'établisse la Ségestrie. Sa toile est un entonnoir très évasé, dont l'ouverture, de l'ampleur d'un pan tout au plus, s'étale à la surface de la muraille, où des fils rayonnants la maintiennent fixée. À cette nappe conique fait suite un tube qui plonge dans un trou du mur. Au fond est le réfectoire où l'Araignée se retire pour dévorer à l'aise la proie saisie.

Les deux pattes postérieures plongées dans le tube pour y prendre appui, les six antérieures étalées autour de l'orifice pour mieux percevoir tout à la ronde les trépidations, signe de quelque gibier, la Ségestrie attend immobile, à l'entrée du goulot de son entonnoir, qu'un insecte vienne s'empêtrer dans le piège. De grosses mouches, des Éristales, qui effleurent de l'aile étourdiment quelque fil des rets, sont ses habituelles victimes. Aux trémoussements du diptère enlacé, l'Aranéide accourt ou même bondit, mais alors retenue par un cordon qui s'échappe de la filière et dont le bout est fixé au tube de soie. Ainsi est prévenue la chute dans un élan sur une surface verticale. Mordu en arrière de la tête, l'Éristale succombe à l'instant, et la Ségestrie l'emporte dans son repaire.

Avec pareille méthode et pareils engins de chasse, une embuscade au fond d'un gouffre de soie, des lacs rayonnants, un fil de sûreté qui retient le chasseur par l'arrière et permet le brusque élan sans risque d'une chute, la Ségestrie peut faire capture d'un gibier moins inoffensif qu'un Éristale. Une Guêpe, dit-on, ne l'intimide pas. Sans en avoir fait l'épreuve, volontiers je le crois, renseigné comme je le suis sur l'audace de l'Aranéide.

Cette audace est secondée par l'activité du venin. Il suffit d'avoir vu la Ségestrie prendre quelque mouche de grande taille pour être convaincu du foudroyant effet de ses crochets sur les insectes mordus à la nuque. La mort de l'Éristale, empêtré dans l'entonnoir de soie, est la mort soudaine du Bourdon, pénétrant dans le terrier de la Tarentule. L'effet sur l'homme nous est connu par les recherches de A. Dugès. Écoutons le courageux expérimentateur.

« La Ségestrie perfide ou grande Araignée des caves, réputée venimeuse dans nos pays, a été choisie, dit-il, pour sujet d'expérience principale. Elle avait neuf lignes de long, mesurée des mandibules aux filières. Saisie entre les doigts du côté du dos, par les pattes ployées et ramassées ensemble (c'est ainsi qu'il faut prendre les Aranéides vivantes, pour éviter leurs piqûres et s'en rendre maître sans les mutiler), je la posai sur différents objets, sur mes vêtements, sans qu'elle manifestât la moindre envie de nuire ; mais à peine appuyée sur la peau nue de mon avant-bras, elle en saisit un pli entre ses robustes mandibules d'un vert métallique, et y enfonça profondément ses crochets. Quelques instants elle y resta suspendue quoique laissée libre ; puis elle se détacha, tomba et s'enfuit, laissant à deux lignes de distance l'une de l'autre, deux petites plaies rouges, mais à peine saignantes, un peu ecchymosées au pourtour, et comparables à celles que produirait une forte épingle.

« Dans le moment de la morsure, la sensation fut assez vive pour mériter le nom de douleur, et se prolongea pendant cinq à six minutes encore, mais avec moins de force. J'aurais pu la comparer à celle que produit l'ortie dite brûlante. Une élévation blanchâtre entoura presque sur-le-champ les deux piqûres, et le pourtour, dans une étendue d'un pouce de rayon à peu près, se colora d'une rougeur érysipélateuse, accompagnée d'un très léger gonflement. Au bout d'une heure et demie, tout avait disparu, sauf la trace de piqûres, qui persista plusieurs jours comme aurait fait toute autre petite blessure. C'était au mois de septembre, et par un temps un peu frais. Peut être les symptômes eussent-ils offert quelque peu plus d'intensité dans une saison plus chaude. »

Sans être grave, l'effet du venin de la Ségestrie est nettement accentué. C'est quelque chose qu'une piqûre provoquant douleur vive et gonflement avec rougeur d'érysipèle. Si l'expérience de Dugès nous rassure pour notre propre compte, il n'en est pas moins vrai que le venin de l'Araignée des caves est terrible pour les insectes, soit à cause de la faible masse de la victime, soit à cause d'une efficacité spéciale sur une organisation très différente de la nôtre. Un Pompile, bien inférieur à la Ségestrie en force et en grosseur, guerroie cependant contre l'Araignée noire et parvient à se rendre maître de ce redoutable gibier. C'est le Pompile apical (*Pompilus apicalis* V. Lind.), guère plus long que l'Abeille domestique mais beaucoup plus fluet. Il est d'un noir uniforme ; ses ailes sont rembrunies, avec le bout transparent. Suivons-le dans ses expéditions contre la vieille muraille habitée par la Ségestrie, suivons-le des après-midi entières pendant les chaleurs de juillet, et armons-nous de patience, car la capture du gibier, périlleuse comme elle est, doit être longue pour l'hyménoptère.

Le chasseur d'Araignées explore minutieusement le mur ; il court, il sautille, il vole ; il va et revient, il passe et repasse. Les antennes sont vibrantes ; les ailes, relevées sur le dos, battent continuellement l'une contre l'autre. – Ah ! le voici tout près d'un entonnoir de Ségestrie. À l'instant l'Aranéide, jusque-là non visible, apparaît à l'entrée du tube ; elle étale au dehors ses six pattes de devant, prête à recevoir le chasseur. Loin de fuir devant la redoutable apparition, elle guette qui la guette, toute disposée à faire de son ennemi une proie. Devant cette fière contenance, le Pompile recule. Il examine, il tourne un instant autour du gibier convoité, puis s'éloigne sans rien tenter. Lui parti, la Ségestrie rentre à reculons chez elle. Pour la seconde fois, l'hyménoptère passe à proximité d'un entonnoir habité. L'Aranéide aux aguets se montre aussitôt sur le seuil de son logis, à demi hors du tube, prête à la défense et peut-être aussi à l'attaque. Le Pompile s'éloigne, et la Ségestrie rentre dans son tube. Nouvelle alerte, le Pompile revient ; nouvelle menaçante démonstration de la part de l'Araignée. Sa voisine, un peu plus tard, fait mieux : tandis que le chasseur rôde au voisinage de l'entonnoir, elle bondit tout à coup hors du tube, ayant à la filière le cordon de sûreté qui la préservera de la chute si un faux pas est fait ; elle s'élance et se jette au-devant du Pompile, à une paire de décimètres du trou. L'hyménoptère, comme effaré, tout aussitôt décampe ; et la Ségestrie, d'une reculade non moins brusque, rentre chez elle.

Voilà convenons-en, un étrange gibier : il ne se dissimule pas, il s'empresse de se montrer ; il ne fuit pas, il se jette au-devant du chasseur. Si l'observation s'arrêtait là, pourrait-on dire qui des deux est le chasseur, qui des deux est le chassé ? Ne prendrait-on pas en pitié l'imprudent Pompile ? Qu'un fil du traquenard l'enlace par la patte et c'en est fait de lui. L'autre sera là, le poignardant à la gorge. Quelle est donc sa méthode contre la Ségestrie, toujours sur le qui-vive, prête à la défense, audacieuse jusqu'à l'agression ! Étonnerai-je le lecteur en lui disant que ce problème m'a passionné, qu'il m'a tenu des semaines durant, en contemplation devant la triste muraille ? Mon récit n'en sera pas moins bref.

À diverses reprises, je vois le Pompile brusquement se jeter sur l'une des pattes de l'Araignée, la saisir avec les mandibules et faire effort pour extraire la bête de son tube. C'est un élan soudain, un coup de surprise de trop courte durée pour permettre à l'Aranéide d'y parer. Heureusement les deux pattes d'arrière sont cramponnées au logis, et la Ségestrie en est quitte pour un soubresaut, car l'autre, l'ébranlement donné, se hâte de lâcher prise : s'il persistait, l'affaire tournerait mal. Le coup manqué, l'hyménoptère recommence à d'autres entonnoirs ; il reviendra même au précédent lorsque l'alerte se sera un peu calmée. Toujours sautillant et voletant, il rôde autour de l'embouchure d'où la Ségestrie le surveille, les pattes étalées. Il épie l'instant propice ; il bondit, happe une patte, tire à lui et se jette à l'écart. Le plus souvent l'Araignée tient bon ; parfois elle est entraînée hors du tube, à quelques pouces, mais aussitôt elle y rentre à la faveur sans doute de son câble de sûreté non rompu.

L'intention du Pompile est visible : il veut expulser l'Araignée de sa forteresse et la projeter au loin. Tant de persévérance amène le succès. Cette fois-ci cela va bien : d'un élan vigoureux et bien calculé, l'hyménoptère a extrait la Ségestrie, qu'il laisse choir à terre tout aussitôt. Étourdie de sa chute et encore plus démoralisée une fois hors de son embuscade, l'Aranéide n'est plus l'audacieux adversaire de tantôt. Elle rassemble ses pattes et se blottit dans un pli du sol. Le chasseur est à l'instant là pour opérer l'expulsée. À peine ai-je le temps de m'approcher pour surveiller le drame, que la patiente est paralysée d'un coup d'aiguillon dans le thorax.

Enfin la voilà, dans tout son machiavélisme, l'astucieuse méthode du Pompile. Il y a péril de mort pour lui s'il attaque la Ségestrie dans son domicile ; l'hyménoptère en est si convaincu, qu'il se garde bien de commettre cette imprudence ; mais il sait aussi, qu'une fois délogée de sa demeure, l'Araignée est aussi craintive, aussi poltronne qu'elle était audacieuse au centre de son entonnoir. Toute sa tactique de guerre consiste donc à déloger la bête. Ce point acquis, le reste n'est plus rien.

Ainsi doit se comporter le chasseur de Tarentules. Instruit par son confrère, le Pompile apical, je le vois en esprit sournoisement errer autour du bastion de la Lycose. Celle-ci accourt du fond de son souterrain, croyant à l'approche d'un gibier ; elle remonte son tube vertical, elle étale au dehors ses pattes antérieures, prête à bondir. Mais c'est le Pompile annelé qui bondit, appréhende une patte, tire et lance la Lycose hors du trou. C'est désormais proie poltronne, qui se laissera poignarder sans songer à faire usage de ses crochets à venin. La ruse ici triomphe de la force, et cette ruse n'est pas inférieure à la mienne, lorsque, voulant m'emparer de la Tarentule, je lui fais mordre un épillet plongé dans le terrier, je l'amène doucement à l'entrée, puis d'un mouvement brusque la projette au dehors. Pour l'entomologiste comme pour le Pompile, l'essentiel est de faire quitter son château fort à l'Aranéide. La capture est après sans difficulté, tant le trouble est profond dans la bête expulsée.

Deux points inverses me frappent dans les faits que je viens d'exposer : l'astuce du Pompile et la sottise de l'Araignée. Que l'hyménoptère ait acquis peu à peu, comme très favorable à sa descendance, son instinct si judicieux d'extraire d'abord la proie de son habitacle pour la paralyser après sans péril, je veux bien l'admettre si l'on m'explique pourquoi le Ségestrie, d'un intellect non moins bien doué que celui du Pompile, ne sait pas encore déjouer la ruse depuis si longtemps qu'elle en est victime. Que faudrait-il à l'Araignée noire pour échapper à son exterminateur ? Un rien ; il lui suffirait de rentrer dans son tube, au lieu de venir se poster en sentinelle, à l'entrée, toutes les fois que l'ennemi passe dans les environs. C'est très courageux de sa part, je l'avoue ; mais c'est aussi très périlleux. Sur l'une des pattes étalées dehors pour la défense et l'attaque, le Pompile va fondre, et l'assiégée périra par son audace. Cette posture est bonne dans l'attente d'une proie, mais l'hyménoptère n'est pas un gibier ; c'est un ennemi, et des plus à craindre. L'Aranéide ne l'ignore pas. À sa vue, au lieu de se camper crânement mais sottement sur le seuil de sa porte, que ne recule-t-elle au fond de sa forteresse, où l'autre ne viendrait pas l'attaquer ? L'expérience des générations accumulées aurait dû lui apprendre cette tactique si élémentaire et d'un intérêt sans égal pour la prospérité de sa race. Si le Pompile a perfectionné sa méthode d'attaque, pourquoi la Ségestrie n'a-t-elle pas perfectionné sa méthode de défense ? Est-ce que les siècles de siècles auraient avantageusement modifié l'un sans parvenir à modifier l'autre ? Là je ne comprends plus, ce qui s'appelle plus. Et tout naïvement je me dis : « Puisqu'il faut des Araignées aux Pompiles, de tout temps ceux-ci ont possédé leur patiente astuce et les autres leur sotte audace. » C'est puéril, si l'on veut, peu conforme aux visées transcendantes des théories à la mode ; il n'y a là ni objectif ni subjectif, ni adaptation ni différenciation, ni atavisme ni transformisme ; soit, mais du moins je comprends.

Revenons aux mœurs du Pompile apical. Sans m'attendre à des résultats de quelque intérêt, car en captivité les talents respectifs du déprédateur et de la proie paraissent sommeiller, j'ai mis en présence, dans un large flacon, l'hyménoptère et la Ségestrie. L'Aranéide et son ennemi se fuient mutuellement, aussi craintifs l'un que l'autre. Par quelques secousses ménagées, je les amène à se toucher. La Ségestrie, par moments, saisit le Pompile, qui se pelotonne de son mieux, sans chercher à faire usage de son dard ; elle le roule entre ses pattes et même entre ses pinces, mais ne paraît le faire qu'avec répugnance. Une fois, je la vois se coucher sur le dos, et maintenir le Pompile au-dessus d'elle, à distance autant qu'elle le peut, tout en le roulant entre les pattes antérieures, le mâchonnant entre les mandibules. L'hyménoptère, soit adresse de sa part, soit frayeur de l'Aranéide, sort promptement de dessous les redoutables crochets, s'éloigne un peu et ne parait pas trop se soucier des bourrades qu'il vient de recevoir. Il se lustre tranquillement les ailes, il se frise les antennes en les tirant tandis qu'il les maintient à terre sous ses tarses antérieurs. L'attaque de la Ségestrie, stimulée par mes secousses, se réitère une dizaine de fois, et le Pompile s'échappe toujours des crochets venimeux sans avoir rien éprouvé, comme s'il était invulnérable.

L'est-il, en effet ? En aucune manière, nous en aurons bientôt la preuve ; s'il se retire sain et sauf, c'est que l'Aranéide n'use pas de ses crochets. Il y a là une sorte de suspension d'armes, une convention tacite de s'interdire les coups mortels ; ou plutôt, il y a démoralisation par la captivité, et les deux adversaires ne sont plus d'humeur assez belliqueuse pour jouer du stylet. La quiétude du Pompile, qui continue à se friser crânement en face de la Ségestrie, me rassure sur le sort de mon prisonnier ; pour plus de sûreté cependant, je lui jette un chiffon de papier, dans les plis duquel il trouvera refuge pendant la nuit. Il s'y installe, à l'abri de l'Araignée. Le lendemain, je le trouve mort. Pendant la nuit, la Ségestrie, aux habitudes nocturnes, avait repris son audace et poignardé son ennemi. Je le soupçonnais bien que les rôles pouvaient s'intervertir ! Le bourreau d'hier est la victime d'aujourd'hui.

Je remplace le Pompile par une Abeille domestique. Le tête-à-tête ne fut pas long. Deux heures plus tard, l'Abeille était morte, mordue par l'Araignée. Un Éristale a le même sort. La Ségestrie cependant ne touche à aucun des deux cadavres, pas plus qu'elle n'avait touché au cadavre du Pompile. Dans ces meurtres, la captive paraît n'avoir eu d'autre but que de se débarrasser d'un voisin turbulent. Quand viendra l'appétit, peut-être les victimes seront-elles utilisées ? Elles ne le furent pas, et par ma faute. Je mis dans le flacon un Bourdon de moyenne taille. Un jour plus tard, l'Araignée était morte ; son rude compagnon de captivité avait fait le coup.

Terminons là ces duels, irréguliers dans la prison de verre, et complétons l'histoire du Pompile que nous avons laissé au pied de la muraille avec la Ségestrie paralysée. Il abandonne la proie à terre pour revenir au mur. Il visite un à un les entonnoirs de l'Araignée, sur lesquels il marche avec la même aisance que sur la pierre ; il inspecte les tubes de soie, il y plonge les antennes, sonde exploratrice ; il y pénètre sans la moindre hésitation. D'où lui vient maintenant cette témérité de s'engager ainsi dans les repaires de la Ségestrie ? Tout à l'heure, il était d'une réserve extrême ; en ce moment, il semble insoucieux du péril. C'est qu'il n'y a pas péril en réalité. L'hyménoptère visite des domiciles sans habitants. Quand il s'engouffre dans un tube de soie, il sait très bien qu'il n'y a personne, car si la Ségestrie était présente, elle aurait déjà paru sur le seuil du logis. La propriétaire ne se montrant pas au premier ébranlement des fils du voisinage, c'est la preuve certaine que le tube est vacant ; et le Pompile s'y engage en toute sécurité. Je recommanderai aux observateurs futurs de ne pas prendre les recherches actuelles pour des manœuvres de chasse. Je l'ai dit et je le répète : jamais le Pompile ne pénètre dans l'embuscade de soie tant que l'Araignée s'y trouve.

Parmi les entonnoirs visités, l'un paraît lui convenir plus que les autres il y revint souvent au cours de ses recherches, qui durent bien près d'une heure. Entre temps, il accourt à l'Araignée, gisant à terre ; il la visite, la tiraille, la rapproche un peu de mur, puis la quitte pour mieux reconnaître le tube objet de ses prédilections. Enfin il revient à la Ségestrie et la saisit par le bout du ventre. La proie est si lourde, qu'il peut à grande peine la remuer sur le sol horizontal. Deux pouces le séparent de la muraille. Il y arrive non sans efforts, et néanmoins, une fois le mur atteint, la besogne s'accomplit prestement. Antée, fils de la Terre, dans sa lutte contre Hercule, reprenait, dit-on, vigueur, chaque fois que ses pieds touchaient le sol ; le Pompile, fils de la muraille, semble décupler ses forces une fois qu'il a pris pied sur la maçonnerie.

Voici qu'en effet l'hyménoptère hisse sa proie à reculons, sa proie énorme qui pendille. Il grimpe tantôt sur un plan vertical, tantôt sur un plan incliné, suivant l'inégale surface des pierres. Il franchit des intervalles où il lui faut marcher le dos en bas, tandis que le gibier oscille dans le vide. Rien ne l'arrête ; il monte toujours, jusqu'à une paire de mètres de hauteur, sans choisir le sentier, sans apercevoir le but puisqu'il progresse à reculons. Là une corniche se présente, reconnue à l'avance sans doute et atteinte malgré les difficultés d'une ascension qui ne permettait pas de la voir. Le Pompile y dépose son gibier. Le tube de soie qu'il visitait avec tant d'affection n'est qu'à une paire de décimètres. Il y va, il visite rapidement et retourne à l'Araignée, qu'il introduit enfin dans le tube.

Peu après, je le vois ressortir. Il cherche çà et là, sur la muraille, quelques morceaux de mortier, deux ou trois, assez volumineux, qu'il transporte pour une clôture. L'œuvre est finie. Il s'envole.

Le lendemain, je visite cet étrange terrier. L'Araignée est au fond du tube de soie, isolée de partout comme sur un hamac. L'œuf de l'hyménoptère est collé, non à la face ventrale de la victime, mais bien à la face dorsale, vers le milieu, près de la naissance de l'abdomen. Il est blanc, cylindrique et d'une paire de millimètres de longueur. Les quelques fragments de mortier que j'ai vu transporter n'ont servi qu'à obstruer très grossièrement la chambre de soie du fond. Ainsi le Pompile apical dépose sa proie et son œuf non dans un terrier, son œuvre à lui, mais dans la demeure même de l'Araignée. Peut-être le tube de soie appartient-il à la victime, qui fournit à la fois les vivres et le logement. Quel gîte pour la larve de ce Pompile : la chaude retraite et le douillet hamac de la Ségestrie !

Voilà donc déjà deux chasseurs d'Araignées, le Pompile annelé et le Pompile apical, qui, non versés dans le métier de mineur, établissent leur postérité à peu de frais dans les trous accidentels des murailles, ou même dans le repaire de l'Aranéide dont se nourrit la larve. À ces logis, acquis sans fatigue, ils font un simulacre de clôture avec quelques fragments de mortier. Mais gardons-nous de généraliser ce mode expéditif d'établissement. D'autres Pompiles sont de vrais fouisseurs, qui vaillamment se creusent un terrier dans le sol, à une paire de pouces de profondeur. De ce nombre est le Pompile à huit points (*Pompilus octopunctatus* Panz.), à livrée noire et jaune, les ailes ambrées, rembrunies au bout. Pour gibier, il choisit les Epeires (*Epeira fasciata, Epeira sericea*), grosses Araignées superbement ornées, qui se tiennent à l'affût au centre de leurs grandes toiles verticales. Ses mœurs ne me sont pas assez connues pour que je puisse les décrire ; j'ignore surtout ses pratiques de chasse. Mais sa demeure m'est familière : c'est un terrier, que j'ai vu commencer, parachever et clôturer suivant l'habituelle méthode des fouisseurs.

XIII. LES HABITANTS DE LA RONCE

Lorsqu'il émonde sa haie, dont le féroce fouillis déborde sur le chemin, le paysan tronque, à quelques pans du sol, les lianes de la ronce, et laisse en place la base de la tige, qui ne tarde pas à se dessécher. Ces bouts de ronce, qu'abrite et défend l'épineux fourré, sont recherchés d'une foule d'hyménoptères pour l'établissement de leur famille. Le tronçon, devenu aride, offre à qui sait l'exploiter un logis hygiénique, où n'est pas à craindre l'humidité de la sève ; sa moelle, tendre et volumineuse, se prête à un travail facile ; son bout sectionné présente un point d'attaque, qui permet d'atteindre immédiatement le filon de peu de résistance sans ouvrir une voie à travers la dure enceinte ligneuse. Pour beaucoup d'hyménoptères, collecteurs de miel ou déprédateurs, c'est donc une trouvaille de prix qu'une pareille tige sèche, lorsqu'elle est d'un diamètre assorti à la taille de qui veut y élire domicile ; c'est de plus un intéressant sujet d'étude pour l'entomologiste qui, l'hiver, un sécateur à la main, peut s'amasser dans les haies un fagot riche en petites merveilles d'industrie. La visite aux ronciers est depuis longtemps un de mes passe-temps favoris pendant les loisirs de la mauvaise saison ; et il est rare qu'un aperçu nouveau, un fait inattendu, ne me dédommage de mes accrocs à l'épiderme.

Mes relevés, qui sont fort loin encore d'être complets, énumèrent une trentaine d'espèces habitant la ronce, autour de mon habitation ; d'autres observateurs, plus assidus que moi, explorant une autre région et dans un rayon plus étendu que le mien, en ont dénombré une cinquantaine. Je donne en note la série complète des espèces que j'ai reconnues.[1]

Il y a là des corps de métier fort divers. Les uns, plus industrieux, mieux outillés, enlèvent la moelle de la tige sèche et obtiennent ainsi une galerie cylindrique et verticale, dont la longueur peut atteindre jusqu'à près d'une coudée. Cet étui est ensuite divisé, par des cloisons, en étages plus ou moins nombreux, dont chacun est la loge d'une larve. – D'autres, moins bien doués en force et en ou-

---

1 Insectes habitant la ronce, aux environs de Sérignan (Vaucluse).
1) HYMÉNOPTÈRES MELLIFICIENS. – *Osmia tridentata* Duf. et Pér. – *Osmia detrita* Pérez. – *Anihidium scapulare* Latr. – *Heriades rubicola* Pérez. – *Prosopis confusa* Schenck. – *Ceratina chalcites* Germ. – *Ceratina albilabris* Fab. – *Ceratina callosa* Fab. – *Ceratina cœrulea* Villers.
2) HYMÉNOPTÈRES DÉPRÉDATEURS. – *Solenius vagus* Fab. (Provisions en diptères). – *Solenius lapidarius* Lep. (Provisions en araignées ?). – *Cemonus unicolor* Panz. (Provisions en pucerons). – *Psen atratus* (Provisions en pucerons noirs). – *Tripoxylon figulus* Linn. (Provisions en araignées). – *Pompilus*, inconnu (Provisions en araignées). – *Odynerus delphinalis* Giraud
3) HYMÉNOPTÈRES PARASITES. – *Leucopsis*, inconnu, parasite de l'*Anthidium scapulare*. – *Scolien* de petite taille, inconnu, parasite du *Solenius vagus*. – *Omalus auratus*, parasite de divers rubicoles. – *Cryptus bimaculatus* Grav., parasite de l'*Osmia detrita*. – *Cryptus gyrator* Duf., parasite du *Tripoxylon figulus*. – *Ephialtes divinator* Rossi, parasite du *Cemonus unicolor*. – *Ephialtes mediator* Grav., parasite du *Psen atratus*. – *Foenus pyrenaïcus* Guérin. – *Euritoma rubicola* J. Giraud, parasite de l'*Osmia detata*.
4) COLÉOPTERES. – Zonitis mutica Fab., parasite de l'Osmia tridentata.
Pour la plus grande part, ces insectes ont passé sous les yeux d'un savant maître, M. J. Pérez, professeur à la Faculté des sciences de Bordeaux. Je lui renouvelle ici mes remerciements pour la bienveillance qu'il a mise à me les déterminer.

tils, mettent à profit les vieilles galeries d'autrui, galeries abandonnées après avoir servi de demeure à la famille de leur constructeur. Leur seul travail consiste à réparer un peu la masure, à déblayer le canal des ruines encombrantes, telles que débris de cocons et décombre de planchers écroulés, enfin à édifier de nouvelles cloisons, tantôt avec une pâte de terre argileuse, tantôt avec un béton formé de ratissures de moelle que cimente une goutte de salive.

On reconnaît ces habitations d'emprunt à l'inégal développement des étages. Quand il a lui-même foré le canal, l'ouvrier est économe de l'espace ; il sait ce que cela coûte de peine à obtenir. Les loges sont alors pareilles, de capacité convenable pour l'habitant, sans exagération en plus ou en moins. Dans cet étui, où s'est dépensé le travail assidu de semaines entières, il convient de loger le plus grand nombre de larves que possible, tout en laissant à chacune l'espace nécessaire. L'ordre dans la superposition des étages, l'économie dans les distances sont alors de règle absolue.

Mais le gaspillage est visible quand l'hyménoptère utilise une ronce creusée par un autre. Tel est le cas du *Tripoxylon figulus*. Pour obtenir les magasins où il dépose ses maigres rations d'araignées, il découpe son cylindre d'emprunt en loges très inégales, au moyen de minces cloisons d'argile. Les unes ont un centimètre environ, longueur convenable pour l'insecte ; les autres se prolongent jusqu'à deux pouces. À ces vastes salles, si disproportionnées avec l'habitant, se reconnaît l'insouciante prodigalité d'un propriétaire de hasard, à qui la propriété n'a rien coûté.

Ouvriers de première main, ou bien ouvriers retouchant le travail d'autrui, ils ont tous leurs parasites, qui constituent la troisième catégorie des habitants de la ronce. Ceux-ci n'ont ni galeries à creuser, ni provisions à faire : ils déposent leur œuf dans une cellule étrangère, et leur larve se nourrit, soit des provisions, soit de la larve même du légitime propriétaire.

En tête de cette population, pour le fini comme pour l'ampleur du travail, se trouve l'Osmie tridentée (*Osmia tridentata* Duf. et Pér.), dont j'aurai à m'occuper spécialement dans ce chapitre. Sa galerie, du calibre d'un crayon, descend parfois jusqu'à une coudée de profondeur. Elle est d'abord presque exactement cylindrique ; mais, au cours de l'approvisionnement, des retouches se font qui la modifient un peu à des distances géométriquement déterminées. Le travail de forage n'a pas grand intérêt. Au mois de juillet, on voit l'insecte, campé sur un bout de ronce attaquer la moelle et y creuser un puits. Celui-ci devenu assez profond, l'Osmie y descend, arrache quelques parcelles de moelle et remonte pour rejeter sa charge au dehors. Cette œuvre monotone se continue jusqu'à ce que l'hyménoptère ait jugé la galerie assez longue, ou bien, ce qui arrive fréquemment, jusqu'à ce qu'il soit arrêté par un nœud infranchissable.

Viennent après la pâtée de miel, la ponte et le cloisonnement, opération délicate à laquelle l'insecte procède par degrés de la base au sommet. Au fond de la galerie un amas de miel est déposé, et sur cet amas un œuf est pondu ; puis une cloison est construite pour séparer cette loge des suivantes, car chaque larve doit avoir sa chambre spéciale, d'un centimètre et demi environ de longueur, sans communication aucune avec les chambres voisines. Cette cloison a pour matériaux de la ratissure de moelle de ronce, qu'agglutine et met en pâte une humeur fournie par l'appareil salivaire. Où prendre ces matériaux ? L'Osmie ira-t-elle recueillir au dehors, à terre, les déblais qu'elle a rejetés en forant le cylindre ? Économe de son temps, elle a mieux à faire que de ramasser sur le sol les parcelles éparpillées. Le canal, ai-je dit, est d'abord tout d'une venue, à peu près cylindrique ; sa paroi conserve encore une mince couche de moelle. Voilà les réserves que l'Osmie, en constructeur prévoyant, s'est ménagées pour édifier les cloisons. Du bout des mandibules, elle ratisse donc autour d'elle, mais dans une longueur déterminée, celle qui correspond à la loge suivante ; de plus, elle conduit son travail de façon à creuser davantage la partie moyenne et à laisser rétrécies les deux extrémités. Au canal cylindrique du début, ainsi succède, dans la partie travaillée, une cavité ovoïde tronquée aux deux bouts, un espace en forme de tonnelet. Cet espace sera la seconde cellule.

Quant aux déblais, ils sont utilisés sur place, ils servent à la construction de l'opercule qui sert de plafond à la loge précédente et de plancher à la loge qui suit. Nos entrepreneurs ne combineraient pas mieux pour bien utiliser le temps des travailleurs. Sur le plancher ainsi obtenu, une autre ration de miel est déposée, et à la surface de la pâtée un œuf est pondu. Enfin, au rétrécissement supérieur du tonnelet, une cloison est construite avec les ratissures fournies par la confection finale de la troisième loge, elle-même façonnée en ovoïde tronqué. Ainsi se poursuit l'œuvre, loge par loge, chacune d'elles fournissant la matière de la cloison qui la sépare de la précédente. Parvenue au bout du cylindre, l'Osmie tamponne l'étui avec une épaisse couche de la même pâte à cloisons. Et c'est fini pour ce bout de ronce ; l'hyménoptère n'y reviendra plus. Si les ovaires ne sont pas encore épuisés, d'autres tiges sèches seront exploitées de la même manière.

Le nombre de loges varie beaucoup, suivant les qualités de la tige. Si le bout de ronce est long, régulier, sans nœuds, on peut en compter une quinzaine ; c'est du moins le chiffre le plus élevé que m'aient fourni mes observations. Pour bien juger de l'aménagement, il faut fendre la tige en long, pendant l'hiver, alors que les provisions sont depuis longtemps consommées, et que les larves sont encloses dans leurs cocons. On voit que l'étui est divisé, à des distances égales, par de légers étranglements dans chacun desquels est fixé un disque circulaire, une cloison d'un millimètre à deux d'épaisseur. Les chambres que ces cloisons séparent sont autant de tonnelets, exactement remplis par un cocon roux, translucide, à travers lequel se voit la larve, recourbée en hameçon. On dirait un grossier chapelet d'ambre, à grains ovoïdes, contigus par leurs bouts tronqués.

Dans ce chapelet de cocons, quel est le plus vieux, quel est le plus jeune ? Le plus vieux est évidemment celui du fond, celui de la cellule la première construite ; le plus jeune est celui qui termine en haut la série, celui de la dernière cellule construite. L'aînée des larves commence l'empilement, tout au fond de la galerie ; la dernière venue le termine, à l'extrémité supérieure ; et les autres se succèdent, d'après leur âge, de la base au sommet.

Remarquons maintenant que, dans le canal, il ne peut y avoir place, à la même hauteur, pour deux Osmies à la fois, car chaque cocon remplit, sans intervalle vide, l'étage, le tonnelet qui lui appartient ; remarquons encore que, parvenues à l'état parfait, les Osmies doivent toutes sortir de l'étui par le seul orifice que possède le bout de ronce, l'orifice d'en haut. Il n'y a là qu'un obstacle facile à surmonter, un tampon de moelle agglutinée, dont les mandibules de l'insecte ont aisément raison. En bas, la tige n'offre aucune voie préparée ; d'ailleurs elle se prolonge indéfiniment sous terre, par les racines. Partout ailleurs est l'enceinte ligneuse, en général trop dure et trop épaisse pour être forée. C'est donc inévitable : toutes les Osmies, quand viendra le moment de quitter la demeure, doivent sortir par le haut ; et comme l'étroitesse du canal s'oppose au passage de l'insecte qui précède tant que reste en place l'insecte qui suit, le déménagement doit commencer par le haut, se propager de loge en loge et se terminer par le bas. L'ordre de sortie est alors l'inverse de l'ordre de primogéniture ; les plus jeunes Osmies quittent le nid les premières, et les plus âgées le quittent les dernières.

L'aînée, celle du fond, a la première achevé sa pâtée de miel et tissé son cocon. Antérieure à toutes ses sœurs dans la série de ses actes, elle a la première rompu son outre de soie et détruit le plafond qui clôture sa chambre ; c'est du moins ce que fait prévoir la logique des choses. Dans son impatience de sortir, comment s'y prendra-t-elle pour se libérer ? La voie est obstruée par les cocons suivants, encore intacts. S'ouvrir par la force une trouée à travers le chapelet de ces cocons, ce serait exterminer le reste de la nichée ; la libération d'une seule serait la ruine de toutes les autres. L'insecte est opiniâtre dans ses actes, peu scrupuleux dans ses moyens. Si l'hyménoptère du fond de l'étui veut quitter le logis, épargnera-t-il ceux qui lui font barricade ?

La difficulté est grande, on le comprend ; elle semble insurmontable. Un soupçon vient alors à l'esprit : on se demande si la sortie du cocon ou l'éclosion s'accomplit réellement d'après l'ordre de la primogéniture. Ne pourrait-il arriver, par une exception bien singulière il est vrai, mais nécessaire en de telles conditions, que la moins âgée des Osmies rompît son cocon la première, et la plus âgée la dernière ; enfin, que l'éclosion se propageât d'une chambre à la suivante en sens inverse de celui que supposerait l'âge ? Alors toute difficulté serait aplanie : chaque Osmie, à mesure qu'elle déchirerait sa prison de soie, trouverait une voie libre devant elle, les Osmies plus voisines de l'issue étant déjà sorties. Mais est-ce bien ainsi que les choses se passent ? Nos vues, bien souvent, ne concordent pas avec ce que pratique l'insecte ; même pour ce qui nous paraît très logique, il est prudent de voir avant de rien affirmer. L. Dufour n'a pas eu cette prudence lorsqu'il s'est occupé, le premier, de ce petit problème. Il nous raconte les mœurs d'un

Odynère (*Odynerus rubicola* Duf.), qui empile dans le canal d'une tige sèche de ronce des cellules maçonnées avec de la terre ; et plein d'enthousiasme pour son industrieux hyménoptère, il ajoute :

« Comment concevez-vous que dans une file de huit coques de ciment, placées bout à bout et étroitement enclavées dans un étui de bois, la plus inférieure, qui a été incontestablement construite la première, qui renferme par conséquent le premier-né des œufs et qui d'après les lois ordinaires devrait mettre au jour le premier insecte ailé, comment concevez-vous, dis-je, que la larve de cette première coque ait reçu mission d'abdiquer sa primogéniture et de n'accomplir sa métamorphose complète qu'après tous ses puînés ? Quelles sont les conditions mises en œuvre pour amener un résultat si contraire, en apparence, aux lois de la nature ? Abaissez votre orgueil devant le fait, et confessez votre ignorance plutôt que de vouloir sauver votre embarras par de vaines explications !

« Si le premier œuf pondu par l'industrieuse mère eût dû être le premier-né des Odynères, il aurait fallu que celui-ci, pour voir la lumière aussitôt après avoir acquis des ailes, eût la faculté ou de faire une brèche aux flancs de la double paroi de sa prison, ou de perforer de bout à fond les sept coques qui le précèdent, pour sortir par la troncature de la tige de ronce. Or, la nature, en lui refusant les moyens d'une évasion latérale, n'a pas pu permettre non plus une violente trouée directe, qui eût amené inévitablement le sacrifice de sept membres d'une même famille au salut d'un fils unique. Aussi ingénieuse dans ses plans que féconde dans ses ressources, elle a dû prévoir et prévenir toutes les difficultés ; elle a voulu que le dernier berceau construit donnât le premier-né ; que celui-ci frayât la route au second de ses frères, le second au troisième, et ainsi de suite. C'est effectivement dans cet ordre successif qu'a lieu la naissance de nos Odynères de la ronce. »

Oui, mon vénéré maître, j'accorderai sans hésiter que les habitants de la ronce sortent de leur étui dans un ordre inverse de celui de l'âge, le plus jeune le premier, le plus âgé le dernier, sinon toujours, du moins très souvent. Mais l'éclosion, et j'entends par là la sortie du cocon, se fait-elle dans le même ordre ? L'évolution de l'aînée est-elle en retard sur celle du puîné, afin que chacun donne à ceux qui lui barreraient le passage le temps de se libérer et de laisser la voie praticable ? Je crains bien que la logique n'ait fourvoyé vos conséquences en dehors de la réalité. Rationnellement rien de plus juste, rien de plus rigoureux que vos déductions, cher maître ; et pourtant il faut renoncer à l'étrange inversion que vous invoquez. Aucun des hyménoptères de la ronce que j'ai expérimentés ne se comporte ainsi. Je ne sais rien de personnel sur l'Odynère rubicole, qui paraît étranger à ma région ; mais comme la méthode de sortie doit être à peu près la même quand l'habitation est identique, il suffit, je crois, d'expérimenter quelques-uns des habitants de la ronce pour savoir l'histoire générale des autres.

Mes études porteront de préférence sur l'Osmie tridentée, qui, par sa vigueur et le nombre de ses loges dans une même tige, se prête mieux que les autres aux épreuves du laboratoire. Le premier fait à reconnaître, c'est l'ordre d'éclosion. Dans un tube de verre, fermé par un bout, ouvert à l'autre et d'un calibre à peu près égal à celui de la galerie à l'Osmie, j'empile, exactement dans leur ordre naturel, la dizaine de cocons, plus ou moins, que j'extrais d'un bout de ronce. Cette opération est faite en hiver. Les larves sont alors, depuis longtemps, encloses dans leur outre de soie. Pour séparer les cocons entre eux, j'emploie des cloisons artificielles consistant en rondelles de sorgho à balais, d'un demi-centimètre environ d'épaisseur. La matière est une moelle blanche, dépouillée de son enveloppe fibreuse, et facilement attaquable par les mandibules de l'Osmie. Mes diaphragmes dépassent de beaucoup en épaisseur les cloisons naturelles ; c'est avantageux, ainsi qu'on va le voir ; du reste, il ne sera pas aisé de faire usage de plus faibles, car ces rondelles doivent pouvoir supporter la pression du refouloir qui les met en place dans le tube. D'autre part, l'expérience m'a démontré que l'Osmie en a facilement raison quand il s'agit d'y faire brèche.

Pour éviter l'accès de la lumière, qui troublerait mes insectes, destinés à passer, leur vie larvaire dans une obscurité complète, j'enveloppe le tube d'un épais fourreau de papier, facile à retirer et à remettre quand le moment de l'observation sera venu. Enfin les tubes ainsi préparés, soit avec l'Osmie, soit avec d'autres habitants de la ronce, sont suspendus suivant la verticale et l'orifice en haut, dans un recoin de mon cabinet. Chacun de ces appareils réalise assez bien les conditions naturelles : les cocons d'un même bout de ronce y sont empilés dans le même ordre qu'ils avaient dans la galerie natale, le plus vieux au fond du tube, le plus jeune à proximité de l'orifice ; ils sont isolés par des cloisons ; ils sont dirigés suivant la verticale, la tête en haut ; de plus, mon artifice a l'avantage de substituer, à la paroi opaque de la ronce, une paroi transparente, qui me permettra de suivre l'éclosion jour par jour, à tout instant jugé opportun.

C'est en fin juin pour les mâles et au commencement de juillet pour les femelles, que l'Osmie déchire son cocon. Cette époque venue, on doit redoubler la surveillance et répéter l'examen des tubes plusieurs fois dans la même journée si l'on tient à dresser un exact état civil des naissances. Or, depuis six années que cette question me préoccupe, j'ai vu, j'ai revu à satiété, et suis en mesure d'affirmer qu'aucun ordre, absolument aucun, ne préside à la série des éclosions. Le premier cocon rompu peut être celui du fond du tube, celui du bout opposé, celui du milieu, ou de toute autre région indifféremment. Le deuxième lacéré tantôt avoisine le premier, tantôt en est éloigné de plusieurs rangs soit en avant, soit en arrière. Parfois plusieurs éclosions se font dans la même journée, dans la même heure, les unes plus reculées dans la série des loges, les autres plus avancées, et sans motifs apparents de cette simultanéité. Bref, les éclosions se succèdent, je ne dirai pas au hasard, car chacune d'elles est déterminée dans le temps par des causes impossibles à démêler, mais à l'imprévu de notre jugement, guidé par telle et telle autre considération.

Si nous n'avions pas été dupes d'une logique trop étroite, peut-être aurions-nous pressenti ce résultat. Les œufs sont déposés dans leurs cellules respectives à peu de jours, à peu d'heures d'intervalle. Que peut une si faible différence d'âge dans l'évolution totale, qui dure une année ? La précision mathématique est ici hors de cause. Chaque germe, chaque larve a son énergie propre, déterminée on ne sait comment, et variable d'un germe à l'autre, d'une larve à l'autre. Suivant qu'il favorise celui-là, ce surcroît de vitalité, don de l'œuf encore dans l'ovaire, ne peut-il, à l'éclosion finale, faire précéder l'aîné par le plus jeune ou le plus jeune par l'aîné, et reléguer au second rang les effets d'une chronologie minutieuse ? Parmi les œufs que couve la poule, est-ce bien toujours le plus vieux qui éclôt le premier ? De même la larve la plus vieille, logée dans l'étage du fond, n'arrive pas, de préférence à toute autre, la première à l'état parfait.

Un autre motif, si nous avions plus mûrement réfléchi sur le sujet, aurait ébranlé notre foi dans un ordre de rigueur mathématique. La même nichée formant le chapelet de cocons d'un bout de ronce, contient à la fois des mâles et des femelles, et les deux sexes sont répartis au hasard dans la série totale. Or il est de règle chez les hyménoptères que les mâles sortent du cocon un peu plus tôt que les femelles. Pour l'Osmie tridentée, cette avance est d'environ une semaine. Ainsi, dans une galerie bien peuplée, il se trouve toujours un certain nombre de mâles dont l'éclosion devance de huit jours celle des femelles, et qui sont distribués çà et là dans la série. Cela suffirait pour rendre impossible toute progression régulière des éclosions dans un sens aussi bien que dans l'autre.

Ces prévisions sont d'accord avec les faits : la chronologie des cellules ne renseigne en rien sur la chronologie des éclosions, celles-ci s'accomplissant sans aucun ordre dans la série. Il n'y a donc pas abdication de primogéniture, comme le pense L. Dufour ; chaque Osmie, sans se régler sur les autres, rompt son cocon à son heure, déterminée par des causes qui nous échappent et remontent sans doute aux virtualités propres de l'œuf. Ainsi se conduisent les autres habitants de la ronce que j'ai soumis à la même épreuve (*Osmia detrita, Anthidium scapulare, Solenius vagus*, etc.) ; ainsi doit se conduire l'Odynère rubicole, les analogies les plus pressantes l'affirment. L'exception singulière qui frappait tant l'esprit de L. Dufour est alors une pure illusion de logique.

Une erreur écartée équivaut à une vérité acquise ; cependant, s'il devait se borner là, le résultat de mes expériences serait de mince valeur. Après avoir détruit, tâchons de reconstruire, et peut-être trouverons-nous à nous dédommager d'une illusion perdue. Assistons d'abord à la sortie.

La première Osmie issue des cocons, n'importe sa place dans la série, ne tarde pas à attaquer le plafond qui la sépare de l'étage suivant. Elle y creuse un pertuis assez net en forme de cône tronqué, ayant sa large base du côté où se trouve l'abeille et sa petite base du côté opposé. Cette configuration de la porte de sortie est inhérente au travail. L'insecte, quand il essaye d'attaquer le diaphragme, creuse d'abord un peu au hasard, puis, à mesure que le forage progresse, l'action se concentre sur une aire qui se rétrécit jusqu'à n'offrir que tout juste le passage nécessaire. Aussi le pertuis conique n'est-il pas spécial à l'Osmie ; je l'ai vu pratiquer par les autres habitants de la ronce à travers mes épaisses rondelles en moelle de sorgho. Dans les conditions naturelles, les cloisons, fort minces d'ailleurs, sont détruites de fond en comble, car le rétrécissement supérieur de la cellule ne laisse guère que le large nécessaire à l'insecte. La brèche en cône tronqué m'a été souvent très utile. Sa large base me permettait, sans avoir assisté au travail, de juger laquelle des deux Osmies voisines avait perforé la cloison ; elle m'indiquait dans quel sens s'était opéré un déménagement nocturne, dont je n'avais pu être témoin.

L'Osmie la première éclose, ici ou là, a troué son plafond. La voici en présence du cocon qui suit, la tête à l'orifice du pertuis. Pleine de scrupule devant ce berceau de l'une de ses sœurs, habituellement elle s'arrête ; elle recule dans sa loge, s'y démène au milieu des lambeaux de cocon et des plâtras du plafond effondré ; elle attend un jour, deux jours, trois jours et plus s'il le faut. Si l'impatience la gagne, elle essaye de se couler entre la paroi du canal et le cocon qui lui barre le chemin. Un travail d'érosion est même entrepris, avec ténacité, pour agrandir s'il se peut l'intervalle. Dans le canal d'une ronce, on reconnaît semblables tentatives en des points où la moelle est enlevée jusqu'au bois, où l'enceinte ligneuse est elle-même assez profondément rongée. Inutile de dire que, si ces érosions latérales sont reconnaissables après coup, elles échappent à l'examen au moment où elles se font.

Pour y assister, il faut modifier un peu l'appareil en verre. Je double l'intérieur du tube d'une épaisse feuille de papier gris, mais sur la moitié de la circonférence seulement ; l'autre moitié, restant nue, me permettra de suivre les essais de l'Osmie. Eh bien, la captive s'acharne sur cette doublure, qui lui représente la couche de moelle de son habituel logis ; elle l'arrache par menues parcelles et s'efforce de s'ouvrir une voie entre le cocon et la paroi de verre. Les mâles, de taille un peu moindre, ont plus que les femelles la chance de réussir. S'aplatissant, se faisant petits, déformant un peu le cocon, qui revient du reste à son premier état par le fait de son élasticité, ils s'insinuent dans l'étroit défilé et parviennent dans la loge suivante.

Quand elles sont bien pressées de sortir, les femelles en font autant, si le tube s'y prête un peu. Mais la première cloison franchie, une autre se présente. Elle est percée à son tour. Pareillement seront percées la troisième et d'autres encore jusqu'à épuisement des forces, si l'insecte peut y parvenir. Trop faibles pour ses trouées multiples, les mâles ne vont pas loin à travers mes épais tampons. S'ils viennent à bout de percer le premier, c'est tout ce qu'ils peuvent faire, et encore sont-ils loin de réussir toujours. Mais dans les conditions que leur offre la tige natale, ils n'ont à forcer que des diaphragmes de peu de résistance ; et alors s'insinuant, comme je viens de le dire, entre le cocon et la paroi un peu corrodée par la circonstance, ils peuvent franchir les cellules encore occupées et parvenir au dehors les premiers, quel que soit leur rang dans l'empilement des loges. Il est possible que leur éclosion précoce leur impose ce mode de sortie qui, s'il est souvent essayé, ne réussit pas toujours. Les femelles, douées de robustes outils, progressent plus loin dans mes tubes. J'en vois qui percent trois ou quatre cloisons de file et s'avancent d'autant de rangs dans la série avant l'éclosion de celles qu'elles ont dépassées. Pendant ce long labeur, d'autres, plus rapprochées de l'orifice, ont frayé un passage, dont profiteront celles qui viennent de plus loin. Il peut se faire ainsi, quand l'ampleur du tube le permet, qu'une Osmie d'un rang reculé arrive néanmoins à sortir des premières.

Dans le canal de la ronce, d'un diamètre exactement égal à celui du cocon, cette évasion par le flanc de la colonne ne me paraît guère praticable, si ce n'est pour quelques mâles, et encore faut-il qu'ils trouvent une paroi assez riche en moelle, où la dénudation puisse leur ouvrir un défilé. Supposons donc un tube assez étroit pour s'opposer à toute sortie anticipant sur l'ordre des loges. Qu'adviendra-t-il ? Rien que de très simple. L'Osmie qui, venant d'éclore et de trouer sa cloison, se trouve en face d'un cocon intact par lequel la voie est obstruée, fait quelques tentatives sur les côtés, et son impuissance reconnue, elle rentre dans sa loge, où elle attend des jours et puis des jours encore, jusqu'à ce que sa voisine rompe à son tour son cocon. Sa patience est inaltérable. Du reste, elle n'est pas mise à une trop longue épreuve, car dans l'intervalle d'une semaine, plus ou moins, toute la file des femelles est éclose.

Si deux Osmies voisines sont libres en même temps, il y a des visites mutuelles à travers le pertuis qui fait communiquer les deux chambres : celle d'en haut descend dans l'étage du bas, celle d'en bas monte dans l'étage d'en haut ; parfois les deux sont dans la même loge. Cette fréquentation ne serait-elle pas de nature à les réconforter et à leur faire prendre patience ? Cependant, un peu de ci, un peu de là, des portes s'ouvrent à travers les murailles de séparation ; la voie se fait par tronçons, et un moment vient où le chef de file sort. Les autres suivent si elles sont prêtes ; mais il y a toujours des retardataires qui font attendre jusqu'à leur sortie celles d'un rang plus reculé.

En somme, d'une part l'éclosion s'accomplit sans ordre aucun ; d'autre part, la sortie procède avec régularité, du sommet à la base, mais uniquement par suite de l'impossibilité où se trouve l'insecte d'aller plus avant tant que les loges supérieures ne sont pas évacuées. Il n'y a pas ici évolution exceptionnelle, inverse de l'âge, mais simple impuissance de sortir autrement. Si la possibilité se présente de sortir avant son tour, l'hyménoptère ne manque pas d'en profiter, comme le témoignent ces glissements latéraux qui font progresser les impatients de quelques rangs et même libèrent les mieux favorisés. Tout ce que je vois de remarquable, c'est le scrupuleux respect pour le cocon voisin non encore ouvert. Si pressée qu'elle soit de sortir, l'Osmie se garde bien d'y porter les mandibules : c'est sacré. Elle démolira la cloison, elle rongera la paroi avec acharnement, serait-elle réduite au bois seul, elle mettra tout en poudre autour d'elle ; mai attaquer un gênant cocon, jamais, au grand jamais. Il ne lui est pas permis de s'ouvrir une trouée en éventrant les cocons de ses sœurs.

Vainement l'Osmie est patiente : il peut se faire que la barricade obstruant la voie jamais ne disparaisse. Dans une cellule parfois l'œuf ne se développe pas ; et les provisions, non consommées, deviennent, en se desséchant, un tampon compact, visqueux, moisi, à travers lequel les habitants des étages inférieurs ne sauraient se frayer un passage. Parfois encore une larve meurt dans son cocon, et le berceau de la défunte, devenu cercueil, forme un obstacle d'une durée indéfinie. En ces graves occurrences, comment se tirer d'affaire ?

Parmi tous les bouts de ronce que j'ai recueillis, quelques-uns, en très petit nombre, m'ont présenté une particularité remarquable. Outre l'orifice supérieur, ils avaient sur le flanc un et quelquefois deux orifices ronds, comme pratiqués à l'emporte-pièce. En ouvrant ces tiges, vieux nids abandonnés, j'ai reconnu la cause de ces fenêtres, si exceptionnelles. Au-dessus de chacune d'elles était une cellule pleine de miel moisi. L'œuf avait péri et les provisions étaient restées intactes : d'où l'impossibilité de sortir par la voie ordinaire. Ainsi murée chez elle par l'infranchissable tampon, l'Osmie de l'étage inférieur s'était pratiqué une issue à travers la paroi de l'étui, et celles des étages situés plus bas avaient profité de cette ingénieuse innovation. La porte habituelle étant inaccessible, on avait ouvert, à la force des mâchoires, une fenêtre latérale. Les cocons déchirés, mais encore en place dans les appartements inférieurs, ne laissaient aucun doute sur ce mode original de sortie. D'ailleurs, le même fait se répétait, sur divers tronçons de ronce, pour l'Osmie tridentée ; il se répétait aussi pour l'Anthidie à scapulaire. L'observation méritait d'être confirmée expérimentalement.

Je choisis un bout de ronce à mince paroi, autant que faire se peut, pour faciliter le travail aux Osmies. Je le fends en deux, j'extrais les cocons, et je ratisse avec soin chaque moitié à l'intérieur de façon à obtenir une rigole à paroi uni qui me permettra de mieux juger des évasions futures. Les cocons sont alors alignés dans l'une des rigoles. Je les sépare par des rondelles de sorgho dont chaque face est revêtue d'une bonne couche de cire d'Espagne, matière non attaquable par les mandibules de l'hyménoptère. Les deux rigoles sont juxtaposées et réunies par quelques liens. Un peu de mastic fait disparaître les jointures et intercepte à l'intérieur tout rayon de clarté. Les appareils sont enfin suspendus suivant la verticale, la tête des cocons en haut. Il n'y a plus qu'à attendre. Aucune des Osmies ne peut sortir suivant le mode habituel, renfermées qu'elles sont entre deux cloisons goudronnées de cire d'Espagne. Pour venir au jour, elles n'ont qu'une ressource : s'ouvrir chacune une fenêtre latérale, si toutefois elles en ont l'instinct et le pouvoir.

Au mois de juillet, le résultat est celui-ci. Sur une vingtaine d'Osmies ainsi claquemurées, six parviennent à forer la paroi d'un trou rond par où elles sortent ; les autres périssent dans leurs loges sans parvenir à se libérer. Mais en ouvrant le cylindre, en séparant les deux rigoles de bois, je reconnais que toutes ont essayé l'évasion latérale, car la paroi porte dans chaque loge des traces d'érosion concentrées en un point. Toutes ont donc fait comme leurs sœurs plus heureuses ; si elles n'ont pas réussi, c'est que les forces leur ont manqué. Enfin, dans mes appareils en verre, à demi doublés à l'intérieur d'une épaisse feuille de papier gris, je constate souvent des essais pour une fenêtre sur le flanc de la loge : le papier est percé de part en part d'un trou rond.

Encore un résultat que j'enregistre volontiers pour l'histoire des habitants de la ronce. Si l'Osmie, si l'Anthidie et probablement d'autres, sont dans l'impuissance de sortir par l'habituelle voie, un parti héroïque est pris, et l'étui est perforé sur le côté. C'est l'ultime ressource, celle à laquelle on se résout après avoir essayé vainement les autres moyens. Les vaillants, les forts réussissent ; les faibles succombent à la peine.

En supposant que toutes les Osmies fussent en possession de la force de mâchoire nécessaire à ce forage latéral dont elles ont l'instinct, il est clair que la sortie de chaque cellule par une fenêtre spéciale serait beaucoup plus avantageuse que la sortie par la porte commune. L'insecte, aussitôt éclos, pourrait s'occuper de sa mise en liberté au lieu de la différer jusque après la libération de ceux qui le précèdent ; il éviterait ainsi de longues attentes, qui trop souvent lui sont fatales. Il n'est pas rare, en effet, de trouver des bouts de ronce où plusieurs Osmies sont mortes dans leurs loges, parce que les étages supérieurs n'ont pas été évacués à temps. Oui, ce serait très précieux avantage que cette ouverture latérale, ne subordonnant pas chaque habitant aux éventualités du voisinage : beaucoup périssent qui ne périraient point. Toutes les Osmies, quand les circonstances les y contraignent, en viennent à ce moyen par excellence ; toutes ont l'instinct de trouer par côté ; mais bien peu viennent à bout de l'œuvre. Les privilégiées du sort, les mieux douées en persévérance et en vigueur, seules réussissent.

Si la fameuse loi de sélection qui, dit-on, régente et transforme le monde, avait quelque chose de fondé ; si réellement le mieux doué écartait de la scène le moins bien doué ; si l'avenir était au plus fort, au plus industrieux, n'est-il pas vrai que depuis qu'elle fore des bouts de ronce, la race des Osmies aurait dû laisser éteindre les faibles, qui s'obstinent à la sortie commune, et les remplacer jusqu'au dernier par les vigoureux perforateurs de pertuis latéraux ? Il y a là un progrès immense à faire pour la prospérité de l'espèce ; l'insecte y touche, et il ne peut franchir l'étroite ligne qui l'en sépare. La sélection a certes eu le temps de choisir, et, cependant, s'il y a quelques succès, les insuccès dominent et de beaucoup. La lignée des forts n'a pas fait disparaître la lignée des impuissants ; elle reste inférieure en nombre, ce que de tout temps elle a été sans doute. La loi de sélection me frappe par sa vaste portée ; mais toutes les fois que je veux l'appliquer aux faits observés, elle me laisse tournoyer dans le vide, sans appui pour l'interprétation des réalités. C'est grandiose en théorie, c'est ampoule gonflée de vent en face des choses. C'est majestueux, mais stérile. Où donc est la réponse à l'énigme du monde ? Qui le sait ? Qui jamais le saura ?

Ne nous attardons pas davantage au milieu de ces ténèbres, que nos vaines théories ne dissiperont pas ; revenons aux faits, aux modestes faits, le seul terrain qui ne s'effondre pas sous les pieds. L'Osmie respecte le cocon de sa voisine, et son scrupule est tel, qu'après avoir essayé vainement de se glisser entre ce cocon et la paroi, ou bien de s'ouvrir une issue latérale, elle se laisse mourir dans sa loge plutôt que de passer outre en faisant trouée violente à travers les loges occupées. Si le cocon obstruant la voie contient une larve morte au lieu d'une larve vivante, en sera-t-il de même ?

Dans mes tubes de verre, je fais alterner des cocons d'Osmie contenant une larve vivante, avec d'autres cocons de la même espèce mais à larve asphyxiée par un séjour dans les vapeurs de sulfure de carbone. Des rondelles de sorgho séparent comme toujours les étages. À l'éclosion, les recluses n'hésitent pas longtemps. Une fois la cloison percée, elles attaquent les cocons morts, les traversent de part en part, mettent en poudre la larve morte, actuellement sèche et ratatinée ; elles sortent enfin après avoir tout bouleversé sur leur trajet. Donc les cocons morts ne sont pas épargnés ; ils sont traités comme le serait tout autre obstacle attaquable par les mandibules. L'Osmie n'y voit qu'une barricade à culbuter sans ménagement. Comment est-elle avertie que le cocon, où rien n'est changé quant à l'extérieur, renferme une larve morte et non vivante ? Ce n'est certes pas par la vue. Serait-ce par l'odorat ? Je me méfie toujours un peu de cet odorat, dont on ne sait pas le siège, et que l'on invoque à tout propos pour expliquer commodément ce qui, peut-être, est au-dessus de nos explications.

Cette fois la série ne se compose que de cocons vivants. Ces cocons, je ne peux les prendre évidemment dans la même espèce, car l'expérience ne différerait pas de ce que nous avons déjà vu ; je les prends dans deux espèces différentes, qui sortent de la ronce à des époques ne se confondant pas. De plus, ces cocons doivent être à peu près de même diamètre pour convenir à l'empilement dans un tube sans intervalle vide du côté de la paroi. Les deux espèces adoptées sont le *Solenius vagus*, qui abandonne la ronce en fin juin, et l'*Osmia detrita*, qui sort un peu plus tôt, dans la première quinzaine du même mois. Dans des tubes de verre, ou bien entre deux rigoles de ronce rapprochées en cylindre, j'alterne donc des cocons d'Osmie avec des cocons de Solenius. Ce dernier termine en haut la série.

Le résultat de cette promiscuité est frappant. Les Osmies, plus précoces, sortent ; et les cocons de Solenius ainsi que leurs habitants, parvenus alors à l'état parfait, sont réduits en lambeaux, en poudre, où il m'est impossible de rien reconnaître, si ce n'est çà et là, une tête des malheureux exterminés. Donc l'Osmie n'a pas respecté les cocons vivants d'une autre espèce ; pour sortir, elle a passé sur le corps des Solenius intercalés. Que dis-je, passé sur le corps ? Elle a passé à travers, elle a broyé les retardataires sous ses mâchoires, elle les a traitées avec le même sans-façon que mes diaphragmes de sorgho. Ces barricades étaient vivantes pourtant. N'importe ; son heure venue, l'Osmie a passé outre, détruisant tout sur son passage. Voilà une loi sur laquelle on peut du moins compter : la souveraine indifférence de l'animal pour ce qui n'est pas lui et sa race.

Et l'odorat, qui distinguait le mort du vivant ? Ici tout est vivant, et l'hyménoptère fait sa trouée comme à travers une file de morts. Si l'on dit que l'odeur des Solenius peut différer de celle des Osmies, je répondrai que tant de subtilité dans l'olfaction de l'insecte dépasse ce qu'il me semble raisonnable d'admettre. Quelle est alors mon explication du double fait ? L'explication ! mais je n'en ai pas à donner ! Très aisément, je me résous à savoir ignorer, ce qui m'épargne au moins des élucubrations creuses. J'ignore donc comment l'Osmie, dans la profonde obscurité de son canal, distingue un cocon vivant d'un cocon mort de la même espèce ; j'ignore tout autant comment elle parvient à reconnaître un cocon étranger. Oh ! comme on voit bien à ces aveux d'ignorance que je ne suis pas dans le courant du jour ! Je laisse échapper une occasion superbe d'enfiler de grands mots pour n'arriver à rien.

Le bout de ronce est vertical, ou peu éloigné de cette direction ; son orifice est en haut. Voilà la règle dans les conditions naturelles. Mes artifices peuvent modifier cet état de choses : il m'est loisible de tenir le tube vertical ou horizontal ; de diriger son orifice urique son vers le haut, soit vers le bas ; enfin de laisser le canal ouvert aux deux bouts, ce qui donnera double porte de sortie. Que se passera-t-il dans ces diverses conditions ? C'est ce que nous allons examiner avec l'Osmie tridentée.

Le tube est suspendu suivant la verticale, mais il est fermé en haut et ouvert en bas ; il représente en somme un bout de ronce renversé sens dessus dessous. Pour varier et compliquer l'épreuve, mes appareils n'ont pas leurs files de cocons disposées de la même manière. Pour les uns, la tête des cocons regarde le bas, du côté de l'ouverture ; pour les autres, elle regarde le haut, du côté fermé, pour d'autres encore, les cocons alternent d'orientation, c'est-à-dire qu'ils sont tournés tête contre tête, arrière contre arrière, tour à tour. Il va de soi que des cloisons de sorgho forment les planchers de séparation.

Pour tous ces tubes, le résultat est le même. Si les Osmies ont la tête dirigée vers le haut, elles attaquent la cloison supérieure, ainsi que cela se passe dans les conditions normales ; si elles ont la tête dirigée vers le bas, elles se retournent dans leurs loges et travaillent comme à l'ordinaire. En somme, l'élan général pour la sortie est vers le haut, dans quelque position que le cocon soit mis.

Il y a là en jeu manifestement l'influence de la pesanteur, qui avertit l'insecte de sa position renversée et le fait retourner, comme elle nous avertirait nous-mêmes si nous nous trouvions la tête en bas. Dans les conditions naturelles, l'insecte n'a qu'à suivre les avis de la pesanteur, qui lui dit de creuser en haut, et il arrivera infailliblement à la porte de sortie, située au bout supérieur. Mais dans mes appareils, ces mêmes avis le trahissent ; il se dirige vers le haut, où ne se trouve pas d'issue. Ainsi fourvoyées par mes supercheries, les Osmies périssent, amoncelées dans les étages supérieurs et ensevelies dans les décombres.

Il arrive cependant que des tentatives sont faites pour se frayer un chemin par en bas. Mais dans cette direction, il est rare que le travail aboutisse, surtout pour les loges de la région moyenne ou supérieure. L'insecte a peu de tendance à cette marche inverse de celle qui lui est habituelle ; d'ailleurs, une grave difficulté surgit dans ce forage à contresens. À mesure que l'Abeille rejette en arrière d'elle les matériaux extraits, ceux-ci, par leur propre poids, retombent sous les mandibules, et le déblai est à recommencer. Exténuée par cette besogne de Sisyphe, peu confiante dans un moyen si exceptionnel, l'Osmie se résigne et périt dans sa loge. Je dois ajouter cependant que les Osmies des étages les plus inférieurs, les plus voisins de la sortie, tantôt une, tantôt deux ou trois, parviennent à se libérer. Dans ce cas, elles attaquent sans hésitation les cloisons situées au-dessous d'elles, tandis que leurs compagnes, formant la grande majorité, s'opiniâtrent et périssent dans les logis d'en haut.

L'expérience était facile à répéter, sans rien changer aux conditions naturelles, sauf l'orientation des cocons : il suffisait de suspendre suivant la verticale et l'orifice en bas, des bouts de ronce tels qu'ils avaient été recueillis. Deux tiges ainsi disposées et habitées par des Osmies, ne m'ont donné aucune sortie. Tous les insectes sont morts dans le canal, les uns tournés vers le haut, les autres tournés vers le bas. Au contraire, trois tiges habitées par des Anthidies ont eu leur population saine et sauve. La sortie s'est effectuée par le bas, du premier au dernier, sans encombre aucun. Est-ce que les deux genres d'hyménoptères seraient inégalement sensibles aux influences de la pesanteur ? Est-ce que l'Anthidie, fait pour traverser le difficile obstacle de ses sachets de coton, serait plus apte que l'Osmie à se frayer un passage dans des déblais qui retombent sous le travailleur ; ou plutôt, cette bourre elle-même n'empêcherait-elle pas pareille chute, si propre à rebuter l'insecte ? Tout cela est possible, sans que je puisse rien affirmer.

Expérimentons maintenant les tubes verticaux ouverts aux deux bouts. Les dispositions, à part l'ouverture supérieure, sont les mêmes que précédemment. Les cocons, dans quelques appareils, ont la tête tournée vers le bas ; dans d'autres, ils l'ont tournée vers le haut ; dans d'autres enfin, ils alternent entre eux de position. Le résultat est semblable à celui que nous venons d'obtenir. Quelques Osmies, les plus voisines de l'orifice inférieur, prennent la route d'en bas, quelle que soit l'orientation adoptée pour le cocon ; les autres, composant la grande majorité, prennent la route d'en haut, même lorsque le cocon se trouve renversé. Les deux portes étant libres, la sortie s'accomplit de part et d'autre avec succès.

Que conclure de toutes ces épreuves ? D'abord que la pesanteur guide l'insecte vers le haut, où se trouve la porte naturelle, et qu'elle le fait retourner dans sa loge lorsque le cocon a été mis dans une situation renversée. En second lieu, il me semble entrevoir une influence atmosphérique, et dans tous les cas une seconde cause qui achemine l'insecte vers la sortie. Admettons que cette cause soit le voisinage de l'air libre, qui agit sur les recluses à travers les cloisons.

L'animal est donc soumis d'une part aux sollicitations de la pesanteur, et il l'est d'une manière égale pour tous quel que soit l'étage occupé. Voilà le guide commun à la série entière, de la base au sommet. Mais ceux des loges du bas en ont un second lorsque le bout inférieur est ouvert. C'est le stimulant de l'air voisin, stimulant supérieur à celui de la gravité. L'accès de l'air du dehors est très faible à cause des cloisons ; s'il est sensible dans les dernières loges d'en bas, il doit diminuer rapidement à mesure que l'étage s'élève. Aussi les insectes d'en bas, en très petit nombre, obéissant à l'influence prépondérante, celle de l'atmosphère, se dirigent-ils vers la sortie inférieure, et renversent, s'il le faut, leur orientation première ; ceux d'en haut, au contraire, la grande majorité, n'étant guidés que par la pesanteur dans le cas où le bout supérieur est fermé, se dirigent vers le haut. Il va de soi que, si le bout supérieur est ouvert en même temps que l'autre, les habitants d'en haut auront double motif de prendre la voie qui monte ; ce qui n'empêchera pas les habitants des étages les plus bas d'obéir de préférence à l'appel de l'air voisin et de prendre la voie qui descend.

Une ressource me reste pour juger de la valeur de mon explication : c'est d'expérimenter avec des tubes ouverts aux deux bouts et couchés suivant l'horizontale. L'horizontalité a un double avantage. D'abord elle soustrait l'insecte à l'influence de la pesanteur, en ce sens qu'elle le laisse indifférent sur la direction à suivre, soit à droite, soit à gauche. En second lieu, elle écarte la chute des déblais qui, retombant sous les mandibules du travailleur quand le forage se pratique par en bas, rebutent tôt ou tard l'insecte et lui font abandonner son entreprise.

Quelques soins sont à prendre pour bien conduire les épreuves ; je les recommande à ceux qui seraient désireux de recommencer. Il est bon même d'en tenir compte pour les épreuves que j'ai déjà fait connaître. Les mâles, êtres chétifs, non faits pour le travail, sont de tristes ouvriers en face de mes épais diaphragmes. La plupart périssent misérablement dans leurs loges de verre, sans parvenir à percer en entier leur cloison. D'ailleurs ils sont moins bien partagés que les femelles pour les dons de l'instinct. Leurs cadavres, intercalés çà et là dans la série, sont des causes de trouble qu'il est prudent d'éliminer. Je choisis donc des cocons d'apparence la plus robuste, de dimensions les plus grandes. Ceux-là, sauf quelques erreurs difficiles à éviter, appartiennent à des femelles. Je les empile dans des tubes en variant leur orientation de toutes les façons ou bien gardant pour tous une disposition pareille. Peu importe que la série entière provienne d'un même bout de ronce ou de plusieurs ; il nous est loisible de choisir où nous voudrons, le résultat ne sera pas modifié.

La première fois que j'ai préparé de cette manière un tube horizontal ouvert aux deux bouts, le résultat m'a vivement frappé. La série comprenait dix cocons. Elle s'est partagée en deux escouades égales : les cinq de gauche sont sortis par la gauche, les cinq de droite sont sortis par la droite, en renversant, lorsqu'il le fallait, leur orientation première. C'était fort remarquable de symétrie, c'était de plus un arrangement d'une probabilité bien faible, dans le nombre de tous les arrangements possibles, ainsi que le calcul va l'établir.

Supposons *n* Osmies. Chacune d'elles, du moment que la gravité n'intervient pas et la laisse indifférente pour les deux extrémités du tube, est susceptible de deux positions suivant qu'elle choisit la sortie de droite ou la sortie de gauche. Avec chacune des deux positions de cette première Osmie peut se combiner chacune des deux positions de la seconde : ce qui donne en tout $2 \times 2 = 2^2$ arrangements. À leur tour, chacun de ces 2^2 arrangements peut se combiner avec chacune des deux positions de la troisième Osmie. On obtient ainsi $2 \times 2 \times 2 = 2^3$ arrangements avec trois Osmies. Et ainsi de suite, chaque insecte en plus apportant le facteur 2 au résultat précédemment obtenu. Avec *n* Osmies, le total des arrangements est donc 2^n.

Mais remarquons que ces arrangements sont symétriques deux à deux ; à tel arrangement vers la droite correspond un pareil arrangement vers la gauche ; et cette symétrie entraîne l'équivalence, car dans le problème qui nous occupe, il est indifférent qu'un arrangement déterminé corresponde à la gauche ou à la droite du tube. Le nombre précédent doit donc être divisé par 2. Ainsi *n* Osmies, suivant que chacune d'elles tourne sa tête vers la droite ou vers la gauche dans mon tube horizontal, peuvent affecter des arrangements au nombre de 2^{n-1}. Si $n = 10$, comme dans ma première expérience, le nombre d'arrangements devient $2^9 = 512$.

Ainsi, sur 512 manières que mes dix insectes pouvaient affecter dans leur orientation de sortie, s'était réalisée l'une de celles dont la symétrie est la plus remarquable. Et notons bien que ce n'était pas là un résultat obtenu par des essais multipliés, par des tentatives sans ordre. Chaque Osmie de la moitié de droite avait troué à droite sans toucher à la cloison de gauche, chaque Osmie de la moitié de gauche avait troué à gauche sans toucher à la cloison de droite. La forme des orifices et l'état des surfaces des cloisons au besoin l'indiquait. Il y avait eu décision immédiate, moitié pour la gauche, moitié pour la droite.

L'arrangement réalisé a un autre mérite, supérieur au mérite de la symétrie : c'est celui de correspondre à la moindre somme de forces dépensées. Pour la sortie de toute la série, si la file se compose de n loges, il y a d'abord *n* cloisons à percer. Il pourrait même y en avoir une de plus par le fait d'un enchevêtrement que j'écarte. Il y a, dis-je, pour le moins, *n* cloisons à percer. Que chaque Osmie perce la sienne, ou que la même Osmie en perce plusieurs en soulageant ainsi ses voisines, peu nous importe : la somme totale des forces dépensées par la série des hyménoptères sera proportionnelle au nombre de ces cloisons de quelque manière que s'effectue la sortie.

Mais il est un autre travail dont il faut largement tenir compte, car il est souvent plus pénible que le forage de la cloison ; c'est celui qui consiste à se frayer un chemin à travers les décombres. Supposons les cloisons percées et les diverses chambres obstruées chacune par les déblais qui lui correspondent, et par ces déblais uniquement, puisque l'horizontalité exclut tout mélange d'une chambre à l'autre. Pour s'ouvrir une voie à travers ces démolitions, chaque insecte aura le moindre effort à faire s'il traverse le moindre nombre de loges possible, enfin s'il s'achemine vers l'ouverture la plus rapprochée de lui. De ces moindres efforts individuels résultera le moindre effort total. C'est donc en se dirigeant comme elles l'ont fait dans mon expérience, que les Osmies opèrent leur sortie avec la moindre dépense de forces. Il est curieux de voir appliquer par un insecte le principe de la moindre action, invoqué par la mécanique.

Un arrangement qui satisfait à ce principe, se conforme aux lois de la symétrie et n'a qu'une seule chance sur 512, n'est certes pas un résultat fortuit. Une cause l'a déterminé ; et cette cause agissant toujours, le même arrangement doit se reproduire, si je recommence. J'ai donc recommencé les années suivantes, avec des appareils aussi nombreux que me le permettaient mes recherches assidues de bouts de ronce, et j'ai revu, à chaque épreuve nouvelle, ce que j'avais vu avec tant d'intérêt une première fois. Si le nombre est pair, et ma colonne se composait alors habituellement de 10, une moitié sort par la droite, l'autre sort par la gauche. Si le nombre est impair, 11 par exemple, l'Osmie qui occupe le milieu sort indifféremment par l'issue de droite ou par l'issue de gauche. Le nombre de loges à traverser étant le même pour elle d'un coté comme de l'autre, sa dépense de force ne varie pas avec la direction de la sortie, et le principe de la moindre action est toujours observé.

Il importait de reconnaître si l'Osmie tridentée partage son aptitude soit avec les autres habitants de la ronce, soit avec des hyménoptères différemment logés, mais destinés à s'ouvrir une voie pénible quand vient l'heure de quitter le nid. Eh bien, abstraction faite de quelques irrégularités provenant soit de cocons dont la larve périt dans mes tube sans se développer, soit de mâles peu experts au travail, le résultat a été le même pour l'*Anthidium scapulare*. Il s'est fait un partage en deux escouades égales, l'une pour la droite, l'autre pour la gauche. – Le *Tripoxylon figulus* m'a laissé indécis. Le débile insecte n'est pas apte à trouer mes cloisons ; il les ronge un peu, et c'est d'après les érosions qu'il m'a fallu juger de la direction adoptée. Ces érosions, non toujours bien nettes, ne me permettent pas de me prononcer encore. – Le *Solenius vagus*, habile perforateur, s'est comporté autrement que l'Osmie. Pour une colonne de 10, la sortie s'est effectuée en totalité dans le même sens.

J'ai soumis d'autre part à l'épreuve le Chalicodome des hangars, qui, pour sortir dans les conditions naturelles, n'a qu'à percer son plafond de ciment et ne trouve pas devant lui une suite de loges à traverser. Quoique étranger aux dispositions que je lui créais, il a donné réponse des plus affirmatives. Disposés en colonne de 10 dans un tube horizontal ouvert aux deux bouts, cinq se sont acheminés à droite et cinq se sont acheminés à gauche. – Le *Dioxys cincta*, parasite dans les maçonneries soit du Chalicodome des hangars, soit du Chalicodome des murailles, n'a rien fourni de précis. – La *Megachile apicalis* Spin., qui édifie dans les vieilles cellules du Chalicodome des murailles ses godets en rondelles de feuilles, fait comme le *Solenius* et dirige toute sa colonne vers la même issue.

Tout incomplet qu'il est, ce relevé nous montre combien il serait imprudent de généraliser les conclusions où nous amène l'Osmie tridentée. Si quelques hyménoptères, l'Anthidie, le Chalicodome partagent son talent pour la double sortie, quelques autres, Solenius, Mégachile imitent les moutons de Panurge et suivent le premier qui sort. Le monde entomologique n'est pas uniforme ; les dons y sont très divers ; ce que l'une est capable de faire, l'autre ne le peut ; et bien subtil serait le regard qui verrait les causes de ces différences. Quoi qu'il en soit, de plus amples recherches augmenteront certainement le nombre des espèces aptes à la double sortie ; pour aujourd'hui, nous en connaissons trois, et cela nous suffit.

J'ajouterai que si le tube horizontal a l'un de ses bouts fermé, toute la file d'Osmies se dirige vers le bout ouvert, en se retournant, si besoin est.

Maintenant que les faits sont exposés, remontons, s'il se peut, à la cause. Dans un tube horizontal, la gravité n'agit plus pour déterminer la direction que prendra l'insecte. Faut-il attaquer la cloison de droite, faut-il attaquer la cloison de gauche ? Comment décider ? Plus je m'informe, plus mes soupçons se portent sur l'influence atmosphérique qui se fait sentir par les deux extrémités ouvertes. Cette influence, en quoi consiste-t-elle ? Est-ce un effet de pression, d'hygrométrie, d'état électrique, de propriétés échappant à notre grossière physique ? Bien hardi qui déciderait. Nous-mêmes, lorsque le temps veut changer, ne sommes-nous pas soumis à des impressions intimes, à des sensations inexplicables ? Cependant cette vague sensibilité pour les modifications atmosphériques ne nous serait pas d'un grand secours en des circonstances semblables à celles où se trouvent mes recluses. Supposons-nous dans les ténèbres et le silence d'un cachot, que suivent et que précèdent d'autres cachots. Nous avons des outils pour percer les murs ; mais où frapper pour atteindre l'issue finale et l'atteindre au plus vite ? L'influence atmosphérique ne nous en instruirait certes pas.

Elle en instruit cependant l'insecte. Si faible qu'elle soit à travers la multiplicité des cloisons, elle s'exerce d'un côté plus que de l'autre parce que la somme des obstacles y est moindre ; et l'insecte, sensible à cette différence entre ces deux je ne sais quoi, attaque sans hésiter la cloison la plus voisine de l'air libre. Ainsi se décide le partage de la colonne en deux séries inverses, qui accomplissent la libération totale avec la moindre somme de travail. Bref, l'Osmie et ses rivales *sentent l'étendue libre.* – Encore une aptitude sensorielle que le transformisme aurait bien dû nous laisser pour notre avantage. S'il ne l'a pas fait, sommes nous bien, ainsi que beaucoup le prétendent, la plus haute expression des progrès accomplis, à travers les âges, par le premier atome de glaire gonflé en cellule ?

XIV. LES SITARIS

Les hauts talus argilo-sablonneux des environs de Carpentras sont lieux de prédilection pour une foule d'hyménoptères, amis des expositions bien ensoleillées et des sols d'exploitation facile. Là, dans le mois de mai, abondent surtout deux Anthophores, ouvrières en miel et cellules souterraines. L'une, *Anthophora parietina*, construit à l'entrée de son domicile une fortification avancée, un cylindre en terre, ouvragé à jour comme celui de l'Odynère, courbe comme lui, mais de la grosseur et de la longueur du doigt. Lorsque la cité est populeuse, on est émerveillé de la rustique ornementation que forment toutes ces stalactites d'argile appendues à la façade. L'autre, *Anthophora pilipes*, beaucoup plus fréquente, laisse nu l'orifice de sa galerie. Les interstices des pierres dans les vieilles murailles et les masures abandonnées, les parois des excavations dans le grès tendre et la marne, lui conviennent pour ses travaux ; mais les endroits préférés, ceux où se donnent rendez-vous les plus nombreux essaims, sont les nappes verticales exposées au midi, comme en présentent les talus des chemins profondément encaissés. Là, sur des étendues de plusieurs pas de longueur, la paroi est forée d'une multitude d'orifices qui donnent à la masse terreuse l'aspect de quelque énorme éponge. Ces trous arrondis semblent l'œuvre d'une tarière, tant ils sont réguliers. Chacun est l'entrée d'un corridor flexueux qui plonge à deux ou trois décimètres. Au fond sont distribuées les cellules. Si l'on veut assister aux travaux de l'industrieuse abeille, c'est dans la dernière quinzaine du mois de mai qu'il faut se rendre sur le chantier. On peut alors, mais à respectueuse distance si, novice encore, l'on redoute l'aiguillon, on peut contempler, dans toute son activité vertigineuse, le tumultueux et bourdonnant essaim, occupé à la construction et à l'approvisionnement des cellules.

C'est plus fréquemment pendant les mois d'août et de septembre, mois fortunés des vacances scolaires, que j'ai visité les talus habités par l'Anthophore. À cette époque, tout est silencieux dans le voisinage des nids ; les travaux sont depuis longtemps achevés et de nombreuses toiles d'araignées tapissent les recoins, ou s'enfoncent en tubes de soie dans les galeries de l'hyménoptère. N'abandonnons pas cependant à la hâte la cité naguère si populeuse, si animée et maintenant déserte. À quelques pouces de profondeur dans le sol, reposent, jusqu'au printemps prochain, des milliers de larves et de nymphes, enfermées dans leurs cellules d'argile. Des proies succulentes, incapables de défense, engourdies comme le sont ces larves, ne pourraient-elles tenter quelques parasites assez industrieux pour les atteindre ?

Voici, en effet, des diptères à livrée lugubre, mi-partie blanche et noire, des Anthrax (*Anthrax sinuata*), volant mollement d'une galerie à l'autre, sans doute pour y déposer leurs œufs ; en voici d'autres, plus nombreux, dont la mission est remplie, et qui, étant morts à la peine, pendent, desséchés, aux toiles d'araignée. Ailleurs, la surface entière d'un talus à pic est tapissée de cadavres secs d'un coléoptère (*Sitaris humeralis*), appendus, comme les Anthrax, aux réseaux soyeux des araignées. Parmi ces cadavres circulent, affairés, amoureux, insouciants de la mort, des Sitaris mâles s'accouplant avec la première femelle qui passe à leur portée, tandis que les femelles fécondées enfoncent leur volumineux abdomen dans l'orifice d'une galerie et y disparaissent à reculons. Il est impossible de s'y méprendre : quelque grave intérêt amène en ces lieux ces deux insectes qui, dans un petit nombre de jours, apparaissent, s'accouplent, pondent et meurent aux portes mêmes des habitations de l'Anthophore.

Donnons maintenant quelques coups de pioche au sol où doivent se passer les singulières péripéties que l'on soupçonne déjà, où l'année dernière pareilles choses se sont passées ; peut-être y trouverons-nous des témoins du parasitisme présumé. Si l'on fouille l'habitation des Anthophores dans les premiers jours du mois d'août, voici ce qu'on observe : les cellules formant la couche superficielle ne sont pas pareilles à celles qui sont situées à une plus grande profondeur. Cette différence provient de ce que le même établissement est exploité à la fois par l'Anthophore et par une Osmie (*Osmia tricornis*), ainsi que le prouve une observation faite à l'époque des travaux, au mois de mai. Les Anthophores sont les véritables pionniers, le travail du forage de galeries leur appartient en entier ; aussi leurs cellules sont-elles situées tout au fond. L'Osmie profite des galeries abandonnées, soit à cause de leur vétusté, soit à cause de l'achèvement des cellules qui en occupent la partie la plus reculée ; et c'est en les divisant, au moyen de grossières cloisons de terre, en chambres inégales et sans art, qu'elle construit ses cellules. Le seul travail de maçonnerie de l'Osmie se réduit à ces cloisons. C'est d'ailleurs le mode ordinaire adopté, dans leurs constructions, par les diverses Osmies, qui se contentent d'une fissure entre deux pierres, d'une coquille vide d'escargot, de la tige sèche et creuse de quelque plante, pour y bâtir à peu de frais leurs cellules empilées, au moyen de faibles cloisons de mortier.

Les cellules de l'Anthophore, d'une régularité géométrique irréprochable, d'un fini parfait, sont des ouvrages d'art, creusés à une profondeur convenable dans la masse même du banc argilo-sablonneux et sans autre pièce rapportée que l'épais couvercle fermant l'orifice. Ainsi protégées par la prudente industrie de leur mère, hors d'atteinte au fond de leurs retraites solides et reculées, les larves de l'Anthophore sont dépourvues de l'appareil glandulaire destiné à sécréter la soie. Elles ne se filent donc jamais de cocon, mais reposent à nu dans leurs cellules, dont l'intérieur a le poli du stuc. Il faut, au contraire, des moyens de défense dans les cellules de l'Osmie placées dans la couche superficielle du banc, irrégulières, rugueuses dans leur intérieur et à peine protégées contre les ennemis du dehors par de minces cloisons de terre. Les larves de l'Osmie savent, en effet, s'enfermer dans un cocon ovoïde, d'un brun foncé, très solide, qui les met à la fois à l'abri du rude contact de leurs cellules informes et des mandibules de parasites voraces, Acariens, Clairons, Anthrènes, ennemi multiple qu'on trouve rôdant dans les galeries, *quærens quem devoret*. C'est au moyen de cette balance entre les talents de la mère et ceux de la larve que l'Osmie et l'Anthophore échappent, dans leur premier âge, à une partie des dangers qui les menacent. Il est donc facile de connaître, dans le banc exploité, ce qui appartient à chacun des deux hyménoptères, par la situation et la forme des cellules, enfin par le contenu de ces dernières, consistant, pour l'Anthophore, en une larve nue, et pour l'Osmie, en une larve incluse dans un cocon.

En ouvrant un certain nombre de ces cocons, on finit par en trouver qui, au lieu de la larve de l'Osmie, contiennent chacun une nymphe de forme étrange. Ces nymphes, à la plus légère secousse de leur habitacle, se livrent à des mouvements désordonnés, fouettent de l'abdomen les parois de leur demeure qu'elles ébranlent et font entrer dans une sorte de trépidation. Aussi, laissant même le cocon intact, est-on averti de leur présence par un sourd frôlement qui se fait entendre à l'intérieur de la loge de soie lorsqu'on vient à la remuer.

L'extrémité antérieure de cette nymphe est façonnée en espèce de boutoir armé de six robustes épines, soc multiple éminemment propre à fouiller la terre. Une double rangée de crochets règne sur l'anneau dorsal des quatre segments antérieurs de l'abdomen. Ce sont autant de grappins à l'aide desquels l'animal peut avancer dans l'étroite galerie creusée par le boutoir. Enfin un faisceau de pointes acérées forme l'armure de l'extrémité postérieure. Si l'on examine attentivement la surface de la nappe verticale qui recèle ces divers nids, on ne tarde pas à découvrir des nymphes pareilles aux précédentes, engagées par leur extrémité dans une galerie de leur diamètre, et dont l'extrémité antérieure est librement saillante au dehors. Mais ces nymphes sont réduites à leurs dépouilles, sur le dos et sur la tête desquelles règne une longue fissure par où s'est échappé l'insecte parfait. La destination de la puissante armure de la nymphe devient ainsi manifeste : c'est la nymphe qui est chargée de déchirer le cocon tenace qui l'emprisonne, de fouiller le sol compact où elle est enfouie, de creuser une galerie avec son boutoir à six pointes, et d'amener enfin au jour l'insecte parfait, incapable apparemment d'exécuter lui-même d'aussi rudes travaux.

Et en effet, ces nymphes, prises dans leurs cocons, m'ont donné dans l'intervalle de quelques jours un débile diptère, l'*Anthrax sinuata*, tout à fait impuissant à percer le cocon, et encore plus à se frayer une issue à travers un sol que je ne fouille pas sans peine avec la pioche. Bien que de pareils faits abondent dans l'histoire des insectes, c'est toujours avec un vif intérêt qu'on les constate. Ils nous parlent d'une incompréhensible puissance qui, tout à coup, à un moment déterminé, commande irrésistiblement à un obscur vermisseau d'abandonner la retraite où il est en sûreté, pour se mettre en marche à travers mille difficultés, et venir à la lumière, à lui fatale dans toute autre occasion, mais nécessaire à l'insecte parfait, qui ne pourrait y parvenir de lui-même.

Mais voilà la couche des cellules de l'Osmie enlevée ; la pioche atteint maintenant les cellules de l'Anthophore. Parmi ces cellules, les unes renferment des larves et proviennent des travaux du dernier mois de mai ; les autres, quoique de même date, sont déjà occupées par l'insecte parfait. La précocité de métamorphose n'est pas la même d'une larve à l'autre ; du reste une différence d'âge de quelques jours peut expliquer ces inégalités de développement. D'autres cellules, aussi nombreuses que les précédentes, renferment un hyménoptère parasite, une Mélecte (*Melecta armata*) également à l'état parfait. Enfin il s'en trouve, et abondamment, qui renferment une singulière coque ovoïde, divisée en segments, pourvue de boutons stigmatiques, très fine, fragile, ambrée et si transparente, qu'on distingue très bien, à travers sa paroi, un Sitaris adulte (*Sitaris humeralis*), qui en occupe l'intérieur et se démène comme pour se mettre en liberté. Ainsi s'expliquent la présence, l'accouplement, la ponte en ces lieux, des Sitaris que nous venons de voir errer tout à l'heure, en compagnie des Anthrax, à l'entrée des galeries des Anthophores. L'Osmie et l'Anthophore, copropriétaires de céans, ont chacune leur parasite ; l'Anthrax s'attaque à l'Osmie et le Sitaris à l'Anthophore.

Mais qu'est-ce que cette coque bizarre où le Sitaris est invariablement renfermé, coque sans exemple dans l'ordre des coléoptères ? Y aurait-il ici un parasitisme au second degré, c'est-à-dire le Sitaris vivrait-il dans l'intérieur de la chrysalide d'un premier parasite, qui vivrait lui-même aux dépens de la larve de l'Anthophore ou de ses provisions ? Et comment encore ce ou ces parasites trouvent-ils accès dans une cellule qui paraît inviolable, à cause de la profondeur où elle se trouve, et qui d'ailleurs ne trahit à l'étude scrupuleuse de la loupe aucune violente irruption de l'ennemi ? Telles sont les questions qui se sont présentées à mon esprit lorsque, pour la première fois, en 1855, j'ai été témoin des faits que je viens de raconter. Trois ans d'observations assidues me mirent en mesure d'ajouter à l'histoire des morphoses des insectes un de ses plus étonnants chapitres.

* * *

Ayant recueilli un assez grand nombre de ces coques problématiques qui contenaient des Sitaris adultes, j'eus la satisfaction d'observer à loisir l'issue de l'insecte parfait hors de la coque, l'accouplement et la ponte. La rupture de la coque est facile : quelques coups de mandibules distribués au hasard et quelques ruades des pattes suffisent pour mettre l'insecte parfait hors de sa fragile prison.

Dans les flacons où je tenais mes Sitaris, j'ai vu l'accouplement suivre de très près les premiers instants de liberté. J'ai pu même être témoin d'un fait qui témoigne hautement combien est impérieuse, pour l'insecte parfait, la nécessité de se livrer, sans retard, à l'acte qui doit assurer la conservation de sa race. Une femelle, la tête déjà hors de la coque, se démène avec anxiété pour achever de se libérer ; un mâle, libre depuis une paire d'heures, monte sur cette coque, et tiraillant d'ici, de-là, avec les mandibules, la fragile enveloppe, s'efforce de débarrasser la femelle de ses entraves. Ses efforts sont bientôt couronnés de succès ; une rupture se déclare en arrière de la coque, et, bien que la femelle soit encore aux trois quarts ensevelie dans ses langes, l'accouplement a lieu immédiatement, pour durer une minute à peu près. Pendant cet acte, le mâle se tient immobile sur le dos de la coque, ou bien sur le dos de la femelle lorsque celle-ci est entièrement libre. J'ignore si, dans les circonstances ordinaires, le mâle aide ainsi parfois la femelle à se mettre en liberté ; à cet effet, il lui faudrait pénétrer dans une cellule renfermant une femelle, ce qui lui est, après tout, possible, puisqu'il a su s'échapper de la sienne. Toutefois, sur les lieux mêmes, l'accouplement s'opère en général à l'entrée des galeries des Anthophores ; et alors, ni l'un ni l'autre des deux sexes ne traîne après lui le moindre lambeau de la coque d'où il est sorti.

Après l'accouplement, les deux Sitaris se mettent à se lustrer les pattes et les antennes en les passant entre les mandibules ; puis chacun s'éloigne de son côté. Le mâle va se tapir dans un pli du talus de terre, y languit deux ou trois jours et périt. La femelle, elle aussi, après la ponte qui s'opère sans aucun retard, meurt à l'entrée du couloir où elle a déposé ses œufs. Telle est l'origine de tous ces cadavres appendus aux toiles d'araignée qui tapissent le voisinage des demeures de l'Anthophore.

Les Sitaris ne vivent donc à l'état parfait que le temps nécessaire pour s'accoupler et pondre. Je n'en ai jamais vu un seul autre part que sur le théâtre de leurs amours et en même temps de leur mort ; je n'en ai jamais surpris un seul pâturant sur les plantes voisines, de sorte que, bien qu'ils soient pourvus d'un appareil digestif normal, j'ai de graves raisons de douter s'ils prennent réellement la moindre nourriture. Quelle existence est la leur ! Quinze jours de bombance dans un magasin à miel, un an de sommeil sous terre, une minute d'amour au soleil, puis la mort !

Une fois fécondée, la femelle, inquiète, se met aussitôt à la recherche d'un lieu favorable pour y déposer les œufs. Il importait de constater en quel lieu précis s'effectue la ponte. La femelle va-t-elle de cellule en cellule, confier un œuf aux flancs succulents de chaque larve, soit de l'Anthophore, soit d'un parasite de cette dernière, comme porte à le croire la coque énigmatique d'où sort le Sitaris ? Ce mode de dépôt des œufs, un à un dans chaque cellule, paraît être de toute nécessité pour expliquer les faits déjà connus. Mais alors, pourquoi les cellules usurpées par les Sitaris ne gardent-elles pas la plus légère trace de l'effraction indispensable ? Et comment peut-il se faire que, malgré de longues recherches où ma persévérance a été soutenue par le plus vif désir de jeter quelque jour sur tous ces mystères, comment, dis-je, peut-il se faire qu'il ne me soit pas tombé sous la main un seul des parasites présumés auxquels la coque pourrait être rapportée, puisque cette dernière paraît être étrangère à un coléoptère ? Le lecteur difficilement soupçonnerait combien mes faibles connaissances en entomologie furent bouleversées par cet inextricable dédale de faits contradictoires. Mais, patience ! le jour se fera peut-être.

Constatons d'abord en quel lieu précis les œufs sont déposés. Une femelle vient d'être fécondée sous mes yeux ; elle est aussitôt séquestrée dans un large flacon où j'introduis en même temps des mottes de terre renfermant des cellules d'Anthophore. Ces cellules sont occupées en partie par des larves et en partie par des nymphes encore toutes blanches ; quelques-unes d'entre elles sont légèrement ouvertes et laissent entrevoir leur contenu. Enfin je pratique à la face intérieure du bouchon de liège qui ferme le flacon un conduit cylindrique, un cul-de-sac, du diamètre des couloirs de l'Anthophore. Pour que l'insecte, s'il le désire, puisse pénétrer dans ce couloir artificiel, le flacon est couché horizontalement.

La femelle, traînant avec peine son volumineux abdomen, parcourt tous les coins et recoins de son logis improvisé, et les explore avec ses palpes, qu'elle promène partout. Après une demi-heure de tâtonnements et de recherches soigneuses, elle finit par choisir la galerie horizontale creusée dans le bouchon. Elle enfonce l'abdomen dans cette cavité, et, la tête pendante au dehors, elle commence sa ponte. Ce n'est que trente-six heures après que l'opération a été terminée, et pendant cet incroyable laps de temps, le patient animal s'est tenu dans une immobilité des plus complètes.

Les œufs sont blancs, en forme d'ovale, et très petits. Leur longueur atteint à peine les deux tiers d'un millimètre. Ils sont faiblement agglutinés entre eux et amoncelés en un tas informe qu'on pourrait comparer à une forte pincée de semences non mûres de quelque orchidée. Quant à leur nombre, j'avouerai qu'il a infructueusement fatigué ma patience. Je ne crois pas cependant l'exagérer en l'évaluant au moins à deux milliers. Voici sur quelles données je base ce chiffre. La ponte, ai-je dit, dure trente-six heures, et mes fréquentes visites à la femelle, livrée à cette opération dans la cavité du bouchon, m'ont convaincu qu'il n'y a pas d'interruption notable dans le dépôt successif des œufs. Or, moins d'une minute s'écoule entre l'arrivée d'un œuf et celle du suivant, le nombre de ces œufs ne saurait donc être inférieur au nombre des minutes contenues dans trente-six heures ou à 2 160. Mais peu importe ce nombre exact, il suffit de constater qu'il est fort grand, ce qui suppose, pour les jeunes larves qui en proviendront, de bien nombreuses chances de destruction, puisqu'une telle prodigalité de germes est nécessaire au maintien de l'espèce dans les proportions voulues.

Averti par ces observations, renseigné sur la forme, le nombre et l'arrangement des œufs, j'ai recherché dans les galeries des Anthophores ceux que les Sitaris y avaient déposés, et je les ai invariablement trouvés amoncelés en tas dans l'intérieur des galeries, à un pouce ou deux de leur orifice, toujours ouvert à l'extérieur. Ainsi, contrairement à ce qu'on avait quelque droit de supposer, les œufs ne sont pas pondus dans les cellules de l'abeille pionnière ; ils sont simplement déposés, en seul tas, dans le vestibule de son logis. Bien plus, la mère n'exécute pour eux aucun travail protecteur, elle ne prend aucun soin pour les abriter contre la rigueur de la mauvaise saison ; elle n'essaie pas même, en bouchant tant bien que mal le vestibule où elle les a pondus à une faible profondeur, de les préserver des mille ennemis qui les menacent ; car, tant que les froids de l'hiver ne sont pas venus, dans ces galeries ouvertes circulent des Araignées, des Acares, des larves d'Anthrène, et autres ravageurs pour qui ces œufs ou les jeunes larves qui vont en provenir, doivent être friande curée. Par suite de l'incurie de la mère, ce qui échappe à tous ces giboyeurs voraces et aux intempéries doit se trouver en nombre singulièrement réduit. De là, peut-être, la nécessité où est la mère de suppléer par sa fécondité à la nullité de son industrie.

L'éclosion a lieu un mois après, vers la fin de septembre ou le commencement d'octobre. La saison encore propice m'a porté à croire que les jeunes larves devaient immédiatement se mettre en marche et se disperser pour tâcher de gagner chacune une cellule d'Anthophore, grâce à quelque imperceptible fissure. Cette prévision s'est trouvée complètement fausse. Dans les boîtes où j'avais mis les œufs pondus de mes captifs, les jeunes larves, bestioles noires d'un millimètre tout au plus de longueur n'ont pas changé de place, quoique pourvues de pattes vigoureuses ; elles sont restées pêle-mêle avec les dépouilles blanches des œufs d'où elles étaient sorties.

Vainement j'ai mis à leur portée des blocs de terre renfermant des nids d'Anthophores, des cellules ouvertes, des larves, des nymphes de l'abeille : rien n'a pu les tenter ; elles ont persisté à former, avec les téguments des œufs un tas pulvérulent pointillé de blanc et de noir. Ce n'est qu'en promenant la pointe d'une aiguille dans cette pincée de poussière animée que je pouvais y provoquer un grouillement actif. Hors de là, tout était repos. Si j'éloignais forcément quelques larves du tas commun, elles y revenaient aussitôt avec précipitation, pour s'y enfouir au milieu des autres. Peut-être que, ainsi groupées et abritées sous les téguments des œufs, elles ont moins à craindre du froid. Quel que soit le motif qui les porte à se tenir ainsi amoncelées, j'ai reconnu qu'aucun des moyens dictés par mon imagination ne réussissait à leur faire abandonner la petite masse spongieuse que forment les dépouilles des œufs faiblement agglutinées entre elles. Enfin, pour mieux m'assurer qu'en liberté les larves ne se dispersent pas après l'éclosion, je me suis rendu pendant l'hiver à Carpentras et j'ai visité les talus aux Anthophores. J'ai trouvé là, comme dans mes boîtes, les larves amoncelées en tas, pêle-mêle avec les dépouilles des œufs.

XVI. LA LARVE PRIMAIRE DES SITARIS

Jusque vers la fin du mois d'avril suivant, rien de nouveau ne se passe. Je profiterai de ce long repos pour mieux faire connaître la jeune larve, dont voici la description :

Longueur, 1 millimètre ou un peu moins. Coriace, d'un noir verdâtre luisant, convexe en dessus, plane en dessous, allongée, augmentant graduellement de diamètre de la tête au bout postérieur du métathorax, puis diminuant rapidement. Tête un peu plus longue que large, légèrement dilatée vers sa base, roussâtre vers la bouche et plus foncée vers les ocelles.

Labre en segment de cercle, roussâtre, bordé d'un petit nombre de cils raides et très courts. Mandibules fortes, rousses, courbes, aiguës, se joignant sans se croiser dans le repos. Palpes maxillaires assez longs, formés de deux articles cylindriques, égaux ; le dernier terminé par un cil très court. Mâchoires et lèvre inférieure trop peu visibles pour pouvoir être décrites avec certitude.

Antennes de deux articles cylindriques, égaux, peu nettement séparés, à peu près de la même longueur que ceux des palpes ; le dernier surmonté d'un cirrhe dont la longueur atteint jusqu'à trois fois celle de la tête, et qui va s'effilant jusqu'à devenir invisible à une forte loupe. En arrière de la base de chaque antenne, deux ocelles inégaux, presque contigus l'un à l'autre.

Segments thoraciques égaux en longueur et augmentant graduellement de largeur d'avant en arrière. Prothorax plus large que la tête, plus étroit antérieurement qu'à la base, légèrement arrondi sur les côtés. Pattes de médiocre longueur, assez robustes, terminées par un ongle puissant, long, aigu et très mobile. Sur la hanche et sur la cuisse de chaque patte, un long cirrhe pareil à celui des antennes, presque aussi long que la patte entière, et dirigé perpendiculairement au plan de locomotion quand l'animal se meut. Quelques cils raides sur les jambes.

Abdomen de neuf segments, sensiblement de même longueur entre eux, mais moindres que ceux du thorax et diminuant très rapidement de largeur jusqu'au dernier. Sous la dépendance du huitième segment, ou plutôt sous celle de l'intervalle membraneux séparant ce segment du dernier, se montrent deux pointes un peu arquées, courtes, mais fortes, aiguës, dures à leur extrémité et placées l'une à droite l'autre à gauche de la ligne médiane. Ces deux appendices peuvent, par un mécanisme qui rappelle en petit celui des tentacules du Colimaçon, rentrer en eux-mêmes par suite de l'état membraneux de leur base. Ils peuvent, en outre, s'abriter sous le huitième segment, entraînés qu'ils sont par le segment anal, lorsque ce dernier, en se contractant, rentre dans le huitième. Enfin le neuvième segment, ou segment anal, porte à son bord postérieur deux longs cirrhes pareils à ceux des pattes et des antennes, et se recourbant de haut en bas. En arrière de ce dernier segment, se montre un mamelon charnu, plus ou moins saillant ; c'est l'anus. J'ignore la position des stigmates ; ils se sont dérobés à mes investigations, bien que faites à l'aide du microscope.

Lorsque la larve est en repos, les divers segments sont régulièrement imbriqués, et les intervalles membraneux, correspondant aux articulations, ne sont pas visibles. Mais si la larve marche, toutes les articulations, surtout celles des segments abdominaux, se distendent et finissent par occuper presque autant de place que les arceaux cornés. En même temps, le segment anal sort de l'étui formé par le huitième ; l'anus, à son tour, s'allonge en mamelon et les deux pointes de l'avant-dernier anneau surgissent d'abord lentement, puis se dressent tout à coup par un mouvement brusque comparable à celui que produit un ressort en se détendant ; enfin ces deux points divergent en cornes de croissant. Une fois cet appareil complexe déployé, l'animalcule est en mesure de marcher sur la surface la plus glissante.

Le dernier segment et son bouton anal se recourbent à angle droit avec l'axe du corps, et l'anus vient s'appliquer sur le plan de locomotion, où il déverse une gouttelette d'un liquide hyalin et filant, qui englue la bestiole et la maintient solidement en place, appuyée sur une espèce de trépied que forment le bouton anal et les deux cirrhes du dernier segment. Si l'on observe le mode de locomotion de l'animal sur une lame de verre, on peut tenir la lame dans une position verticale, la renverser même sens dessus dessous, la secouer légèrement sans que la larve se détache et tombe, retenue qu'elle est par l'humeur agglutinative du bouton anal.

S'il faut avancer sur un plan où une chute n'est pas à craindre, la microscopique bête emploie un autre procédé. Elle recourbe l'abdomen, et lorsque les deux pointes du huitième segment, alors pleinement étalées, ont trouvé un point d'appui solide en labourant, pour ainsi dire, le plan de locomotion, elle s'appuie sur cette base et se porte en avant, en dilatant les diverses articulations abdominales. Ce mouvement en avant est d'ailleurs favorisé par le jeu des pattes, qui sont loin de rester inactives. Cela fait, elle jette l'ancre avec les puissants onglets de ses pattes ; l'abdomen se contracte, ses divers anneaux se resserrent, et l'anus, tiré en avant, prend de nouveau appui, à l'aide des deux pointes, pour commencer la seconde de ces curieuses enjambées.

Au milieu de ces manœuvres, les cirrhes des hanches et des cuisses traînent sur le plan d'appui, et par leur longueur, leur élasticité, ne paraissent propres qu'à entraver la marche. Mais ne nous hâtons pas de conclure à une inconséquence : le moindre des êtres est approprié aux conditions au milieu desquelles il doit vivre ; il est à croire que ces filaments, loin d'entraver l'animalcule en marche, doivent, dans les circonstances normales, lui être de quelque secours.

Le peu que nous venons d'apprendre nous montre déjà que la jeune larve de Sitaris n'est pas appelée à se mouvoir sur une surface ordinaire. Le lieu, quel qu'il soit, où cette larve doit vivre plus tard, l'expose à de bien nombreuses chances de chutes périlleuses, puisque, pour les prévenir, elle est non seulement armée d'ongles robustes, très mobiles, et d'un croissant acéré, espèce de soc capable de mordre sur le corps le mieux poli, mais encore elle est munie d'un liquide visqueux, assez tenace pour l'engluer et la maintenir en place sans le secours des autres appareils. En vain je me suis mis l'esprit à la torture pour soupçonner quel pouvait être le corps si mobile, si vacillant, si dangereux, que doivent habiter les jeunes Sitaris, rien n'a pu m'expliquer la nécessité de l'organisation que je viens de décrire. Convaincu d'avance, par l'étude attentive de cette organisation, que je serais témoin de singulières mœurs, j'ai attendu, avec une vive impatience, le retour de la belle saison, ne doutant pas qu'à l'aide d'une observation persévérante le mystère ne me fût dévoilé au printemps suivant. Ce printemps si désiré est enfin venu ; j'ai mis en œuvre tout ce que je peux posséder de patience, d'imagination, de clairvoyance ; mais, à ma grande honte, à mon regret plus grand encore, le secret m'a échappé. Oh ! qu'ils sont pénibles ces tourments de l'indécision lorsqu'il faut remettre à l'année suivante une étude qui n'a pas abouti !

Mes observations faites dans le courant du printemps 1856, quoique purement négatives, ont cependant leur intérêt, parce qu'elles démontrent fausses quelques suppositions qu'amène naturellement le parasitisme incontestable des Sitaris. J'en dirai donc quelques mots. Vers la fin d'avril, les jeunes larves, jusque-là immobiles et blotties dans le tas spongieux des enveloppes des œufs, sortent de leur immobilité, se dispersent et parcourent en tous sens les boîtes et les flacons où elles ont passé l'hiver. À leur démarche précipitée, à leurs infatigables évolutions, aisément on devine qu'elles recherchent quelque chose qui leur manque. Cette chose, que peut-elle être, si ce n'est de la nourriture ? N'oublions pas, en effet, que ces larves sont écloses à la fin de septembre, et que depuis cette époque, c'est-à-dire pendant sept mois complets, elles n'ont pris aucune nourriture, bien qu'elles aient passé ce laps de temps avec toute leur vitalité, ainsi que j'ai pu m'en assurer tout l'hiver en les irritant, et non dans une torpeur analogue à celle des animaux hibernants. Aussitôt écloses, elles sont vouées, quoique pleines de vie, à une abstinence absolue de la durée de sept mois ; il est donc naturel de supposer, en voyant leur agitation actuelle, qu'une faim impérieuse les met ainsi en mouvement.

La nourriture désirée ne saurait être que le contenu des cellules de l'Anthophore, puisque plus tard on trouve les Sitaris dans ces cellules. Or, ce contenu se borne ou à du miel ou à des larves. J'ai conservé précisément des cellules d'Anthophore occupées par des nymphes ou par des larves. J'en mets quelques-unes, soit ouvertes, soit fermées, à la portée des jeunes Sitaris, comme je l'avais déjà fait immédiatement après l'éclosion. J'introduis même les Sitaris dans les cellules : je les dépose sur les flancs de la larve, succulent morceau, tout semble le dire ; je m'y prends de toutes les manières pour tenter leur appétit ; et après avoir épuisé mes combinaisons, toujours infructueuses, je reste convaincu que mes bestioles affamées ne recherchent ni larves, ni nymphes d'Anthophore.

Essayons maintenant le miel. Il faut employer évidemment du miel élaboré pu la même espèce d'Anthophore que celle aux dépens de laquelle vivent les Sitaris. Mais cette abeille n'est pas fort commune dans les environs d'Avignon, et mes occupations du lycée ne me permettent pas de m'absenter pour me rendre à Carpentras, où elle est si abondante. Je perds ainsi, à la recherche de cellules approvisionnées de miel, une bonne partie du mois de mai ; je finis cependant par en trouver de fraîchement closes et appartenant à l'Anthophore voulue. J'ouvre ces cellules avec l'impatience fébrile du désir longtemps mis à l'épreuve. Tout va bien : elles sont à demi pleines d'un miel coulant, noirâtre, nauséabond, à la surface duquel flotte la larve de l'hyménoptère récemment éclose. Cette larve est enlevée, et je dépose à la surface du miel, avec mille précautions, un ou plusieurs Sitaris. Dans d'autres cellules, je laisse la larve de l'hyménoptère et j'y introduis des Sitaris, que je dépose tantôt sur le miel, tantôt sur la paroi interne de la cellule, ou simplement à son entrée. Enfin, toutes ces cellules, ainsi préparées, sont mises dans des tubes de verre, qui me permettront une observation facile, sans crainte de troubler, dans leur repas, mes convives affamés.

Mais que vais-je parler de repas ! Ce repas n'a pas lieu Les Sitaris placés à l'entrée d'une cellule, loin de chercher à y pénétrer, l'abandonnent et s'égarent dans le tube de verre ; ceux qui ont été déposés sur la face intérieure des cellules, à proximité du miel, sortent précipitamment, à demi englués et trébuchant à chaque pas ; ceux enfin que je me figurais avoir le plus favorisés en les déposant sur le miel même, se débattent, s'empêtrent dans la masse gluante et y périssent étouffés. Jamais expérience n'a subi pareille déconfiture. Larves, nymphes, cellules, miel, je vous ai tout offert ; que voulez-vous donc, bestioles maudites ?

Lassé de toutes ces tentatives sans résultat, je finis par où j'aurais dû commencer, je me rendis à Carpentras. Mais il était trop tard : l'Anthophore avait fini ses travaux, et je ne parvins à rien voir de nouveau. Dans le courant de l'année, j'appris de L. Dufour, à qui j'avais parlé des Sitaris, j'appris, dis-je, que l'animalcule trouvé par lui sur les Andrènes et décrit sous le nom générique de *Triungulinus*, avait été reconnu plus tard par Newport comme étant la larve d'un Méloé. Or, j'avais trouvé précisément quelques Méloés dans les cellules de la même Anthophore qui nourrit les Sitaris. Y aurait-il parité de mœurs entre les deux genres d'insectes ? Ce fut pour moi un trait de lumière ; mais j'eus tout le temps de mûrir mes projets : il me fallait encore attendre une année.

Le mois d'avril venu, mes larves de Sitaris se mirent, comme à l'ordinaire, en mouvement. Le premier hyménoptère venu, une Osmie, est jeté vivant dans un flacon où se trouvent quelques-unes de ces larves, et au bout d'un quart d'heure de séjour, je les visite à la loupe. Cinq Sitaris sont implantés dans la toison du thorax. C'est fait, le problème est résolu !… Les larves de Sitaris, comme celles des Méloés, se cramponnent à la toison de leur amphitryon et se font voiturer par lui jusque dans la cellule. Dix fois je recommence l'épreuve avec les divers hyménoptères qui viennent butiner sur les lilas en fleurs devant ma fenêtre, et en particulier avec les Anthophores mâles ; le résultat se maintient le même : les larves s'implantent au milieu des poils de leur thorax. Mais après tant de désappointements on devient méfiant ; aussi convient-il d'aller observer le fait sur les lieux mêmes ; les vacances scolaires de Pâques arrivent d'ailleurs fort à propos pour faire à loisir ces observations.

J'avouerai que ce ne fut pas sans quelques battements de cœur plus précipités qu'à l'ordinaire, que je me trouvai de nouveau en face du talus à pic où niche l'Anthophore. Que va décider l'expérience ? Va-t-elle encore une fois me couvrir de confusion ? Le temps est froid, pluvieux ; aucun hyménoptère ne se montre sur le petit nombre de fleurs printanières épanouies. À l'entrée des galeries sont blotties de nombreuses Anthophores immobiles, transies. À l'aide de pinces, je les sors une à une de leur cachette pour les examiner à la loupe. La première a des larves de Sitaris sur le thorax ; la seconde en a également, la troisième, la quatrième de même, et ainsi de suite, aussi loin que je désire pousser cet examen. Je change de galerie, dix, vingt fois, le résultat est invariable. Il y eut là, pour moi, un de ces moments comme en ont ceux qui, après avoir pendant des années tourné et retourné une idée de toutes les manières, peuvent enfin s'écrier ; Eurêka !

Les journées suivantes, un ciel tiède et serein permit aux Anthophores de quitter leurs retraites pour se répandre dans la campagne et butiner sur les fleurs. Je recommençai mon examen sur ces Anthophores volant sans relâche d'une fleur à l'autre, soit dans le voisinage des lieux où elles étaient nées, soit à de grandes distances de ces mêmes lieux. Quelques unes se trouvèrent sans larves de Sitaris ; d'autres, en plus grand nombre, en avaient deux, trois, quatre, cinq ou davantage entre les poils du thorax. À Avignon, où je n'ai pas encore vu le *Sitaris humeralis*, la même espèce d'Anthophore, observée à peu près à la même époque, tandis qu'elle butinait sur les lilas fleuris, s'est trouvée toujours exempte de jeunes larves de Sitaris ; à Carpentras, au contraire, où ne se rencontre pas un domicile d'Anthophores sans Sitaris, presque les trois quarts des individus que j'ai visités avaient quelques-unes de ces larves au milieu de leur toison.

Mais, d'autre part, si l'on recherche ces larves dans les vestibules où elles se trouvaient quelques jours avant, amoncelées en tas, on n'en trouve plus. Par conséquent, lorsque les Anthophores, ayant ouvert leurs cellules, s'engagent dans les galeries pour en atteindre l'orifice et s'envoler ; ou bien, lorsque le mauvais temps et la nuit les y ramènent momentanément, les jeunes larves de Sitaris, tenues en éveil dans ces mêmes galeries par le stimulant de l'instinct, s'attachent à ces hyménoptères, se glissent dans leur fourrure, et s'y cramponnent d'une manière assez solide pour ne pas avoir à craindre une chute dans les lointaines pérégrinations de l'insecte qui les porte. En s'attachant ainsi aux Anthophores, les jeunes Sitaris ont évidemment pour but de se faire transporter, et au moment opportun, dans les cellules approvisionnées.

On pourrait même croire tout d'abord qu'ils vivent quelque temps sur le corps de l'Anthophore, comme les parasites ordinaires, les Philoptères, les Poux, vivent sur le corps de l'animal qui les nourrit.

Il n'en est rien cependant. Les jeunes Sitaris, implantés au milieu des poils, perpendiculairement au corps de l'Anthophore, la tête en dedans, l'arrière en dehors, ne remuent plus du point qu'ils ont choisi et qui se trouve dans le voisinage des épaules de l'abeille. On ne les voit pas errer d'un point à un autre pour explorer le corps de l'Anthophore et en rechercher les parties où les téguments ont plus de délicatesse, comme ils ne manqueraient pas de le faire si réellement ils puisaient quelque nourriture dans les sucs de l'hyménoptère. Au contraire, presque toujours fixés sur la partie la plus résistante, la plus dure du corps de l'abeille, sur le thorax, un peu au-dessous de l'insertion des ailes, ou plus rarement sur la tête, ils gardent une complète immobilité, et se tiennent fixés au même poil, à l'aide des mandibules, des pattes, du croissant fermé du huitième segment, enfin à l'aide de la glu du bouton anal. S'ils viennent à être troublés dans cette position, ils gagnent à regret un autre point du thorax, en s'ouvrant un passage à travers sa fourrure, et finissent par se fixer à un autre poil, comme ils l'étaient avant.

Pour mieux me convaincre encore que les jeunes larves de Sitaris ne se nourrissent pas aux dépens du corps de l'Anthophore, j'ai mis quelquefois à leur portée, dans un flacon, des hyménoptères morts depuis longtemps et complètement desséchés. Sur ces cadavres arides, bons tout au plus à ronger, mais où il n'y avait assurément rien à sucer, les larves de Sitaris ont gagné la position habituelle et y sont restées immobiles comme sur l'insecte vivant. Elles ne puisent donc rien dans le corps de l'Anthophore ; mais peut-être rongent-elles sa toison, comme les Philoptères rongent les plumes des oiseaux ?

Pour cela, il leur faudrait un appareil buccal d'une certaine vigueur, en particulier des mâchoires cornées et robustes, tandis que ces mâchoires sont si aiguës, qu'un examen microscopique n'a pu me les montrer. Les larves sont, il est vrai, pourvues de fortes mandibules ; mais ces mandibules aiguës, recourbées et excellentes pour tirailler, pour déchirer la nourriture, ne sauraient servir à la broyer, à la ronger. Enfin, une dernière preuve en faveur de l'état passif des larves de Sitaris sur le corps des Anthophores, c'est que ces dernières ne paraissent nullement incommodées de leur présence, puisqu'on ne les voit pas chercher à s'en débarrasser. Des Anthophores exemptes de ces larves, et d'autres en portant cinq ou six sur le corps, ont été mises séparément dans des flacons. Quand le premier trouble résultant de la captivité a été calmé, je n'ai rien pu voir de particulier sur celles qu'occupaient les jeunes Sitaris. Et si toutes ces raisons ne suffisaient pas, j'ajouterais qu'un animalcule qui a pu déjà passer sept mois sans nourriture, et qui dans peu de jours va s'abreuver d'une matière fluide, hautement savoureuse, commettrait une singulière inconséquence en se mettant à ronger le duvet aride d'un hyménoptère. Il me paraît donc indubitable que les jeunes Sitaris ne s'établissent sur le corps de l'Anthophore que pour se faire transporter par elles dans les cellules, dont la construction ne tardera pas à commencer.

Mais jusque-là, il faut que les parasites futurs se maintiennent dans la toison de leur amphitryon, malgré ses rapides évolutions au milieu des fleurs, malgré le frottement contre les parois des galeries quand il y pénètre pour s'y abriter, et surtout malgré les coups de brosse qu'il doit se donner assez souvent avec les pattes, pour s'épousseter, se lustrer. De là, sans doute, la nécessité de cet appareil étrange qu'une station et une locomotion sur des surfaces ordinaires ne sauraient expliquer, comme il a été dit plus haut, lorsqu'on s'est demandé quel pouvait être le corps si mobile, si vacillant, si plein de dangers, où la larve devait s'établir plus tard. Ce corps, c'est un poil d'un hyménoptère, qui fait mille courses rapides, qui tantôt plonge dans ses étroites galeries, tantôt pénètre avec violence dans la gorge étranglée d'une corolle et ne reste en repos que pour se brosser avec les pattes, se débarrasser des grains de poussière recueillis par le duvet qui le recouvre.

On comprend très bien maintenant l'utilité du croissant exsertile dont les deux cornes, en se rapprochant, peuvent saisir un poil mieux que ne le ferait la pince la plus délicate ; on voit toute l'opportunité de la glu tenace qu'au moindre danger l'anus fournit pour arrêter l'animalcule dans une chute imminente ; on se rend compte enfin du rôle utile que peuvent remplir ici les cirrhes élastiques des hanches et des pattes, véritable superfluité très embarrassante pour la marche sur un plan uni, mais qui, dans le cas actuel, pénètrent comme autant de sondes dans l'épaisseur du duvet de l'Anthophore, et servent à maintenir la larve de Sitaris pour ainsi dire à l'ancre. Plus on réfléchit à cette organisation modelée en apparence par un caprice aveugle, lorsque la larve se traîne péniblement sur un plan uni, et plus on est pénétré d'admiration devant les moyens aussi efficaces que variés prodigués à la débile créature pour conserver son périlleux équilibre.

Avant de raconter ce que deviennent les larves de Sitaris en abandonnant le corps des Anthophores, je ne saurais passer sous silence une particularité fort remarquable. Tous les hyménoptères envahis par ces larves et observés jusqu'ici se sont trouvés, sans une seule exception, des Anthophores mâles. Ce sont des mâles que j'ai retirés de leurs cachettes ; ce sont des mâles que j'ai saisis sur les fleurs ; et malgré d'actives recherches, je n'ai pu trouver une seule femelle en liberté. La cause de cette absence totale de femelles est facile à reconnaître.

En abattant quelques mottes de terre de la nappe occupée par les nids, on voit que si tous les mâles ont déjà ouvert et abandonné leurs cellules, les femelles, au contraire, y sont encore incluses, mais sur le point de prendre bientôt l'essor. Cette apparition des mâles un mois presque avant la sortie des femelles, n'est pas particulière aux Anthophores ; je l'ai constatée chez beaucoup d'autres hyménoptères, et en particulier chez l'*Osmia tricornis* qui habite le même emplacement que l'*Anthophora pilipes*. Les mâles de l'Osmie apparaissent même avant ceux de l'Anthophore, et à une époque si précoce, qu'alors les jeunes larves de Sitaris ne sont peut-être pas encore excitées par l'instinctive impulsion qui les met en activité. C'est, sans doute, à leur réveil précoce que les mâles de l'Osmie doivent de pouvoir traverser impunément les corridors où sont entassées les jeunes larves de Sitaris, sans que ces dernières s'attachent à leur toison ; du moins, je ne saurais expliquer autrement l'absence de ces larves sur le dos des Osmies mâles, puisque, quand on les met artificiellement en présence de ces hyménoptères, elles s'y attachent aussi volontiers qu'aux Anthophores.

La sortie hors de l'emplacement commun commence par les Osmies mâles, se continue par les Anthophores mâles, et se termine par la sortie à peu près simultanée des Osmies et des Anthophores femelles. J'ai pu aisément constater cette succession en observant chez moi, au premier printemps, l'époque de rupture des cellules que j'avais recueillies dans le précédent automne.

Au moment de leur sortie, les Anthophores mâles traversant les galeries où attendent, en plein éveil, les larves de Sitaris, doivent en prendre un certain nombre ; et ceux d'entre eux qui, s'engageant dans des couloirs déserts, échappent ainsi une première fois à l'ennemi, ne lui échapperont pas longtemps, puisque la pluie, l'air froid et la nuit les ramènent à leurs anciennes demeures, où ils s'abritent tantôt dans une galerie, tantôt dans une autre, pendant une grande partie du mois d'avril. Ces allées et venues des mâles dans les vestibules de leurs habitations, le séjour prolongé que le mauvais temps les contraint souvent d'y faire, fournissent aux Sitaris l'occasion la plus favorable pour se glisser dans leur fourrure et y prendre position. Aussi, après un mois environ d'un pareil état de choses, il ne doit pas rester, ou il ne reste que fort peu de larves errant encore sans avoir atteint leur but. À cette époque, je n'ai pu réussir à en trouver autre part que sur le corps des Anthophores mâles.

Il est donc extrêmement probable qu'à leur sortie, ayant lieu à l'approche du mois de mai, les Anthophores femelles ne prennent pas des larves de Sitaris dans les couloirs, ou n'en prennent qu'un nombre qui ne peut soutenir de comparaison avec celui que portent les mâles. En effet, les premières femelles que j'ai pu observer au mois d'avril, dans le voisinage même des nids, étaient exemptes de ces larves. Cependant, c'est sur les femelles que les larves de Sitaris doivent finalement s'établir, les mâles sur lesquels ils sont en ce moment n'étant pas capables de les introduire dans les cellules, puisqu'ils ne prennent aucune part à leur construction et à leur approvisionnement. Il y a donc, à un certain moment, passage de larves de Sitaris des Anthophores mâles sur les Anthophores femelles ; et ce passage s'effectue, sans aucun doute, lors du rapprochement des deux sexes. La femelle trouve à la fois, dans les embrassements du mâle, et la vie et la mort de sa progéniture ; au moment où elle se livre au mâle pour la conservation de sa race, les parasites vigilants passent du mâle sur la femelle pour l'extermination de cette même race.

À l'appui de ces déductions, voici une expérience assez concluante alors même qu'elle ne réalise que grossièrement les circonstances naturelles. Sur une femelle prise dans sa cellule, et par conséquent dépourvue de Sitaris je place un mâle qui en est pourvu, et je maintiens les deux sexes en contact, en maîtrisant autant que possible leurs mouvements désordonnés. Après quinze à vingt minutes de ce rapprochement forcé, la femelle se trouve envahie par une ou plusieurs larves qui étaient d'abord sur le mâle ; il est vrai que l'expérience ne réussit pas toujours dans des conditions aussi imparfaites.

En surveillant à Avignon les rares Anthophores que j'ai pu découvrir, il m'a été possible de saisir l'instant précis de leurs travaux ; et le jeudi suivant, 21 mai, je me suis rendu en toute hâte à Carpentras pour assister, s'il était possible, à l'entrée des Sitaris dans les cellules de l'abeille. Je ne me suis pas trompé, les travaux sont en pleine activité.

Devant une haute nappe de terre, s'agite un ballet en démence, un essaim stimulé par le soleil, qui l'inonde de lumière et de chaleur. C'est une nuée d'Anthophores de quelques pieds d'épaisseur et d'une étendue mesurée sur celle de l'espèce de façade que forme le sol à pic. Du sein tumultueux de la nue s'élève un monotone et menaçant murmure, tandis que le regard s'égare, sans pouvoir se retrouver, au milieu des inextricables évolutions de l'ardente cohue. Avec la rapidité de l'éclair, des milliers d'Anthophores s'éloignent incessamment et se dispersent dans la campagne pour butiner ; incessamment aussi des milliers d'autres arrivent, chargées de miel ou de mortier, et maintiennent l'essaim dans les mêmes redoutables proportions.

Quelque peu novice alors sur le caractère de ces insectes, malheur, me disais-je, malheur à l'imprudent qui pousserait l'audace jusqu'à pénétrer au cœur de l'essaim, et surtout jusqu'à porter une main téméraire sur les demeures en construction ! Aussitôt enveloppé par la foule furieuse, il expierait sa folle entreprise sous mille coups d'aiguillon. À cette pensée, rendue plus alarmante par le souvenir de certaines mésaventures dont j'ai été victime en voulant observer de trop près les gâteaux des Frelons (*Vespa Crabro*), je sens un frisson d'appréhension me courir sur le corps.

Et cependant, pour mettre en son jour la question qui m'amène ici, il faut nécessairement pénétrer dans le redoutable essaim, il me faut me tenir des heures entières, tout le jour peut-être, en observation devant les travaux que je vais bouleverser ; et, la loupe à la main, scruter, impassible au milieu du tourbillon furieux, ce qui se passe dans les cellules. L'emploi d'un masque, de gants, d'enveloppes quelconques, n'est pas d'ailleurs praticable, car toute la dextérité des doigts et toute la liberté de la vue sont nécessaires pour les recherches que j'ai à faire. N'importe : devrais-je sortir de ce guêpier le visage tuméfié, méconnaissable, il me faut aujourd'hui une solution décisive au problème qui m'a trop longtemps préoccupé.

Quelques coups de filet, en dehors de l'essaim, sur les Anthophores se rendant à la récolte ou en revenant, m'ont bientôt appris que les larves de Sitaris sont campées sur le thorax, comme je m'y attendais, et y occupent la même place que sur les mâles. Les circonstances sont donc on ne peut plus favorables, et sans plus tarder visitons les cellules.

Mes dispositions sont aussitôt prises : je serre étroitement mes habits pour ne laisser aux abeilles que le moins de prise possible, et je m'engage au milieu de l'essaim. Quelques coups de pioche, qui éveillent dans le murmure des Anthophores un crescendo peu rassurant, m'ont bientôt mis en possession d'une motte de terre ; et je fuis à la hâte, tout étonné de me trouver encore sain et sauf et de ne pas être poursuivi. Mais la motte de terre que je viens de détacher est trop superficielle, elle ne contient que des cellules d'Osmie, où je n'ai rien à voir pour le moment. Une seconde expédition a lieu, plus longue que la première, et quoique ma retraite se soit opérée sans grande précipitation, aucune Anthophore ne m'a atteint de son dard, ne s'est même montrée disposée à fondre sur l'agresseur.

Ce succès m'enhardit. Je reste en permanence devant les constructions, abattant sans relâche des mottes pleines de cellules, et au milieu du désordre inévitable, répandant à terre le miel liquide, éventrant des larves, écrasant les Anthophores occupées dans leur nid. Toutes ces dévastations n'arrivent à éveiller dans l'essaim qu'un murmure plus sonore, sans être suivies d'aucune démonstration hostile de sa part. Les Anthophores dont les cellules ne sont pas atteintes s'occupent de leurs travaux comme si rien d'extraordinaire ne se passait à côté ; celles dont les habitations sont bouleversées tâchent de les réparer, ou planent, éperdues, devant leurs ruines ; mais aucune ne paraît vouloir fondre sur l'auteur du dégât ; tout au plus quelques-unes, plus irritées, me viennent, par intervalles, planer devant le visage, face à face, à une paire de pouces de distance, puis s'envolent après quelques instants de ce curieux examen.

Malgré le choix d'un emplacement commun pour les nids, qui ferait croire à un commencement de communauté d'intérêts entre les Anthophores, ces hyménoptères obéissent donc à la loi égoïste de chacun pour soi, et ne savent pas se liguer pour repousser un ennemi qui les menace tous. Chaque Anthophore prise isolément ne sait pas même se précipiter sur l'ennemi qui ravage ses cellules et l'écarter à coups d'aiguillon : la pacifique bête quitte à la hâte sa demeure ébranlée par la sape, fuit éclopée, quelquefois même blessée mortellement, sans songer à faire usage de son dard venimeux, si ce n'est lorsqu'on la saisit. Bien d'autres hyménoptères, collecteurs de miel ou chasseurs, sont tout aussi bénins ; et je peux affirmer aujourd'hui, après une longue expérience, que seuls les hyménoptères sociaux, Abeille domestique, Guêpes et Bourdons, savent combiner une défense commune, et seuls osent fondre isolément sur l'agresseur pour en tirer une vengeance individuelle.

Grâce à cette bénignité inattendue de l'abeille maçonne, j'ai pu, des heures entières, poursuivre à loisir mes recherches, assis sur une pierre au milieu de l'essaim murmurant et éperdu, sans recevoir un seul coup d'aiguillon, bien que je n'eusse pris aucune précaution pour m'en préserver. Des gens de la campagne venant à passer et me voyant assis, impassible, au milieu du tourbillon d'abeilles, se sont arrêtés, ébahis, pour me demander si je les avais conjurées, ensorcelées, puisque je paraissais n'avoir rien à en redouter. « *Mé, moun bel ami, li-z-avé doun escounjurado què vou pougnioun pa, canèu de sort* ! » Mes divers engins répandus à terre, boîtes, flacons, tubes de verre, pinces, loupes ont été certainement pris par ces bonnes gens pour les instruments de mes maléfices.

Procédons maintenant à l'examen des cellules. Les unes sont encore ouvertes et ne contiennent qu'une provision plus ou moins complète de miel. Les autres sont hermétiquement fermées avec un couvercle de terre. Le contenu de ces dernières est fort variable. Tantôt c'est une larve d'hyménoptère ayant achevé sa pâtée ou étant sur le point de l'achever ; tantôt une larve blanche comme la précédente, mais plus ventrue et de forme fort différente ; tantôt, enfin, c'est du miel avec un œuf flottant à la surface. Le miel est liquide, gluant, d'une couleur brunâtre et d'une odeur forte, repoussante. L'œuf est d'un beau blanc, cylindrique, un peu courbé en haut, d'une longueur de 4 à 5 millimètres, sur une largeur qui n’atteint pas tout à fait un millimètre ; c’est l’œuf de l’Anthophore.

Dans quelques cellules, cet œuf nage seul à la surface du miel ; dans d’autres, fort nombreuses, on voit, établie sur l’œuf de l’Anthophore, comme sur une espèce de radeau, une jeune larve de Sitaris avec la forme et les dimensions que j’ai décrites plus haut, c’est-à-dire avec la forme et les dimensions que l’animalcule possède au sortir de l’œuf. Voilà l’ennemi dans le logis.

Quand et comment s’y est-il introduit ? Dans aucune des cellules où je l’observe, il ne m’est possible de distinguer une fissure qui lui ait permis d’entrer ; elles sont toutes closes d’une façon irréprochable Le parasite s’est donc établi dans le magasin à miel avant que ce magasin fût fermé ; d’autre part, les cellules ouvertes et pleines de miel, mais encore sans l’œuf de l’Anthophore, sont constamment sans parasite. C’est donc pendant la ponte ou après la ponte, quand l’Anthophore est occupée à maçonner la porte de la cellule, que la jeune larve s’y introduit. Il est impossible de décider expérimentalement à laquelle de ces deux époques il faut rapporter l’introduction des Sitaris dans la cellule ; car, quelque pacifique que soit l’Anthophore, il est bien évident qu’on ne peut songer à être témoin de ce qui se passe dans sa cellule au moment où elle y dépose un œuf ou au moment où elle en construit le couvercle. Mais quelques essais nous auront bientôt convaincu que le seul instant qui puisse permettre au Sitaris de s’établir dans la demeure de l’hyménoptère est l’instant même où l’œuf est déposé à la surface du miel.

Prenons une cellule d’Anthophore pleine de miel et munie d’un œuf et, après en avoir enlevé le couvercle, déposons-la dans un tube de verre avec quelques larves de Sitaris. Les larves ne paraissent nullement affriandées par ce trésor de nectar qu’on vient de mettre à leur portée ; elles errent au hasard dans le tube, parcourent le dehors de la cellule, arrivent parfois sur le bord de son orifice, et très rarement s’aventurent dans son intérieur, sans y plonger bien avant et pour ressortir aussitôt. Si quelqu’une arrive jusqu’au miel, qui ne remplit qu’à demi la cellule, elle cherche à fuir dès qu’elle a éprouvé la mobilité du sol gluant sur lequel elle allait s’engager ; mais trébuchant à chaque pas, par suite de la viscosité qui s’est attachée à ses pattes, elle finit souvent par retomber dans le miel où elle périt étouffée.

On peut encore expérimenter de la manière suivante. Après avoir préparé une cellule comme précédemment, on dépose, avec tout le soin possible, une larve sur sa paroi interne, ou bien à la surface même des provisions. Dans le premier cas, la larve se hâte de sortir ; dans le second cas, elle se débat quelque temps à la surface du miel, et finit par s'y empêtrer tellement, qu'après mille efforts pour gagner la rive, elle est étouffée dans le lac visqueux.

En somme, toutes les tentatives pour faire établir la larve de Sitaris dans une cellule d'Anthophore approvisionnée de miel et munie d'un œuf, n'obtiennent pas plus de succès que celles que j'ai faites avec des cellules dont la provision était déjà entamée par la larve de l'hyménoptère, comme je l'ai dit plus haut. Il est donc certain que la larve de Sitaris n'abandonne pas la toison de l'abeille maçonne, lorsque celle-ci est dans sa cellule ou à son entrée, pour se porter elle-même au-devant du miel convoité ; car ce miel causerait inévitablement sa perte si, par malheur, elle venait à toucher, simplement du bout des tarses, sa dangereuse surface.

Puisqu'on ne peut admettre qu'au moment où l'Anthophore bâtit sa porte, la larve de Sitaris quitte le corselet velu de son amphitryon pour pénétrer inaperçue dans la cellule, dont l'ouverture n'est pas encore entièrement murée, il ne reste que l'instant de la ponte à examiner. Rappelons d'abord que le jeune Sitaris, qu'on trouve dans une cellule close, est toujours placé sur l'œuf de l'abeille. Nous allons voir, dans quelques instants, que cet œuf ne sert pas simplement de radeau à l'animalcule flottant sur un lac très perfide, mais encore constitue sa première et indispensable nourriture. Pour arriver jusqu'à cet œuf, placé au centre du lac de miel, pour atteindre de toute nécessité ce radeau, en même temps première ration, la jeune larve a évidemment quelque moyen d'éviter le contact mortel du miel ; et ce moyen ne saurait être fourni que par les manœuvres de l'hyménoptère lui-même.

En second lieu, des observations multipliées à satiété m'ont démontré qu'à aucune époque, on ne trouve dans chaque cellule envahie qu'un seul Sitaris, sous l'une ou l'autre des formes multiples qu'il revêt successivement. Et cependant, dans le fourré soyeux du thorax de l'hyménoptère, sont établies plusieurs jeunes larves, toutes surveillant avec ardeur l'instant propice pour pénétrer dans le domicile où elles doivent poursuivre leur développement.

Comment se fait-il donc que ces larves, aiguillonnées par un appétit comme doivent en faire supposer sept à huit mois d'abstinence absolue, au lieu de se ruer toutes ensemble dans la première cellule à leur portée, pénètrent, au contraire, une à une et avec un ordre parfait, dans les diverses cellules qu'approvisionne l'hyménoptère ? Il doit y avoir encore là quelque manœuvre indépendante des Sitaris.

Pour satisfaire à ces deux conditions indispensables, l'arrivée de la larve sur l'œuf sans passer sur le miel, et l'introduction d'une seule larve, parmi toutes celles qui attendent dans la toison de l'abeille, il ne peut y avoir que l'explication suivante : c'est de supposer qu'au moment où l'œuf de l'Anthophore s'échappe à demi de l'oviducte, parmi les Sitaris accourus du thorax à l'extrémité de l'abdomen, un plus favorisé par sa position se campe à l'instant sur l'œuf, pont trop étroit pour deux, et arrive avec lui à la surface du miel. L'impossibilité de remplir autrement les deux conditions que je viens d'énoncer, donne à l'explication que je propose un degré de certitude presque équivalent à celui que fournirait l'observation directe, malheureusement impraticable ici. Cela suppose, il est vrai, que la microscopique bestiole, appelée à vivre en un lieu où tant de dangers la menacent d'abord, cela suppose, dis-je, une inspiration étonnamment rationnelle, et appropriant les moyens au but avec une logique qui nous confond. Mais, n'est-ce pas là l'invariable conclusion où nous amène toujours l'étude de l'instinct ?

En laissant tomber un œuf sur le miel, l'Anthophore vient donc de déposer en même temps dans la cellule l'ennemi mortel de sa race ; elle maçonne avec soin le couvercle qui en ferme l'entrée, et tout est fait. Une seconde cellule est construite à côté pour avoir probablement la même fatale destination ; et ainsi de suite, jusqu'à ce que les parasites plus ou moins nombreux, qu'abrite son duvet, soient tous logés. Laissons la malheureuse mère poursuivre son infructueux travail, et portons notre attention sur la jeune larve qui vient de se procurer le vivre et le couvert d'une si adroite manière.

En ouvrant des cellules dont le couvercle est encore frais, on finit par en trouver où l'œuf, pondu depuis peu, porte un jeune Sitaris. Cet œuf est intact et dans un état irréprochable. Mais voici que la dévastation commence : la larve, petit point noir qu'on voit courir sur la surface blanche de l'œuf, s'arrête enfin, s'équilibre solidement sur ses six pattes ; puis, saisissant avec les crocs aigus de ses mandibules, la peau délicate de l'œuf, elle la tiraille violemment jusqu'à la rompre, et en fait épancher le contenu, dont elle s'abreuve avec avidité. Ainsi le premier coup de mandibules que le parasite donne dans la cellule usurpée, a pour but de détruire l'œuf de l'hyménoptère. Précaution très logique ! La larve de Sitaris doit, comme on va le voir, se nourrir du miel de la cellule ; la larve d'Anthophore qui proviendrait de cet œuf réclamerait la même nourriture ; mais la part est trop petite pour toutes les deux ; donc, vite un coup de dent sur l'œuf et la difficulté sera levée. Le récit de pareils faits n'a pas besoin de commentaires. Cette destruction de l'œuf embarrassant est d'autant plus inévitable, que des goûts spéciaux imposent à la jeune larve de Sitaris d'en faire sa première nourriture. On voit d'abord, en effet, l'animalcule s'abreuver avec avidité des sucs que laisse écouler l'enveloppe lacérée de l'œuf ; et pendant plusieurs jours, on peut l'observer tantôt immobile sur cette enveloppe, qu'il fouille par intervalles avec la tête, tantôt la parcourir d'un bout à l'autre pour l'éventrer encore, et en faire sourdre quelques sucs, de jour en jour plus rares ; mais on le surprend jamais à puiser dans le miel qui l'environne de toutes parts.

Il est d'ailleurs facile de se convaincre qu'à l'office d'appareil de sauvetage, l'œuf réunit celui de première ration. J'ai déposé à la surface du miel d'une cellule une bandelette de papier ayant les dimensions de l'œuf ; et sur ce radeau, j'ai placé une larve de Sitaris. Malgré tous les soins, mes essais, plusieurs fois réitérés, ont constamment échoué. La larve, déposée au centre de l'amas de miel sur un esquif de papier, se comporte comme dans les expérimentations précédentes. Ne trouvent pas ce qui lui convient, elle cherche à s'échapper et périt engluée, dès qu'elle abandonne la bandelette de papier, ce qui ne tarde pas à arriver.

En prenant, au contraire, des cellules d'Anthophore non envahies par le parasite, et dont l'œuf n'est pas encore éclos, on peut aisément élever des larves de Sitaris. Il suffit de happer une de ces larves avec le bout mouillé d'une aiguille, et de la poser délicatement sur l'œuf. Il n'y a plus alors la moindre tentative d'évasion. Après avoir exploré l'œuf pour s'y reconnaître, la larve l'éventre, et de plusieurs jours ne change de place. Son évolution s'effectue dès lors sans entraves, pourvu que la cellule soit à l'abri d'une évaporation trop prompte, qui en dessécherait le miel et le rendrait impropre à sa nutrition. L'œuf de l'Anthophore est donc absolument nécessaire à la larve de Sitaris, non pas simplement comme esquif, mais encore comme première nourriture. C'est là tout le secret qui, faute de m'être connu, avait jusqu'ici rendu vaines mes tentatives pour élever les larves écloses dans mes flacons.

Au bout de huit jours, l'œuf épuisé par le parasite ne forme plus qu'une pellicule aride. Le premier repas est achevé. La larve de Sitaris, dont les dimensions ont à peu près doublé, s'ouvre alors sur le dos ; et, par une fente qui embrasse la tête et les trois segments thoraciques, un corpuscule blanc, seconde forme de cette singulière organisation, s'échappe pour tomber à la surface du miel, tandis que la dépouille abandonnée reste cramponnée au radeau qui a sauvegardé la larve et l'a nourrie jusqu'ici. Bientôt cette double dépouille du Sitaris et de l'œuf, disparaîtra, submergée sous les flots de miel que va soulever la nouvelle larve. Ici se termine l'histoire de la première forme qu'affectent les Sitaris.

En résumant ce qui précède, on voit que l'étrange animalcule attend, sans nourriture, pendant sept mois, l'apparition des Anthophores, et s'attache enfin aux poils du corselet des mâles, qui sortent les premiers et passent inévitablement à sa portée en traversant leurs couloirs. De la toison du mâle, la larve passe, trois ou quatre semaines après, dans celle de la femelle, au moment de l'accouplement ; puis de la femelle sur l'œuf s'échappant de l'oviducte. C'est par cet enchaînement de manœuvres complexes que la larve se trouve finalement campée sur un œuf, au centre d'une cellule close et pleine de miel. Ces périlleuses voltiges sur un poil d'un hyménoptère tout le jour en mouvement, ce passage d'un sexe sur un autre, cette arrivée au centre de la cellule par le moyen de l'œuf, pont dangereux jeté sur l'abîme gluant, nécessitent les appareils d'équilibre dont elle est pourvue, et que j'ai décrits plus haut. Enfin la destruction de l'œuf exige, à son tour, des ciseaux acérés ; et telle est la destination de ses mandibules aiguës et recourbées. Ainsi la forme primaire des Sitaris a pour rôle de se faire transporter par l'Anthophore dans la cellule, et d'en éventrer l'œuf. Cela fait, l'organisation se transfigure à tel point, qu'il faut les observations les plus multipliées pour ajouter foi au témoignage de ses yeux.

XVI. LA LARVE PRIMAIRE DES MÉLOÉS

Je suspends l'histoire des Sitaris pour parler des Méloés, disgracieux scarabées, à lourde bedaine, dont les élytres mous bâillent largement sur le dos comme les basques d'un habit trop étroit pour la corpulence de celui qui le porte. Déplaisant de coloration, le noir où parfois se marie le bleu, plus déplaisant encore de formes et d'allures, l'insecte, par son dégoûtant système de défense, ajoute à la répugnance qu'il nous inspire. S'il se juge en danger, le Méloé a recours à des hémorragies spontanées. De ses articulations suinte un liquide jaunâtre, huileux, qui tache et empuantit les doigts. C'est le sang de la bête. Les Anglais, pour rappeler ces hémorragies huileuses de l'insecte en défense, appellent le Méloé *Oil beetle*, le Scarabée à huile. Ce coléoptère serait donc sans grand intérêt si ce n'étaient ses métamorphoses et les pérégrinations de sa larve, pareilles de tous points à celles de la larve des Sitaris. Sous leur première forme, les Méloés sont parasites des Anthophores ; l'animalcule, tel qu'il sort de l'œuf, se fait porter dans la cellule par l'hyménoptère dont les provisions doivent le nourrir.

Observée au milieu du duvet de divers hyménoptères, la bizarre bestiole mit longtemps en défaut la sagacité des naturalistes qui, méconnaissant sa véritable origine, en firent une espèce ou un genre particulier des insectes aptères. C'était le Pou des Abeilles (*Pediculus apis*) de Linné ; le Triungulin des Andrènes (*Triungulinus Andrenetarum*) de L. Dufour. On y voyait un parasite, une sorte de pou, vivant dans la toison des récolteurs de miel. Il était réservé à l'illustre naturaliste anglais Newport de démontrer que ce prétendu pou est le premier état des Méloés. Des observations qui me sont propres combleront quelques lacunes dans la mémoire du savant anglais. Je donnerai donc une notice de l'évolution des Méloés, en me servant du travail de Newport, là où mes propres observations font défaut. Ainsi seront comparés les Sitaris et les Méloés, de mœurs et de transformations pareilles ; et de cette comparaison jaillira quelque lumière sur les étranges métamorphoses de ces insectes.

La même abeille maçonne (*Anthophora pilipes*) aux dépens de laquelle vivent les Sitaris, nourrit aussi dans ses cellules quelques rares Méloés (*Melœ cicatricosus*). Une seconde Anthophore de ma région (*Anthophera parietina*) est plus sujette aux invasions de ce parasite. C'est encore dans les nids d'une Anthophore, mais d'espèce différente (*Anthophora retusa*), que Newport a observé le même Méloé. Cette triple demeure adoptée par le *Melœ cicatricosus* peut avoir quelque intérêt, en nous portant à soupçonner que chaque espèce de Méloé est apparemment parasite de divers hyménoptères, soupçon qui se confirmera lorsque nous examinerons la manière dont les jeunes larves arrivent à la cellule pleine de miel. Les Sitaris, moins exposés à des changements de logis, peuvent habiter, eux aussi, des nids d'espèce différente. Ils sont très fréquents dans les cellules de l'*Anthophora pilipes* ; mais j'en ai trouvé aussi, en très petit nombre il est vrai dans les cellules de l'*Anthophora personata*.

Malgré la présence du Méloé à cicatrices dans les demeures de l'abeille maçonne que j'ai si souvent fouillées pour l'histoire des Sitaris, je n'ai jamais vu cet insecte, à aucune époque de l'année, errer sur le sol vertical, à l'entrée des couloirs, pour y déposer ses œufs comme le font les Sitaris ; et j'ignorerais les détails de la ponte si Gœdart, de Geer, et surtout Newport, ne nous apprenaient que les Méloés déposent leurs œufs en terre. D'après ce dernier auteur, les divers Méloés qu'il a eu occasion d'observer creusent, parmi les racines d'une touffe de gazon, dans un sol aride et exposé au soleil, un trou d'une paire de pouces de profondeur, qu'ils rebouchent avec soin après y avoir pondu leurs œufs en un tas. Cette ponte se répète à trois ou quatre reprises, à quelques jours d'intervalle dans la même saison. Pour chaque ponte, la femelle creuse un trou particulier, qu'elle ne manque pas de reboucher après. C'est en avril et en mai que ce travail a lieu.

Le nombre d'œufs fournis par une seule ponte est vraiment prodigieux. À la première ponte, qui est, il est vrai, la plus féconde de toutes, le *Melœ proscarabœus*, d'après les supputations de Newport, produit le nombre étonnant de 4 218 œufs ; c'est le double des œufs pondus par un Sitaris. Et que serait-ce en tenant compte de deux ou trois pontes qui doivent suivre cette première ! Les Sitaris, confiant leurs œufs aux galeries mêmes ou doivent nécessairement passer les Anthophores, épargnent à leurs larves une foule de dangers qu'auront à courir les larves de Méloé, qui, nées loin des demeures des abeilles, sont obligées d'aller elles-mêmes au-devant des hyménoptères nourriciers. Aussi les Méloés, dépourvus de l'instinct des Sitaris, sont-ils doués d'une fécondité incomparablement plus grande. La richesse de leurs ovaires supplée à l'insuffisance de l'instinct, en proportionnant le nombre de germes à l'étendue des chances de destruction. Quelle est donc l'harmonie transcendante qui balance ainsi la fécondité des ovaires et les perfections de l'instinct !

L'éclosion des œufs a lieu en fin mai ou en juin, un mois environ après la ponte. C'est aussi dans ce laps de temps qu'éclosent les œufs des Sitaris. Mais plus favorisées, les larves de Méloé peuvent se mettre immédiatement en recherche des hyménoptères qui doivent les nourrir ; tandis que celles des Sitaris, écloses en septembre, doivent, jusqu'au mois de mai de l'année suivante, attendre immobiles et dans une abstinence complète, l'issue des Anthophores dont elles gardent l'entrée des cellules. Je ne décrirai pas la jeune larve de Méloé, suffisamment connue, en particulier par la description et la figure qu'en a données Newport ; pour l'intelligence de ce qui va suivre, je me bornerai à dire que cette larve primaire est une sorte de petit pou jaune, étroit et allongé, qu'on trouve, au printemps, au milieu du duvet de divers hyménoptères.

Comment cet animalcule a-t-il passé de la demeure souterraine où les œufs viennent d'éclore, dans la toison d'une abeille ? Newport soupçonne que les jeunes Méloés, à l'issue du terrier natal, grimpent sur les plantes voisines, spécialement sur les Chicoracées, et attendent, cachés entre les pétales, que quelques hyménoptères viennent butiner dans la fleur, pour s'attacher tout aussitôt à leur fourrure et se laisser emporter avec eux. J'ai mieux que les soupçons de Newport, j'ai sur ce point curieux des observations personnelles, des expérimentations qui ne laissent rien à désirer. Je vais les rapporter comme premier trait de l'histoire du Pou des Abeilles. Elles datent du 23 mai 1858.

Un talus vertical, encaissant la route de Carpentras à Bédoin est cette fois le théâtre de mes observations. Ce talus, calciné par le soleil, est exploité par de nombreux essaims d'Anthophores qui, plus industrieuses que leurs congénères, savent bâtir à l'entrée de leurs couloirs, avec des filets vermiculaires de terre, un vestibule, un bastion défensif en forme de cylindre arqué, en un mot par des essaims d'*Anthophora parietina*. Un maigre tapis de gazon s'étend du bord de la route au pied du talus. Pour suivre plus à l'aise les abeilles en travail, dans l'espoir de leur dérober quelque secret, je m'étais étendu depuis peu d'instants sur ce gazon, au cœur même de l'essaim inoffensif, lorsque mes vêtements se trouvèrent envahis par des légions de petits poux jaunes, courant avec une ardeur désespérée dans le fourré filamenteux de la surface du drap. Dans ces animalcules, dont j'étais çà et là poudré comme d'une poussière d'ocre, j'eus bientôt reconnu de vieilles connaissances, de jeunes Méloés, que pour la première fois j'observais autre part que dans la fourrure des hyménoptères ou dans l'intérieur de leurs cellules. Je ne pouvais laisser échapper urne occasion aussi belle d'apprendre comment ces larves parviennent à s'établir sur le corps de leurs nourriciers.

Le gazon où je m'étais couvert de ces poux en m'y reposant un instant, présentait quelques plantes en fleur dont les plus abondantes étaient trois composées : *Hedypnoïs polymorpha*, *Senecio gallicus* et *Anthemis arvensis*. Or c'est sur une composée, un pissenlit (*Dandelion*) que Newport croit se souvenir d'avoir observé de jeunes Méloés ; aussi mon attention se dirigea-t-elle tout d'abord sur les plantes que je viens de mentionner. À ma grande satisfaction, presque toutes les fleurs de ces trois plantes, surtout celles de la camomille (*Anthemis*), se trouvèrent occupées par un nombre plus ou moins grand de jeunes Méloés. Sur tel calathide de camomille, j'ai pu compter une quarantaine de ces animalcules, tapis, immobiles, au milieu des fleurons. D'autre part, il me fut impossible d'en découvrir sur les fleurs du coquelicot et d'une roquette sauvage (*Diplotaxis muralis*), poussant pêle-mêle au milieu des plantes qui précèdent. Il me paraît donc que c'est uniquement sur les fleurs composées que les larves de Méloé attendent l'arrivée des hyménoptères.

Outre cette population campée sur les calathides des composées et s'y tenant immobile comme ayant atteint pour le moment son but, je ne tardai pas à en découvrir une autre, bien plus nombreuse, et dont l'anxieuse activité trahissait des recherches sans résultat. À terre, sous le gazon, couraient, effarées, d'innombrables petites larves, rappelant, sur quelques points, le tumultueux désordre d'une fourmilière bouleversée ; d'autres grimpaient à la hâte au sommet d'un brin d'herbe et en descendaient avec la même précipitation ; d'autres encore plongeaient dans la bourre cotonneuse des gnaphales desséchés, y séjournaient un moment et reparaissaient bientôt après pour recommencer leurs recherches. Enfin, avec un peu d'attention, je pus me convaincre que, dans l'étendue d'une dizaine de mètres carrés, il n'y avait peut-être pas un seul brin de gazon qui ne fût exploré par plusieurs de ces larves.

J'assistais évidemment à la sortie récente des jeunes Méloés hors des terriers maternels. Une partie s'était déjà établie sur les fleurs des camomilles et des séneçons pour attendre l'arrivée des hyménoptères ; mais la majorité errait encore à la recherche de ce gîte provisoire. C'est par cette population errante que j'avais été envahi en me couchant au pied du talus. Toutes ces larves, dont je n'oserais limiter le nombre effrayant de milliers, ne pouvaient former une seule famille et reconnaître une même mère ; malgré ce que Newport nous a appris sur l'étonnante fécondité des Méloés, je ne saurais le croire tant leur multitude était grande.

Bien que le tapis de verdure se continuât dans une longue étendue sur le bord de la route, il me fut impossible d'y découvrir une seule larve de Méloé autre part que dans les quelques mètres carré placés en face du talus habité par l'abeille maçonne. Ces larves ne devaient donc pas venir de loin ; pour se trouver au voisinage des Anthophores, elles n'avaient pas eu de longues pérégrinations à faire, car on n'apercevait nulle part les retardataires, les traînards, inévitables dans une pareille caravane en voyage. Les terriers où s'était faite l'éclosion se trouvaient par conséquent dans ce gazon en face des demeures des abeilles. Ainsi les Méloés, loin de déposer leurs œufs au hasard, comme pourrait le faire croire leur vie errante, et de laisser aux jeunes le soin de se rapprocher de leur futur domicile, savent reconnaître les lieux hantés par les Anthophores et font leur ponte à proximité de ces lieux.

Avec telle multitude de parasites occupant les fleurs composées dans l'étroit voisinage des nids de l'Anthophore, il est impossible que tôt ou tard la majorité de l'essaim ne soit infesté. Au moment de mes observations, une partie relativement fort minime de la légion famélique était en attente sur les fleurs, l'autre partie errait encore sur le sol, où les Anthophores très rarement se posent ; et cependant, au milieu du duvet thoracique de presque toutes les

Anthophores que j'ai saisies pour les examiner, j'ai reconnu la présence de plusieurs larves de Méloés.

J'en ai pareillement trouvé sur le corps des Mélectes et des Cœlioxys, hyménoptères parasites de l'Anthophore. Suspendant leur audacieux va-et-vient devant les galeries en construction, ces larrons de cellules approvisionnées, se posent un instant sur quelque fleur de camomille, et voilà que le voleur sera volé. Au sein de leur duvet un pou imperceptible s'est glissé qui, au moment où le parasite, après avoir détruit l'œuf de l'Anthophore, déposera le sien sur le miel usurpé, se laissera couler sur cet œuf pour le détruire à son tour et rester unique maître des provisions. La pâtée de miel amassée par l'Anthophore passera ainsi par trois maîtres, et restera finalement la propriété du plus faible des trois.

Et qui nous dira si le Méloé ne sera pas, à son tour, dépossédé par un nouveau larron ; ou même si à l'état de larve somnolente, molle et replète, il ne deviendra pas la proie de quelque ravageur, qui lui rongera les entrailles vivantes ? En méditant sur cette lutte fatale, implacable, que la nature impose, pour leur conservation, à ces divers êtres, tour à tour possesseurs et dépossédés, tour à tour dévorants et dévorés, un sentiment pénible se mêle à l'admiration que suscitent les moyens employés par chaque parasite pour atteindre son but ; et oubliant un instant le monde infime où ces choses se passent, on est pris d'effroi devant cet enchaînement de larcins, d'astuces et de brigandages qui rentrent, hélas dans les vues de l'*alma parens rerum*.

Les jeunes larves de Méloé établies dans le duvet des Anthophores ou dans celui des Mélectes et des Cœlioxys, leurs parasites, avaient pris une voie infaillible pour arriver tôt ou tard dans la cellule désirée. Était-ce de leur part un choix dicté par la clairvoyance de l'instinct, ou tout simplement l'effet d'un heureux hasard ? L'alternative fut bientôt décidée. Divers diptères, des Éristales, des Calliphores (*Eristalis tenax, Calliphora vomitoria*), s'abattaient de temps en temps sur les fleurs de séneçon et de camomille occupées par les jeunes Méloés et s'y arrêtaient un moment pour en sucer les exsudations sucrées. Sur tous ces diptères, j'ai trouvé, à bien peu d'exceptions près, des larves de Méloé, immobiles au milieu des soies du thorax. Je citerai encore, comme envahie par ces larves, une Ammophile (*Ammophila hirsuta*), qui approvisionne ses terriers d'une chenille au premier printemps, tandis que ses congénères nidifient en automne. Cette Ammophile ne fit que raser pour ainsi dire la surface d'une fleur ; je la pris : des Méloés circulaient sur son corps. Il est clair que ni les Éristales, ni les Calliphores, dont les larves vivent dans les matières corrompues, ni les Ammophiles, qui approvisionnent les leurs de chenilles, n'auraient jamais amené dans des cellules remplies de miel les larves qui les avaient envahies. Ces larves s'étaient donc fourvoyées, et l'instinct, chose rare, se trouvait ici en défaut.

Portons maintenant notre attention sur les jeunes Méloés en expectative sur les fleurs de camomille. Ils sont là, dix, quinze ou davantage, à demi plongés dans la gorge des fleurons d'un même calathide ou dans les interstices ; aussi faut-il une certaine attention pour les apercevoir, leur cachette étant d'autant plus efficace que la couleur ambrée de leur corps se confond avec la teinte jaune des fleurons. Si rien d'extraordinaire ne se passe sur la fleur, si un ébranlement subit n'annonce l'arrivée d'un hôte étranger, les Méloés, totalement immobiles, ne donnent pas signe de vie. À les voir plongés verticalement, la tête en bas, dans la gorge des fleurons, on pourrait croire qu'ils sont à la recherche de quelque humeur sucrée, leur nourriture ; mais alors ils devraient passer plus fréquemment d'un fleuron à l'autre, ce qu'ils ne font pas, si ce n'est lorsque, après une alerte sans résultat, ils regagnent leurs cachettes et choisissent le point qui leur paraît le plus favorable. Cette immobilité signifie que les fleurons de la camomille leur servent seulement de lieu d'embuscade, comme plus tard le corps de l'Anthophore leur servira uniquement de véhicule pour arriver à la cellule de l'hyménoptère. Ils ne prennent donc aucune nourriture, pas plus sur les fleurs que sur les abeilles ; et comme pour les Sitaris, leur premier repas consistera dans l'œuf de l'Anthophore, que les crocs de leurs mandibules sont destinés à éventrer.

Leur immobilité est, disons-nous, complète ; mais rien n'est plus facile que d'éveiller leur activité en suspens. Avec un brin de paille, ébranlons légèrement une fleur de camomille : à l'instant les Méloés quittent leurs cachettes, s'avancent en rayonnant de tous côtés sur les pétales blancs de la circonférence, et les parcourent d'un bout à l'autre avec toute la rapidité que permet l'exiguïté de leur taille. Arrivés au bout extrême des pétales, ils s'y fixent soit avec leurs appendices caudaux, soit peut-être avec une viscosité analogue à celle que fournit le bouton anal des Sitaris ; et le corps pendant en dehors, les six pattes libres, ils se livrent à des flexions en tous sens, ils s'étendent autant qu'ils le peuvent, comme s'ils s'efforçaient d'atteindre un but trop éloigné. Si rien ne se présente qu'ils puissent saisir, ils regagnent le centre de la fleur après quelques vaines tentatives et reprennent bientôt leur immobilité.

Mais si l'on admet à leur proximité un objet quelconque, ils ne manquent de s'y accrocher avec une prestesse surprenante. Une feuille de graminée, un fétu de paille, la branche de mes pinces que je leur présente, tout leur est bon, tant il leur tarde de quitter le séjour provisoire de la fleur. Il est vrai qu'arrivés sur ces objets inanimés, ils reconnaissent bientôt qu'ils ont fait fausse route, ce que l'on voit à leurs marches et contre-marches affairées, et à leur tendance à revenir sur la fleur, s'il en est temps encore. Ceux qui se sont ainsi jetés étourdiment sur un bout de paille et qu'on laisse retourner à la fleur, se reprennent difficilement au même piège. Il y a donc aussi, pour ces points animés, une mémoire, une expérience des choses.

Après ces essais, j'en ai tenté d'autres avec des matières filamenteuses, imitant plus ou moins bien le duvet des hyménoptères, avec de petits morceaux de drap ou de velours coupés sur mes vêtements, avec des tampons de coton, avec des pelotes de bourre récoltée sur les gnaphales. Sur tous ces objets, présentés au bout des pinces, les Méloés se sont précipités sans difficulté aucune ; mais loin d'y rester en repos, comme ils le font sur le corps des hyménoptères, ils m'ont bientôt convaincu, par leurs démarches inquiètes, qu'ils se trouvaient aussi dépaysés dans ces fourrures que sur la surface glabre d'un tuyau de paille. Je devais m'y attendre : ne venais-je pas de les voir errer sans repos sur les gnaphales enveloppés de bourre cotonneuse ? S'il leur suffisait d'atteindre l'abri d'un duvet pour se croire arrivés à bon port, presque tous périraient, sans autre tentative, au milieu du duvet des plantes.

Présentons maintenant des insectes vivants, et d'abord des Anthophores. Si l'abeille, débarrassée préalablement des parasites qu'elle peut porter, est saisie par les ailes et mise un instant en contact avec la fleur, on la trouve invariablement, après ce contact rapide, envahie par des Méloés accrochés à ses poils. Ceux-ci gagnent prestement un point du thorax, généralement les épaules,

les flancs, et, arrivés là, ils restent immobiles : la seconde étape de leur étrange voyage est atteinte.

Après les Anthophores, j'ai essayé les premiers insectes vivants qu'il m'a été possible de me procurer sur-le-champ : des Éristales, des Calliphores, des Abeilles domestiques, de petits Papillons. Tous ont été également envahis par les Méloés, sans hésitation ; mieux encore, sans tentatives pour revenir sur les fleurs. Faute de pouvoir trouver à l'instant des coléoptères, je n'ai pu expérimenter avec ces derniers. Newport, opérant il est vrai dans des conditions bien différentes des miennes, puisque ses observations portaient sur des jeunes Méloés captifs dans un flacon, tandis que les miennes étaient faites dans les circonstances normales, Newport, dis-je, a vu les Méloés s'attacher au corps d'un *Malachius*, et y rester immobiles ; ce qui me porte à croire qu'avec des coléoptères j'aurais obtenu les mêmes résultats qu'avec un Éristale, par exemple. Et, en effet, il m'est arrivé plus tard de trouver des larves de Méloé su le corps d'un gros coléoptère, la Cétoine dorée, hôte assidu des fleurs.

La classe des insectes épuisée, j'ai mis à leur portée ma dernière ressource, une grosse Araignée noire. Sans hésitation, ils ont passé de la fleur sur l'aranéide, ont gagné le voisinage des articulations des pattes et s'y sont établis immobiles. Ainsi tout leur paraît bon pour quitter le séjour provisoire où ils attendent ; sans distinction d'espèce, de genre, de classe, ils s'attachent au premier être vivant que le hasard met à leur portée. On conçoit alors comment ces jeunes larves ont pu être observées sur une foule d'insectes différents, en particulier sur les espèces printanières de diptères et d'hyménoptères butinant sur les fleurs ; on conçoit encore la nécessité de ce nombre prodigieux de germes pondus par une seule femelle de Méloé, puisque l'immense majorité des larves qui en proviendront prendra infailliblement une fausse voie et ne pourra parvenir aux cellules des Anthophores. L'instinct est ici en défaut et la fécondité y supplée.

Mais il reprend son infaillibilité dans une autre circonstance. Les Méloés, on vient de le voir, passent sans difficulté de la fleur sur les objets à leur portée, quels qu'ils soient, glabres ou velus, vivants ou inanimés : cela fait, ils se comportent bien différemment suivant qu'ils viennent d'envahir soit le corps d'un insecte, soit tout autre objet. Dans le premier cas, sur un diptère et un papillon velus, sur une araignée et un coléoptère glabres, les larves restent immobiles après avoir gagné le point qui leur convient. Leur désir instinctif est donc satisfait. Dans le second cas, au milieu du duvet du drap et du velours, au milieu des filaments soit du coton, soit de la bourre de gnaphale, et enfin sur la surface glabre d'une paille et d'une feuille, elles trahissent la connaissance de leur méprise par leurs continuelles allées et venues, par leurs efforts pour revenir sur la fleur imprudemment abandonnée.

Comment donc reconnaissent-elles la nature du corps sur lequel elles viennent de passer ; comment se fait-il que ce corps, quel que soit l'état de sa surface, tantôt leur convienne et tantôt ne leur convienne pas ? Est-ce par la vue qu'elles jugent de leur nouveau séjour ? Mais alors la méprise ne serait pas possible ; la vue leur dirait tout d'abord si l'objet à leur portée est convenable ou non, et d'après ses conseils l'émigration se ferait ou ne se ferait pas. Et puis, comment admettre qu'ensevelie dans l'épais fourré d'une pelote de coton ou dans la toison d'une Anthophore, l'imperceptible larve puisse reconnaître, par la vue, la masse énorme qu'elle parcourt ?

Est-ce par l'attouchement, par quelque sensation due aux frémissements intimes d'une chair vivante ? Pas davantage : les larves de Méloé restent immobiles sur des cadavres d'insectes complètement desséchés, sur des Anthophores mortes et extraites de cellules vieilles au moins d'un an. Je les ai vues en parfaite quiétude sur des tronçons d'Anthophore, sur des thorax rongés et vidés par les mites depuis longtemps. Par quel sens leur est-il donc possible de distinguer un thorax d'Anthophore d'une pelote veloutée quand la vue et le toucher ne peuvent être invoqués ? Il reste l'odorat. Mais alors quelle exquise subtilité ne lui faut-il pas supposer ; et d'ailleurs quelle analogie d'odeur peut-on admettre entre tous les insectes qui morts ou vivants, en entier ou en tronçons, frais ou desséchés, conviennent aux Méloés, tandis que toute autre chose ne leur convient pas ? Un misérable pou, un point vivant, nous laisse très perplexe sur la sensibilité qui le guide. Encore une énigme qui s'ajoute à tant d'autres énigmes.

Après les observations que je viens de raconter, il me restait à fouiller la nappe de terre habitée par les Anthophores : j'aurai suivi dans ses transformations la larve de Méloé. C'était bien le Méloé à cicatrices dont je venais d'étudier la larve ; c'était bien lui qui ravageait les cellules de l'abeille maçonne car je le trouvais mort dans les vieilles galeries d'où il n'avait pu sortir. Une ample moisson m'était promise par cette occasion, qui ne s'est plus présentée. Il me fallut renoncer à tout. Mon jeudi touchait à sa fin ; je devais rentrer à Avignon pour reprendre le lendemain l'électrophore et le tube de Torricelli. Bienheureux jeudis ! quelles superbes occasions ai-je manquées parce que vous étiez trop courts !

Revenons en arrière d'une année pour continuer cette histoire ; j'ai recueilli, dans des conditions bien moins favorables, il est vrai, assez de notes pour tracer la biographie de l'animalcule que nous venons de voir émigrer des fleurs de la camomille sur le dos des Anthophores. D'après ce que j'ai dit au sujet des larves de Sitaris, il est évident que les larves de Méloé, campées comme les premières sur le dos d'une abeille, ont uniquement pour but de se faire conduire par cette abeille dans les cellules approvisionnées, et non de vivre quelque temps aux dépens du corps qui les porte.

S'il était nécessaire de le prouver, il suffirait de dire qu'on ne voit jamais ces larves essayer de percer les téguments de l'abeille, ou bien d'en ronger quelques poils et qu'on ne les voit pas non plus augmenter de taille tant qu'elles se trouvent sur le corps de l'hyménoptère. Pour les Méloés, comme pour les Sitaris, l'Anthophore sert donc uniquement de véhicule vers un but qui est une cellule approvisionnée.

Il nous reste à apprendre comment le Méloé abandonne le duvet de l'abeille qui l'a voituré pour pénétrer dans la cellule. Avec des larves recueillies sur le corps de divers hyménoptères, j'ai fait, avant de connaître à fond la tactique des Sitaris, et Newport avait fait avant moi, des recherches pour jeter quelque jour sur ce point capital de l'histoire des Méloés. Mes tentatives, calquées sur celles que j'avais entreprises sur les Sitaris, ont éprouvé le même échec. L'animalcule, mis en rapport avec des larves ou des nymphes d'Anthophore, n'a donné aucune attention à cette proie ; d'autres, placés dans le voisinage de cellules ouvertes et pleines de miel, n'y ont pas pénétré ou tout au plus ont visité les bords de l'orifice ; d'autres enfin, déposés dans la cellule, sur sa paroi sèche ou à la surface du miel, sont ressortis aussitôt ou bien ont péri englués. Le contact du miel leur est aussi fatal qu'aux jeunes Sitaris.

Des fouilles faites, à diverses époques, dans les nids de l'*Anthophora pilipes*, m'avaient appris, depuis quelques années, que le Méloé à cicatrices est, comme le Sitaris, parasite de cet hyménoptère ; j'avais, en effet, trouvé de temps à autre, dans les cellules de l'abeille, des Méloés adultes, morts et desséchés. D'autre part, je savais, par L. Dufour, que l'animalcule jaune, que le pou qu'on trouve dans le duvet des hyménoptères avait été reconnu, grâce aux recherches de Newport, comme étant la larve des Méloés. Avec ces notions, rendues plus frappantes par ce que j'apprenais chaque jour au sujet des Sitaris, je me suis rendu à Carpentras, le 21 mai, pour visiter les nids en construction de l'Anthophore, ainsi que je l'ai raconté. Si j'avais presque la certitude de réussir tôt ou tard au sujet des Sitaris, qui s'y trouvent excessivement abondants, je n'avais que bien peu d'espoir pour les Méloés, qui sont fort rares, au contraire, dans les mêmes nids. Cependant les circonstances m'ont favorisé plus que je n'aurais osé espérer, et après six heures d'un travail où la pioche jouait un grand rôle, j'étais possesseur, à la sueur de mon front, d'un nombre considérable de cellules occupées par les Sitaris, et de deux autres cellules appartenant aux Méloés.

Si mon enthousiasme n'avait pas eu le temps de se refroidir par la vue, renouvelée à chaque instant, de jeunes Sitaris campés sur un œuf d'Anthophore, flottant au centre de la petite mare de miel, il aurait pu se donner libre carrière à la vue du contenu de l'une de ces cellules. Sur le miel, noir et liquide, flotte une pellicule ridée ; et sur cette pellicule se tient immobile un pou jaune. La pellicule, c'est l'enveloppe vide de l'œuf de l'Anthophore ; le pou, c'est une larve de Méloé.

L'histoire de cette larve se complète maintenant d'elle-même. Le jeune Méloé abandonne le duvet de l'abeille au moment de la ponte ; et puisque le contact du nid lui serait fatal, il doit, pour s'en préserver, adopter la tactique suivie par le Sitaris, c'est-à-dire se laisser couler à la surface du miel avec l'œuf en voie d'être pondu. Là, son premier travail est de dévorer l'œuf qui lui sert de radeau, comme l'atteste l'enveloppe vide sur laquelle il est encore ; et c'est après ce repas, le seul qu'il prenne tant qu'il conserve sa forme actuelle, c'est après ce repas qu'il doit commencer sa longue série de transformations et se nourrir du miel amassé par l'Anthophore. Tel est le motif de l'échec complet, tant de mes tentatives que de celles de Newport, pour élever les jeunes larves de Méloé. Au lieu de leur offrir du miel, ou des larves, ou des nymphes, il fallait les déposer sur les œufs récemment pondus par l'Anthophore.

À mon retour de Carpentras, j'ai voulu faire cette éducation, en même temps que celle des Sitaris, qui m'a si bien réussi ; mais comme je n'avais pas des larves de Méloé à ma disposition, et que je ne pouvais m'en procurer qu'en les recherchant dans la toison des hyménoptères, les œufs d'Anthophore se sont tous trouvés éclos dans les cellules que j'avais rapportées de mon expédition, lorsque j'ai pu enfin en trouver. Cet essai manqué est peu à regretter, car les Méloés et les Sitaris ayant la similitude la plus complète, non seulement dans les mœurs mais encore dans le mode d'évolution, il est hors de doute que j'aurais dû réussir. Je crois même que cette éducation peut se tenter avec des cellules de divers hyménoptères, pourvu que l'œuf et le miel ne diffèrent pas trop de ceux de l'Anthophore. Je ne compterais pas, par exemple, sur un succès avec les cellules de l'*Osmia tricornis*, cohabitant avec l'Anthophore : son œuf est court et gros ; son miel est jaune, sans odeur, solide, presque pulvérulent et d'une saveur très faible.

XVII. L'HYPERMÉTAMORPHOSE

Par un machiavélique stratagème, la larve primaire des Méloés et des Sitaris a pénétré dans la cellule de l'Anthophore ; elle s'est établie sur l'œuf, à la fois sa première nourriture et son radeau de sauvetage. Que devient-elle une fois l'œuf épuisé ?

Revenons d'abord à la larve du Sitaris. Au bout de huit jours, l'œuf de l'Anthophore est tari par le parasite et se réduit à l'enveloppe, mince nacelle qui préserve l'animalcule du contact mortel du miel. C'est sur cette nacelle que s'opère la première transformation, après laquelle la larve, alors organisée pour vivre dans un milieu gluant, se laisse choir du radeau dans le lac de miel, et abandonne, accrochée à l'enveloppe de l'œuf, sa dépouille fendue sur le dos. À cette époque, on voit flotter, immobile sur le miel, un corpuscule d'un blanc laiteux, ovalaire, aplati et d'une paire de millimètres de longueur. C'est la larve du Sitaris sous sa nouvelle forme. À l'aide d'une loupe, on distingue les fluctuations du canal digestif, qui se gorge de miel, et sur le pourtour du dos plat et elliptique, on aperçoit un double cordon de points respiratoires qui, par leur position, ne peuvent être obstrué par le liquide visqueux. Pour décrire en détail cette larve, attendons qu'elle ait acquis tout son développement, ce qui ne saurait tarder car les provisions diminuent avec rapidité.

Cette rapidité toutefois n'est pas comparable à celle que mettent les larves gloutonnes de l'Anthophore à achever les leurs. Ainsi, en visitant une dernière fois les habitations des Anthophores, le 25 juin, j'ai trouvé que les larves de l'abeille avaient toutes achevé leurs provisions et atteint leur complet développement ; tandis que celles des Sitaris, encore plongées dans le miel, n'avaient, pour la plupart, que la moitié du volume qu'elles doivent finalement acquérir. Nouveau motif pour les Sitaris de détruire un œuf qui, s'il se développait, donnerait une larve vorace, capable de les affamer en fort peu de temps. En élevant moi-même les larves dans des tubes de verre, j'ai reconnu que les Sitaris mettent de trente-cinq à quarante jours pour achever leur pâtée de miel ; et que celles des Anthophores emploient moins de deux semaines pour le même repas.

C'est dans la première quinzaine du mois de juillet que les larves de Sitaris atteignent toute leur grosseur. À cette époque, la cellule usurpée par le parasite ne contient plus qu'une larve replète, et en un coin, un tas de crottins rougeâtres. Cette larve est molle, blanche et mesure de 12 à 13 millimètres de longueur, sur 6 millimètres dans sa plus grande largeur. Vue par le dos, comme lorsqu'elle flotte sur le miel, elle est de forme elliptique, atténuée graduellement vers l'extrémité antérieure, et plus brusquement vers l'extrémité postérieure. Sa face ventrale est fort convexe ; sa face dorsale, au contraire, est à peu près plane. Quand la larve flotte sur le miel liquide, elle est comme lestée par le développement excessif de la face ventrale plongeant dans le miel, ce qui lui rend possible un équilibre pour elle de la plus haute importance. En effet, les orifices respiratoires, rangés sans moyen de protection sur chaque bord du dos presque plat, sont à fleur du liquide visqueux, et au moindre faux mouvement seraient obstrués par cette glu tenace si un lest convenable n'empêchait la larve de chavirer. Jamais abdomen obèse n'a été de plus grande utilité : à la faveur de cet embonpoint du ventre, la larve est à l'abri de l'asphyxie.

Ses segments sont au nombre de treize, y compris la tête. Celle-ci est pâle, molle, comme le reste du corps, et fort petite relativement au volume de l'animal. Les antennes sont excessivement courtes et composées de deux articles cylindriques. J'ai vainement, à l'aide d'une forte loupe, cherché des yeux. Dans son état précédent, la larve, assujettie à de singulières migrations, a évidemment besoin de la vue, et elle est pourvue de quatre ocelles. Dans l'état actuel, à quoi lui serviraient des yeux au fond d'une cellule d'argile, où règne la plus complète obscurité ?

Le labre est saillant, non distinctement séparé de la tête, courbe en avant et bordé de cils pâles et très fins. Les mandibules sont petites, roussâtres vers l'extrémité, obtuses et excavées au côté interne en forme de cuiller. Au-dessous des mandibules se trouve une pièce charnue, couronnée par deux très petits mamelons. C'est la lèvre inférieure avec ses deux palpes. Elle est flanquée, de droite et de gauche, de deux autres pièces également charnues, étroitement accolées à la lèvre, et portant à l'extrémité un rudiment de palpe formé de deux ou trois très petits articles. Ces deux pièces sont les futures mâchoires. Tout cet appareil, lèvres et mâchoires, est complètement immobile, et dans un état rudimentaire qui met la description en défaut. Ce sont des organes naissants, encore voilés, embryonnaires. Le labre et la lame complexe formée par la lèvre et les mâchoires laissent entre elles une étroite fente, dans laquelle jouent les mandibules.

Les pattes sont purement vestigiaires, car bien que formées de trois petits articles cylindriques, elles n'ont guère qu'un demi-millimètre de longueur. L'animal ne peut en faire usage, non seulement dans le miel coulant où il habite, mais encore sur un sol consistant. Si l'on tire la larve de la cellule pour la mettre sur un corps solide et l'observer plus à l'aise, on voit que la protubérance démesurée de l'abdomen, en tenant le thorax relevé, empêche les pattes de trouver un appui. Couchée sur le flanc, seule station possible, à cause de sa conformation, la larve reste immobile, ou n'exécute que quelques mouvements vermiculaires et paresseux de l'abdomen, sans jamais remuer ses pattes débiles, qui ne pourraient d'ailleurs lui servir en aucune manière. En somme à l'animalcule si alerte, si actif du début, a succédé un ver ventripotent, rendu immobile par son obésité. Qui reconnaîtrait dans cet animal lourd, mou, aveugle, laidement ventru, n'ayant pour pattes qu'une sorte de moignons sans usage, l'élégante bestiole de tout à l'heure, cuirassée, svelte et pourvue d'organes d'une haute perfection pour accomplir ses périlleux voyages ?

Enfin, on compte neuf paires de stigmates : une paire sur le mésothorax et les autres sur les huit premiers segments de l'abdomen. La dernière paire, ou celle du huitième segment abdominal est formée de stigmates si petits que, pour les découvrir, il faut être averti par les états suivants de la larve et promener une loupe bien patiente sur l'alignement des autres paires. Ce ne sont là encore que des stigmates vestigiaires. Les autres sont assez grands, à péritrème pâle, circulaire et non saillant.

Si, sous sa première forme, la larve de Sitaris est organisée pour agir, pour se mettre en possession de la cellule convoitée, sous sa seconde forme, elle est uniquement organisée pour digérer les provisions conquises. Donnons un coup d'œil à son organisation interne, et en particulier à son appareil digestif. Chose étrange : cet appareil où doit s'engouffrer la masse du miel amassée par l'Anthophore, est en tout pareil à celui du Sitaris adulte, qui ne prend peut-être jamais de nourriture. C'est, de part et d'autre, le même œsophage très court, le même ventricule chylifique, vide dans l'insecte parfait, distendu dans la larve par une abondante pulpe orangée ; ce sont dans l'un et l'autre les mêmes vaisseaux biliaires au nombre de quatre et accolés au rectum par une de leurs extrémités. Ainsi que l'insecte parfait, la larve est dépourvue de glandes salivaires et de tout autre appareil analogue Son appareil d'innervation comprend onze ganglions, en ne tenant compte du collier œsophagien ; tandis que dans l'insecte parfait, on n'en trouve plus que sept, trois pour le thorax, dont les deux derniers contigus, et quatre pour l'abdomen.

Quand ses provisions sont achevées, la larve reste un petit nombre de jours dans un état stationnaire, en rejetant de temps à autre quelques crottins rougeâtres jusqu'à ce que le tube digestif soit totalement libéré de sa pulpe orangée. Alors l'animal se contracte, se ramasse sur lui-même, et l'on ne tarde pas à voir se détacher de son corps une pellicule transparente, un peu chiffonnée, très fine et formant un sac-issue, dans lequel vont se passer désormais les transformations suivantes. Sur ce sac épidermique, sur cette espèce d'outre transparente, formée par la peau de la larve détachée tout d'une pièce, sans aucune fissure, on distingue les divers organes externes bien conservés : la tête avec ses antennes, ses mandibules, ses mâchoires, ses palpes ; les segments thoraciques, avec leurs pattes vestigiaires ; l'abdomen, avec son cordon d'orifices stigmatiques encore reliés l'un à l'autre par des filaments trachéens.

Puis sous cette enveloppe, dont la délicatesse peut à peine supporter le toucher le plus circonspect, on voit se dessiner une masse blanche, molle, qui, en quelques heures, acquiert une consistance solide, cornée, et une teinte d'un fauve ardent. La transformation est alors achevée. Déchirons le sac de fine gaze enveloppant l'organisation qui vient de se former et portons notre examen sur cette troisième forme de la larve de Sitaris.

C'est un corps inerte, segmenté, à contour ovalaire, d'une consistance cornée, en tout pareille à celle des pupes et des chrysalides, et d'une couleur d'un fauve ardent qu'on ne peut mieux comparer qu'à celle des jujubes. Sa face supérieure forme un double plan incliné dont l'arête est très émoussée ; sa face inférieure est d'abord plane, mais devient, par suite de l'évaporation, de jour en jour plus concave, en laissant un bourrelet saillant sur tout son contour ovalaire. Enfin ses deux extrémités ou pôles sont un peu aplaties. Le grand axe de la face inférieure est en moyenne de 12 millimètres, et le petit axe de 6 millimètres.

Au pôle céphalique de ce corps se trouve une sorte de masque modelé vaguement sur la tête de la larve ; et au pôle opposé, un petit disque circulaire profondément ridé dans sa partie centrale. Les trois segments qui font suite à la tête portent chacun une paire de très petits boutons, à peine visibles sans le secours de la loupe, et qui sont, par rapport aux pattes de la larve dans sa forme précédente, ce que le masque céphalique est pour la tête de la même larve. Ce ne sont pas des organes, mais des indices, des traits de repère jetés aux points où doivent plus tard apparaître ces organes. Sur chaque flanc, on compte enfin neuf stigmates, placés comme précédemment sur le mésothorax et les huit premiers segments abdominaux. Les huit premiers stigmates sont d'un brun foncé et tranchent nettement sur la couleur fauve du corps. Ils consistent en petits boutons luisants, coniques, perforés au sommet d'un orifice rond. Le neuvième stigmate, quoique façonné comme les précédents, est incomparablement plus petit ; on ne peut le distinguer sans loupe.

L'anomalie, déjà si manifeste dans le passage de la première forme à la seconde, le devient encore ici davantage ; et l'on ne sait de quel nom appeler une organisation sans terme de comparaison, non seulement dans l'ordre des coléoptères, mais dans la classe entière des insectes. Si, d'une part, cette organisation offre de nombreux points de ressemblance avec les pupes des diptères par sa consistance cornée, par l'immobilité complète de ses divers segments, par l'absence à peu près totale des reliefs qui permettraient de distinguer les parties de l'insecte parfait ; si, d'autre part, elle se rapproche des chrysalides parce que l'animal, pour arriver à cet état, a besoin de se dépouiller de sa peau, comme le font les Chenilles ; elle diffère de la pupe parce qu'elle n'a pas pour enveloppe le tégument superficiel et devenu corné, mais bien un tégument plus interne de la larve ; et elle diffère des chrysalides par l'absence de sculptures qui trahissent, dans ces dernières, les appendices de l'insecte parfait. Enfin, elle diffère encore plus profondément et de la pupe et de la chrysalide, parce que de ces deux organisations dérive immédiatement l'insecte parfait, tandis que ce qui lui succède est simplement une larve pareille à celle qui l'a précédée. Je proposerai, pour désigner l'étrange organisation, le terme de *pseudo-chrysalide* ; et je réserverai les noms de larve primaire, de seconde larve, de troisième larve, pour désigner, en peu de mots, chacune des trois formes sous lesquelles les Sitaris ont tous les caractères des larves.

Si le Sitaris, en revêtant la forme de pseudo-chrysalide se transfigure à l'extérieur jusqu'au point de dérouter la science des morphoses entomologiques, il n'en est pas de même à l'intérieur. J'ai à toutes les époques de l'année, scruté les entrailles des pseudo-chrysalides, qui restent, en général, stationnaires pendant une année entière, et je n'ai jamais observé d'autres formes dans leurs organes que celles qu'on trouve dans la seconde larve. Le système nerveux n'a pas subi de changement. L'appareil digestif est rigoureusement vide, et, à cause de sa vacuité, n'apparaît que comme un mince cordon, perdu, noyé au milieu des sachets adipeux. L'intestin stercoral a plus de consistance, ses formes sont mieux arrêtées. Les quatre vaisseaux biliaires sont toujours parfaitement distincts. Le tissu adipeux est plus abondant que jamais : il forme à lui seul tout le contenu de la pseudo-chrysalide, en ne tenant compte, sous le rapport du volume, des filaments insignifiants du système nerveux et de l'appareil digestif. C'est la réserve où la vie doit puiser pour ses œuvres futures.

Quelques Sitaris ne restent guère qu'un mois à l'état de pseudo-chrysalide. Les autres morphoses s'accomplissent dans le courant du mois d'août, et au commencement de septembre, l'insecte arrive à l'état parfait. Mais, en général, l'évolution est plus lente ; la pseudo-chrysalide passe l'hiver et ce n'est, pour le plus tôt, qu'au moins de juin de la seconde année que s'opèrent les dernières transformations. Passons sous silence cette longue période de repos, pendant laquelle le Sitaris, sous forme de pseudo-chrysalide, dort, au fond de sa cellule, d'un sommeil aussi léthargique que celui d'un germe dans son œuf ; et arrivons aux mois de juin et de juillet de l'année suivante, époque de ce que l'on pourrait appeler une seconde éclosion.

La pseudo-chrysalide est toujours enfermée dans l'outre délicate formée par la peau de la seconde larve. À l'extérieur rien de nouveau ne s'est passé ; mais à l'intérieur de graves changements viennent de s'accomplir. J'ai dit que la pseudo-chrysalide présentait une face supérieure voûtée en dos d'âne, et une face inférieure d'abord plane, puis de plus en plus concave. Les flancs du double plan incliné de la face supérieure ou dorsale prennent part aussi à cette dépression occasionnée par l'évaporation des parties fluides, et il arrive un moment où ces flancs sont tellement déprimés qu'une section de la pseudo-chrysalide, par un plan perpendiculaire à son axe, serait représentée au moyen d'un triangle curviligne, à sommets émoussés, et dont les côtés tourneraient leur convexité en dedans. C'est sous cet aspect que la pseudo-chrysalide se présente pendant l'hiver et le printemps.

Mais en juin elle a perdu cet aspect flétri ; elle figure un ballon régulier, un ellipsoïde dont les sections perpendiculaires au grand axe sont des cercles. Un fait plus important que cette expansion, comparable à celle qu'on obtient en soufflant dans une vessie ridée, vient également de se passer. Les téguments cornés de la pseudo-chrysalide se sont détachés de leur contenu tout d'une pièce, sans rupture, de la même manière que l'avait fait l'an passé la peau de la seconde larve ; et ils forment ainsi une nouvelle enveloppe utriculaire, sans adhérence aucune avec son contenu, et incluse elle-même dans l'outre façonnée aux dépens de la peau de la seconde larve. De ces deux sacs, sans issue, emboîtés l'un dans l'autre, l'extérieur est transparent, souple, incolore et d'une extrême délicatesse ; le second est cassant, presque aussi délicat que le premier, mais beaucoup moins translucide à cause de sa coloration fauve qui le fait ressembler à une mince pellicule d'ambre. Sur ce second sac, se retrouvent les verrues stigmatiques, les boutons thoraciques, etc., qu'on observait sur la pseudo-chrysalide. Enfin, dans sa cavité, s'entrevoit quelque chose, dont la forme reporte aussitôt l'esprit à la seconde larve.

Et en effet, si l'on déchire la double enveloppe qui protège ce mystère, on reconnaît, non sans étonnement, qu'on a sous les yeux une nouvelle larve pareille à la seconde. Après une transfiguration des plus singulières, l'animal est revenu en arrière, à sa seconde forme. Décrire la nouvelle larve est chose inutile, car elle ne diffère de la précédente que par quelques légers détails. C'est dans les deux la même tête avec ses divers appendices à peine ébauchés ; ce sont les mêmes pattes vestigiaires, les mêmes moignons transparents comme du cristal. La troisième larve ne diffère de la seconde que par un abdomen moins gros, à cause de la vacuité complète de l'appareil digestif ; par un double chapelet de coussinets charnus qui règne sur chaque flanc ; par le péritrème des stigmates, cristallin et légèrement saillant, mais moins que dans la pseudo-chrysalide ; par les stigmates de neuvième paire, jusqu'ici rudimentaires, et maintenant à peu près aussi gros que les autres ; enfin par les mandibules terminées en pointe très aiguë. Mise hors de son double étui, la troisième larve n'exécute que des mouvements très paresseux de contraction et de dilatation, sans pouvoir progresser, sans pouvoir même se tenir dans la station normale, à cause de la débilité de ses pattes. Elle reste ordinairement immobile, couchée sur le flanc ; ou bien elle ne traduit sa somnolente activité que par de faibles mouvements vermiculaires.

Au moyen du jeu alternatif de ces contractions et de ces dilatations, si paresseuses qu'elles soient, la larve parvient cependant à se retourner bout à bout dans l'espèce de coque que lui forment les téguments pseudo-chrysalidaires, quand accidentellement elle s'y trouve placée là en bas ; et cette opération est d'autant plus difficile, que la cavité de la coque est à peu de chose près exactement remplie par la larve. L'animal se contracte, fléchit la tête sous le ventre, et fait glisser sa moitié antérieure sur sa moitié postérieure par des mouvements vermiculaires si lents, que la loupe peut à peine les constater. Dans moins d'un quart d'heure, la larve, d'abord renversée, se retrouve placée la tête en haut. J'admire ce jeu de gymnastique, mais j'ai de la peine à le comprendre, tant l'espace que la larve en repos laisse libre dans sa coque, est peu de chose relativement à ce qu'on est en droit d'attendre d'après la possibilité d'un pareil retournement. La larve ne jouit pas longtemps de cette prérogative qui lui permet de reprendre dans son habitacle, dérangé de sa position primitive, l'orientation qu'elle préfère, c'est-à-dire de se trouver la tête en haut.

Deux jours au plus après sa première apparition, elle retombe dans une inertie aussi complète que celle de la pseudo-chrysalide. En la sortant de sa coque d'ambre, on reconnaît que sa faculté de se contracter ou dilater à volonté, s'est engourdie si complètement, que le stimulant de la pointe d'une aiguille ne peut pas la provoquer, bien que les téguments aient conservé toute leur souplesse, et qu'aucun changement sensible ne soit survenu dans l'organisation. L'irritabilité, suspendue une année entière dans la pseudo-chrysalide, vient donc de se réveiller un instant pour retomber aussitôt dans la plus profonde torpeur. Cette torpeur ne doit se dissiper en partie qu'au moment du passage à l'état de nymphe, pour reparaître immédiatement après et se continuer jusqu'à l'arrivée à l'état parfait.

Aussi, en tenant dans une position renversée, au moyen de tubes de verre, des larves de la troisième forme, ou bien des nymphes incluses dans leurs coques, on ne les voit jamais reprendre une position droite, quelle que soit la durée de l'expérimentation. L'insecte parfait lui-même, renfermé quelque temps dans la coque, ne peut la reprendre, faute d'une souplesse convenable. Cette absence totale de mouvement dans la troisième larve, âgée de quelques jours, ainsi que dans la nymphe, jointe au peu d'espace libre qui reste dans la coque, amène forcément, si l'on n'a pas assisté aux premiers moments de la troisième larve, la conviction qu'il est de toute impossibilité à l'animal de se retourner bout à bout.

Et maintenant voyez quelles étranges conséquences peut amener ce défaut d'observation faite à l'instant voulu. On recueille des pseudo-chrysalides, qui sont entassées dans un flacon dans toutes les positions possibles. La saison favorable arrive ; et avec un étonnement bien légitime, on constate que, dans un grand nombre de coques, la larve ou la nymphe incluse est dans une orientation inverse, c'est-à-dire qu'elle a la tête tournée vers l'extrémité anale de la coque. Vainement on épie dans ces corps renversés quelques indices de mouvement ; vainement on place les coques dans toutes les positions imaginables, pour voir si l'animal se retournera ; et vainement encore on se demande où est l'espace libre qu'exigerait ce retournement. L'illusion est complète : je m'y suis laissé prendre, et pendant deux ans je me suis perdu en conjectures pour me rendre compte de ce défaut de correspondance entre la coque et son contenu, pour m'expliquer enfin un fait inexplicable lorsque l'instant propice est passé.

Sur les lieux mêmes, dans les cellules de l'Anthophore, cette apparente anomalie ne se montre jamais, parce que la seconde larve, sur le point de se transformer en pseudo-chrysalide, a toujours soin de se disposer la tête en haut, suivant l'axe de la cellule plus ou moins rapproché de la verticale. Mais lorsque les pseudo-chrysalides sont placées, sans ordre, dans une boîte, dans un flacon, toutes celles qui se trouvent dans une position renversée, renfermeront plus tard des larves ou des nymphes retournées.

Après quatre changements de forme aussi profonds que ceux que je viens de décrire, on peut raisonnablement s'attendre à trouver quelques modifications dans l'organisation interne. Rien n'est changé néanmoins : le système nerveux est le même dans la troisième larve que dans les états précédents ; les organes reproducteurs ne se montrent pas encore ; et il est superflu de parler de l'appareil digestif, qui se conserve invariable jusque dans l'insecte parfait.

La durée de la troisième larve n'est guère que de quatre à cinq semaines, c'est aussi à peu près la durée de la seconde. Dans le mois de juillet, époque où la seconde larve passe à l'état de pseudo-chrysalide, la troisième passe à l'état de nymphe, toujours à l'intérieur de la double enveloppe utriculaire. Sa peau se fend sur le dos en avant ; et à l'aide de quelques faibles contractions qui reparaissent en cette circonstance, elle est rejetée en arrière sous forme de petite pelote. Il n'y a donc rien ici qui diffère de ce qui se passe chez les autres coléoptères.

La nymphe succédant à cette troisième larve ne présente rien non plus de particulier : c'est l'insecte parfait au maillot, d'un blanc jaunâtre, avec ses divers organes appendiculaires limpides comme du cristal, et étalés sous l'abdomen. Quelques semaines se passent pendant lesquelles la nymphe revêt en partie la livrée de l'état adulte, et, au bout d'un mois environ, l'animal se dépouille une dernière fois, suivant le mode ordinaire, pour atteindre sa forme finale. Les élytres sont alors d'un blanc jaunâtre uniforme, ainsi que les ailes, l'abdomen et la majeure partie des pattes ; tout le reste du corps est, à peu de chose près, d'un noir luisant. Dans l'intervalle de vingt-quatre heures, les élytres prennent leur coloration mi-partie fauve et noire ; les ailes s'obscurcissent, et les pattes achèvent de se teindre en noir. Cela fait, l'organisation adulte est parachevée. Cependant le Sitaris séjourne une quinzaine de jours encore dans la coque jusqu'ici intacte, rejetant par intervalles des crottins blancs d'acide urique, qu'il refoule en arrière avec les lambeaux de ses deux dernières dépouilles, celles de la troisième larve et celle de la nymphe. Enfin, vers le milieu du mois d'août, il déchire le double sac qui l'enveloppe, perce le couvercle de la cellule d'Anthophore, s'engage dans un couloir, et apparaît au dehors à la recherche de l'autre sexe.

* * *

J'ai dit comment, dans mes fouilles au sujet des Sitaris, j'avais trouvé deux cellules appartenant au *Melœ cicatricosus*. L'une contenait l'œuf de l'Anthophore, et sur cet œuf un pou jaune, larve primaire du Méloé. L'histoire de cet animalcule nous est connue. La seconde cellule est également pleine de miel. Sur le liquide gluant flotte une petite larve blanche, de 4 millimètres environ de longueur, et très différente des autres petites larves blanches appartenant au Sitaris. Les fluctuations rapides de son abdomen dénotent qu'elle s'abreuve avec avidité du nectar à odeur forte amassé par l'abeille. Cette larve est le jeune Méloé dans la seconde période de son développement.

Je n'ai pu conserver ces deux précieuses cellules, que j'avais largement ouvertes pour en étudier le contenu. À mon retour de Carpentras, par suite des mouvements de la voiture, leur miel s'est trouvé extravasé, et leurs habitants morts. Le 25 juin, une nouvelle visite aux nids des Anthophores m'a procuré deux larves pareilles à la précédente, mais beaucoup plus grosses. L'une d'elles est sur le point d'achever sa provision de nid, l'autre en a encore près de la moitié. La première est mise en sûreté avec mille précautions, la seconde est aussitôt plongée dans l'alcool.

Ces larves sont aveugles, molles, charnues, d'un blanc jaunâtre, couvertes d'un duvet fin visible seulement à la loupe, recourbées en hameçon comme le sont les larves des Lamellicornes, avec lesquelles elles ont une certaine ressemblance dans leur configuration générale. Les segments, y compris la tête, sont au nombre de treize, dont neuf sont pourvus d'orifices stigmatiques à péritrème pâle et ovalaire. Ce sont le mésothorax et les huit premiers segments abdominaux. Comme dans les larves de Sitaris, la dernière paire de stigmates, ou celle du huitième segment de l'abdomen, est moins développée que les autres.

Tête cornée, légèrement brune. Épistome bordé de brun. Labre saillant, blanc, trapézoïdal. Mandibules noires, fortes, courtes, obtuses, peu recourbées, tranchantes et munies chacune d'une large dent au côté interne. Palpes maxillaires et palpes labiaux bruns, en forme de très petits boutons de deux ou trois articles. Antennes brunes, insérées à la base même des mandibules, de trois articles : le premier, gros, globuleux ; les deux autres, d'un diamètre beaucoup plus petit, cylindriques. Pattes courtes, mais assez fortes, pouvant servir à l'animal pour ramper ou fouir, terminées par un ongle robuste et noir. La longueur de la larve avec tout son développement est de 25 millimètres.

Autant que je peux en juger par la dissection de l'individu conservé dans l'alcool, et dont les viscères sont altérés par un trop long séjour dans ce liquide, le système nerveux est formé de onze ganglions, outre le collier œsophagien ; et l'appareil digestif ne diffère pas sensiblement de celui du Méloé adulte.

La plus grosse des deux larves du 25 juin, mise dans un tube de verre, avec le reste de ses provisions, a revêtu une nouvelle forme dans la première semaine du mois de juillet suivant. Sa peau s'est fendue dans la moitié antérieure du dos ; et après avoir été refoulée à demi en arrière, a laissé en partie à découvert une pseudo-chrysalide ayant la plus grande analogie avec celle des Sitaris. Newport n'a pas vu la larve du Méloé dans sa seconde forme, dans celle qui lui est propre quand elle mange la pâtée de miel amassée par l'abeille, mais il a vu sa dépouille enveloppant à demi la pseudo-chrysalide dont je viens de parler. D'après les mandibules robustes et les pattes armées d'un ongle vigoureux qu'il a observées sur cette dépouille, Newport présume que, au lieu de rester dans la même cellule d'Anthophore, la larve, capable de fouir, passe d'une cellule dans une autre à la recherche d'un supplément de nourriture. Ce soupçon me paraît très fondé, car le volume que la larve acquiert dépasse les proportions que fait supposer la médiocre quantité de miel renfermée dans une seule cellule.

Revenons à la pseudo-chrysalide. C'est, comme chez les Sitaris, un corps inerte, de consistance cornée, de couleur ambrée, et divisé en treize segments, y compris la tête. Sa longueur mesure 2 millimètres. Elle est un peu courbée en arc, fort convexe à la face dorsale, presque plane à la face ventrale, et bordée d'un bourrelet saillant qui marque la séparation des deux faces. La tête n'est qu'une espèce de masque où sont sculptés vaguement quelques reliefs immobiles correspondant aux pièces futures de la tête. Sur les segments thoraciques se montrent trois paires de tubercules, correspondant aux pattes de la larve précédente et du futur animal. Enfin neuf paires de stigmates, une paire sur le mésothorax, et les huit paires suivantes sur les huit premiers segments de l'abdomen. La dernière paire est un peu plus petite que les autres, particularité que nous avons déjà reconnue dans la larve qui a précédé la pseudo-chrysalide.

En comparant les pseudo-chrysalides des Méloés et des Sitaris, on remarque entre elles une ressemblance des plus frappantes. C'est dans l'une et l'autre la même structure jusque dans les moindres détails. Ce sont des deux parts les mêmes masques céphaliques, les mêmes tubercules occupant la place des pattes, la même distribution et le même nombre de stigmates, enfin la même couleur, la même rigidité des téguments. Les seules différences consistent dans l'aspect général, qui n'est pas le même dans les deux pseudo-chrysalides, et dans l'enveloppe que leur forme la dépouille de la précédente larve. Chez les Sitaris, en effet, cette dépouille constitue un sac sans issue, une outre, enveloppant de toutes parts la pseudo-chrysalide ; chez les Méloés, elle est au contraire fendue sur le dos, refoulée en arrière, et, par suite, elle ne revêt qu'à demi la pseudo-chrysalide.

L'autopsie de la seule pseudo-chrysalide qui fût en ma possession m'a démontré que, pareillement à ce qui se passe chez les Sitaris, aucun changement n'a lieu dans l'organisation des viscères, malgré les profondes transformations qui se passent à l'extérieur. Au milieu d'innombrables sachets adipeux, se trouve enfouie une maigre cordelette où l'on reconnaît aisément les caractères essentiels de l'appareil digestif, tant de la précédente larve que de l'insecte parfait. Quand à la moelle abdominale, elle est formée, comme dans la larve, de huit ganglions. Dans l'insecte parfait, elle n'en comprend plus que quatre.

Je ne saurais dire positivement combien de temps les Méloés restent sous la forme de pseudo-chrysalide ; mais en consultant l'analogie si complète que l'évolution des Méloés présente avec celle des Sitaris, il est à croire que quelques pseudo-chrysalides achèvent leur transformation dans la même année, tandis que d'autres, en plus grand nombre, restent stationnaires une année entière, et n'arrivent à l'état d'insecte parfait qu'au printemps suivant. Telle est aussi l'opinion de Newport.

Quoi qu'il en soit, j'ai trouvé à la fin du mois d'août une de ces pseudo-chrysalides arrivée déjà à l'état de nymphe. C'est avec le secours de cette précieuse capture que je pourrai terminer l'histoire de l'évolution des Méloés. Les téguments cornés de la pseudo-chrysalide sont fendus suivant une scissure qui embrasse toute la face ventrale, toute la tête, et remonte sur le dos du thorax. Cette dépouille, non déformée, rigide, est à moitié engagée, comme l'était la pseudo-chrysalide dans la peau abandonnée par la seconde larve. Enfin, par la scissure, qui la partage presque en deux, s'échappe à demi une nymphe de Méloé ; de manière que, suivant les apparences, à la pseudo-chrysalide aurait succédé immédiatement une nymphe, ce qui n'a pas lieu chez les Sitaris, qui ne passent du premier de ces deux états au second qu'en prenant une forme intermédiaire calquée sur celle de la larve qui mange la provision de miel.

Mais ces apparences sont trompeuses, car en enlevant la nymphe de l'étui fendu que forment les téguments pseudo-chrysalidaires, on trouve, au fond de cet étui, une troisième dépouille, la dernière de celles qu'a rejetées jusqu'ici l'animal. Cette dépouille adhère même encore à la nymphe par quelques filaments trachéens. En la faisant ramollir dans l'eau, il est facile d'y reconnaître une organisation presque identique avec celle de la larve qui a précédé la pseudo-chrysalide. Dans le dernier cas seulement, les mandibules et les pattes ne sont plus aussi robustes. Ainsi, après avoir passé par l'état de pseudo-chrysalide, les Méloés reprennent, pour quelque temps la forme précédente à peine modifiée.

La nymphe vient après. Elle ne présente rien de particulier. La seule nymphe que j'aie élevée est arrivée à l'état d'insecte parfait vers la fin de septembre. Dans les circonstances ordinaires, le Méloé adulte serait-il sorti à cette époque de sa cellule ? Je ne le pense pas, puisque l'accouplement et la ponte n'ont lieu qu'au commencement du printemps. Il aurait passé sans doute l'automne et l'hiver dans la demeure de l'Anthophore, pour ne la quitter qu'au printemps suivant. Il est probable même que, en général, l'évolution marche plus lentement, et que les Méloés, comme les Sitaris, passent, pour la plupart, la mauvaise saison à l'état de pseudo-chrysalide, état si bien approprié à la torpeur hivernale, et n'achèvent leurs nombreuses morphoses qu'au retour de la belle saison.

Les Sitaris et les Méloés appartiennent à la même famille, celle des Méloïdes. Leurs étranges transformations doivent probablement s'étendre à tout le groupe ; et, en effet, j'ai eu la bonne fortune d'en trouver un troisième exemple, que je n'ai pu jusqu'ici étudier dans tous ses détails après vingt-cinq ans d'information. À six reprises, pas davantage dans cette longue période, il m'est tombé sous les yeux la pseudo-chrysalide que je vais décrire. Trois fois je l'ai obtenue de vieux nids de Chalicodome bâtis sur une pierre, nids que j'attribuais d'abord au Chalicodome des murailles et que je rapporte maintenant avec plus de probabilité au Chalicodome des hangars. Je l'ai extraite une fois de galeries creusées par quelque larve xylophage dans le tronc mort d'un poirier sauvage, galeries utilisées plus tard pour les cellules d'une Osmie, j'ignore laquelle. Enfin, j'en ai trouvé une paire intercalée dans la série de cocons de l'Osmie tridentée (*Osmia tridentata* Duf.), qui pour domicile donne à ses larves un canal creusé dans les tiges sèches de la ronce.

Il s'agit donc d'un parasite des Osmies. Quand je l'extrais de vieux nids de Chalicodome, ce n'est pas à cet hyménoptère que je dois le rapporter, mais bien à l'une des Osmies (*Osmia tricornis* et *Osmia Latreillii*), qui utilisent, pour nidifier, les vieilles galeries de l'Abeille maçonne.

Ce que j'ai vu de plus complet me fournit les documents que voici : la pseudo-chrysalide est très étroitement enveloppée par la peau de la seconde larve, peau consistant en une fine pellicule transparente, sans déchirure aucune. C'est l'outre des Sitaris, à cela près qu'elle est immédiatement appliquée sur le corps inclus. Sur cette tunique, on distingue trois paires de petites pattes, réduites à de courts vestiges, à des moignons. La tête est en place, montrant très reconnaissables ces fines mandibules et autres pièces de la bouche. Il n'y a pas trace d'yeux. Sur chaque flanc règne un cordon blanc de trachées, desséchées, allant d'un orifice stigmatique à l'autre.

Vient après la pseudo-chrysalide, cornée, d'un roux jujube, cylindrique, conoïde aux deux bouts, légèrement convexe à la face dorsale et concave à la face ventrale. Elle est couverte de fines ponctuations saillantes, étoilées, très serrées, exigeant une loupe pour être aperçues. Sa longueur est de 1 centimètre, et sa largeur de 4 millimètres. On y distingue un gros bouton céphalique, où vaguement se dessine la bouche ; trois paires de petits points brunâtres et un peu brillants, vestiges à peine sensibles des pattes ; sur chaque flanc une rangée de huit points noirs, qui sont les orifices stigmatiques. Le premier point est isolé, en avant ; les sept autres, séparés du premier par un intervalle vide, forment une rangée continue. Enfin, à l'extrémité opposée est une petite fossette, indice du pore anal.

Des six pseudo-chrysalides qu'un heureux hasard a mises à ma disposition, quatre étaient mortes ; les deux autres m'ont fourni le *Zonitis mutica*. Ainsi s'est trouvée justifiée ma prévision qui tout d'abord, l'analogie me guidant, m'a fait rapporter ces curieuses organisations au genre Zonitis. Le parasite méloïde des Osmies est donc connu. Restent à connaître la larve primaire, qui se fait transporter par l'Osmie dans la cellule pleine de miel, et la troisième larve, celle qui, à un certain moment, doit se trouver incluse dans la pseudo-chrysalide, larve à laquelle succédera la nymphe.

Résumons les métamorphoses étranges dont je viens de tracer une esquisse. Toute larve, avant d'atteindre l'état de nymphe, éprouve, chez les coléoptères, des mues, des changements de peau en nombre plus ou moins grand ; mais ces mues, destinées à favoriser le développement de la larve en la dépouillant d'une enveloppe devenue trop étroite, n'altèrent en rien sa forme extérieure. Après toutes les mues qu'elle a pu subir, la larve conserve les mêmes caractères. Si elle est d'abord coriace, elle ne deviendra pas molle ; si elle est pourvue de pattes, elle n'en sera pas privée plus tard ; si elle est munie d'ocelles, elle ne deviendra pas aveugle. Il est vrai que pour ces larves à forme invariable, le régime reste le même pendant toute leur durée, ainsi que les circonstances dans lesquelles elles doivent vivre.

Mais supposons que ce régime varie, que le milieu où elles sont appelées à vivre change, que les circonstances accompagnant leur évolution puissent profondément se modifier, alors il est évident que la mue peut, doit même approprier l'organisation de la larve à ces nouvelles conditions d'existence. La larve primaire des Sitaris vit sur le corps de l'Anthophore. Ses périlleuses pérégrinations exigent de la prestesse dans les mouvements, des yeux clairvoyants, de savants appareils d'équilibre ; elle a, en effet, une forme svelte, des ocelles, des pattes, des organes spéciaux propres à prévenir une chute. Une fois dans la cellule de l'Abeille, elle doit en détruire l'œuf ; ses mandibules acérées et recourbées en crochets rempliront cet office. Cela fait, la nourriture change : après l'œuf de l'Anthophore, la larve va manger la pâtée de miel. Le milieu où elle doit vivre change aussi : au lieu de s'équilibrer sur un poil de l'Anthophore, il lui faut maintenant flotter sur un liquide visqueux ; au lieu de vivre au grand jour, elle doit rester plongée dans la plus profonde obscurité. Ses mandibules acérées doivent donc s'excaver en cuiller pour pouvoir puiser le miel ; ses pattes, ses cirrhes, ses appareils d'équilibre, doivent disparaître comme inutiles, et mieux comme nuisibles, puisque maintenant tous ces organes ne peuvent que faire courir de grands périls à la larve en l'engluant dans le miel ; sa forme svelte, ses téguments cornés, ses ocelles n'étant plus nécessaires dans une cellule obscure où le mouvement est impossible, où aucun rude contact n'est à craindre, peuvent également faire place à une cécité complète, à des téguments mous, à des formes lourdes et paresseuses. Cette transfiguration, que tout démontre indispensable à la vie de la larve, se fait par une simple mue.

On ne voit pas aussi bien la nécessité des morphoses suivantes, si anormales que rien de pareil n'est connu dans tout le reste de la classe des insectes. La larve qui s'est nourrie de miel revêt d'abord une fausse apparence de chrysalide, pour rétrograder après vers la forme précédente, bien que la nécessité de ces transformations nous échappe totalement. Ici je suis obligé d'enregistrer les faits et d'abandonner à l'avenir le soin de les interpréter. Les larves des Méloïdes subissent donc quatre mues avant d'atteindre l'état de nymphe ; et après chaque mue leurs caractères se modifient de la manière la plus profonde. Pendant tous ces changements extérieurs, l'organisation interne reste invariablement la même, et ce n'est qu'au moment où apparaît la nymphe que le système nerveux se concentre, et que se développent les organes reproducteurs, absolument comme cela se passe chez les autres coléoptères.

Ainsi, aux métamorphoses ordinaires qui font successivement passer un coléoptère par les états de larve, de nymphe et d'insecte parfait, les Méloïdes en joignent d'autres qui transforment à plusieurs reprises l'extérieur de la larve, sans apporter aucun changement dans ces viscères. Ce mode d'évolution, qui prélude aux morphoses entomologiques habituelles par des transfigurations multiples de la larve, mérite certainement un nom particulier : je proposerai celui d'*hypermétamorphose*.

Résumons ainsi les faits les plus saillants de ce travail.

Les Sitaris, les Méloés, les Zonitis et apparemment d'autres Méloïdes, peut-être tous, sont dans leur premier âge parasites des hyménoptères récoltants.

La larve des Méloïdes, avant l'arrivée à l'état de nymphe, passe par quatre formes, que je désigne sous les noms de larve primaire, seconde larve, pseudo-chrysalide, troisième larve. Le passage de l'une de ces formes à l'autre s'effectue par une simple mue, sans qu'il y ait des changements dans les viscères.

La larve primaire est coriace, et s'établit sur le corps des hyménoptères. Son but est de se faire transporter dans une cellule pleine de miel. Arrivée dans la cellule, elle dévore l'œuf de l'hyménoptère, et son rôle est fini.

La seconde larve est molle, et diffère totalement de la larve primaire sous le rapport de ses caractères extérieurs. Elle se nourrit du miel que renferme la cellule usurpée.

La pseudo-chrysalide est un corps privé de tout mouvement et revêtu de téguments cornés comparables à ceux des pupes et des chrysalides. Sur ces téguments se dessinent un masque céphalique sans parties mobiles et distinctes, six tubercules indices des pattes, et neuf paires d'orifices stigmatiques. Chez les Sitaris, la pseudo-chrysalide est renfermée dans une sorte d'outre close, et dans les Zonitis dans un sac étroitement appliqué, que forme la peau de la seconde larve. Chez les Méloés, elle est simplement à demi invaginée dans la peau fendue de la seconde larve.

La troisième larve reproduit, à peu de chose près, les caractères de la seconde : elle est renfermée, chez les Sitaris et très probablement aussi chez les Zonitis, dans une double enveloppe utriculaire formée par la peau de la seconde larve et par la dépouille de la pseudo-chrysalide. Chez les Méloés, elle est à demi incluse dans les téguments pseudo-chrysalidaires fendus, comme ceux-ci sont, à leur tour, à demi inclus dans la peau de la seconde larve.

À partir de cette troisième larve, les métamorphoses suivent leur cours habituel, c'est-à-dire que cette larve devient nymphe ; et cette nymphe, insecte parfait.

ISBN : 978-1537654959

Jean-Henri Fabre